分数阶微积分及其在电路系统中的应用

李冠林 著

科学出版社
北京

内 容 简 介

本书系统地介绍了分数阶微积分的基本理论和方法，并对分数阶电路基本分析方法、分数阶电路阻抗的实现方法、分数阶微积分理论在非线性混沌电路系统、DC-DC 变换器和电力滤波器等领域的应用进行了论述。本书内容涉及分数阶微积分、非线性电路、开关变换器、电力滤波器等。

本书可作为电气工程、电子科学与技术等领域高年级本科生、研究生和工程师了解分数阶微积分及其在电路系统中应用的参考书。

图书在版编目（CIP）数据

分数阶微积分及其在电路系统中的应用 / 李冠林著. --北京：科学出版社, 2025.7. -- ISBN 978-7-03-080337-5

Ⅰ. TN711.4

中国国家版本馆 CIP 数据核字第 2024L4S088 号

责任编辑：姜　红　常友丽 / 责任校对：韩　杨
责任印制：徐晓晨 / 封面设计：无极书装

科 学 出 版 社 出版
北京东黄城根北街 16 号
邮政编码：100717
http://www.sciencep.com

北京华宇信诺印刷有限公司印刷
科学出版社发行　各地新华书店经销
*

2025 年 7 月第 一 版　开本：720×1000　1/16
2025 年 7 月第一次印刷　印张：13 1/2
字数：272 000
定价：128.00 元
（如有印装质量问题，我社负责调换）

前　言

　　分数阶微积分的诞生已经有几百年的历史了，其理论发展日渐成熟。相比于整数阶微积分，分数阶微积分对于描述一些具有黏弹性和记忆性的系统具有一定的优势。因此，近年来许多领域的科学家都考虑在本领域中应用分数阶微积分。分数阶微积分在力学、生物医学和信息科学等领域得到了深入的研究、应用。

　　在电路领域，人们发现常用的电感和电容具有分数阶特性。另外，有些器件，如传输线、超级电容器等，利用分数阶微积分来描述将更加准确。因此，在对电路系统建模时，可以考虑利用分数阶微积分来描述电路。目前，在电气工程领域中应用分数阶微积分还处于起步阶段。本书介绍了分数阶电路分析的基础理论和分数阶电路阻抗的综合方法，分析了分数阶混沌电路的特性、实现和控制，论述了分数阶直流-直流（direct current to direct current，DC-DC）变换器的状态平均法，并阐述了如何将分数阶微积分理论应用于电力滤波器的设计。希望这些内容能够起到抛砖引玉的作用，促进分数阶微积分理论在电气工程相关领域的进一步深入研究。

　　本书共7章。

　　第1章，介绍了分数阶微积分理论的起源、分数阶微积分与整数阶微积分的关系、分数阶微积分对电路系统的影响和它在工程领域的应用概况，使读者对分数阶微积分有初步的认识。

　　第2章，结合后续研究中经常用到的分数阶微积分的重要定义和方法，对一些常用函数，如伽马函数、米塔-列夫勒（Mittag-Leffler）函数，以及分数阶微积分的定义、分数阶导数性质和分数阶微积分数值计算等内容进行介绍。

　　第3章，从电感和电容元件的分数阶特征入手，阐述以分数阶微积分和分数阶器件为基础的分数阶电路分析基本理论和方法。从分数阶稳态电路分析和暂态电路分析两个方面展开论述，重点阐述了分数阶电路分析和整数阶电路分析的区别和联系。

　　第4章，从电路综合的角度认识分数阶电路阻抗的模拟实现。基于策动点函数，阐述分数阶无源一端口阻抗的实现。在此基础上，阐述了常见的分数阶阻抗的近似方法和分数阶电路阻抗的有源实现。

　　第5章，研究了分数阶非线性混沌电路。阐述了分数阶规范四维分段线性电路的参数与特征值的关系，并根据不同特征值进行电路综合，得到与之对应的混沌系统。论述了基于状态观测器的分数阶混沌系统的同步方法。

第 6 章，将分数阶微积分理论应用于 DC-DC 变换器建模。重点阐述了分数阶状态平均法相关理论和证明，并结合实际变换器进行了建模。

第 7 章，将分数阶微积分理论应用于电力滤波器的设计。阐述了分数阶单调谐 *LC* 滤波器的分数阶模型和设计方法。研究了分数阶 *LCL* 滤波器的建模和设计。并进一步将其应用于有源滤波器，研究了分数阶有源滤波器的建模和控制等。

本书作者从事非线性电路、电能变换技术研究工作多年。感谢国家自然科学基金青年科学基金项目（51307013）、辽宁省教育厅一般项目（L2013013）、大连理工大学教材建设出版基金等对本书相关研究工作的支持。感谢大连理工大学陈希有教授、董维杰教授、张晓华教授、盛贤君教授、王宁教授、张莉教授、牟宪民副教授、郭源博副教授和章艳副教授对本书相关研究内容的有益建议。感谢美国东北大学（Northeastern University）布拉德·莱曼（Brad Lehman）教授对本书分数阶状态平均法的指导。感谢家人多年来对我的关心和照顾。

分数阶微积分理论在电气工程领域的应用属于比较前沿的内容，作者希望通过此书，将近年来分数阶微积分在电气工程相关领域的应用成果展示给读者，并为相关研究提供借鉴。

李冠林

2024 年 4 月于大连

目　录

前言

第1章　分数阶微积分概论 ·· 1
  1.1　分数阶微积分的起源 ·· 1
  1.2　分数阶微积分与整数阶微积分 ······································ 3
  1.3　分数阶微积分对实际电路系统的描述 ······························· 4
  1.4　分数阶微积分在工程中的应用 ······································ 5

第2章　分数阶微积分的数学基础 ··· 9
  2.1　分数阶微积分的特殊函数 ·· 9
    2.1.1　伽马函数 ·· 9
    2.1.2　Mittag-Leffler 函数 ··· 11
  2.2　分数阶微积分的定义 ··· 12
    2.2.1　R-L 定义 ·· 12
    2.2.2　G-L 定义 ·· 12
    2.2.3　Caputo 分数阶导数定义 ····································· 13
    2.2.4　常用函数的分数阶导数 ······································ 14
  2.3　分数阶导数的性质 ·· 15
  2.4　分数阶微积分的拉普拉斯变换 ····································· 16
  2.5　分数阶导数的数值计算 ·· 18
  2.6　分数阶微分方程的求解 ·· 19

第3章　分数阶电路分析基础 ·· 23
  3.1　分数阶电路元件 ·· 23
    3.1.1　分数阶电感 ··· 23
    3.1.2　分数阶电容 ··· 27

3.2 分数阶电路的稳态分析 ·· 31
3.2.1 分数阶电路的等效化简 ··· 31
3.2.2 分数阶电路的阻抗和导纳 ··· 33
3.2.3 分数阶正弦交流电路的功率 ·· 35
3.2.4 分数阶电路的频率特性 ··· 36
3.3 分数阶电路的暂态分析 ·· 41
3.3.1 含单一分数阶元件电路的暂态时域分析 ······················· 41
3.3.2 暂态电路的复频域分析 ··· 45
3.3.3 网络函数 ··· 48
3.3.4 暂态电路的状态变量分析 ··· 52

第 4 章 分数阶电路阻抗的模拟实现 ·· 56
4.1 无源网络的策动点函数 ·· 56
4.1.1 归一化和去归一化 ··· 56
4.1.2 无源网络的策动点函数分析 ·· 57
4.2 分数阶无源一端口阻抗的实现 ·· 60
4.2.1 分数阶 LC 一端口的实现 ·· 60
4.2.2 分数阶 RC 一端口的实现 ·· 66
4.3 分数阶器件的近似和模拟实现 ·· 70
4.3.1 三阶牛顿近似法 ··· 71
4.3.2 奇异函数近似法 ··· 73
4.3.3 连分式展开近似法 ··· 78
4.4 分数阶电路阻抗的有源实现 ·· 85
4.4.1 基于运算放大器实现分数阶阻抗 ·································· 85
4.4.2 基于回转器实现分数阶阻抗 ·· 88

第 5 章 分数阶非线性混沌电路系统 ·· 94
5.1 混沌系统概述 ·· 94
5.2 分数阶蔡氏电路 ·· 95
5.2.1 经典蔡氏电路 ··· 95
5.2.2 分数阶蔡氏电路分析 ··· 97

  5.2.3 分数阶蔡氏电路的模拟实现 ··· 99

 5.3 分数阶规范四维分段线性电路 ··· 102

  5.3.1 规范四维分段线性电路模型 ··· 102

  5.3.2 电路参数与特征值的关系 ··· 105

  5.3.3 电路不同特征值对应的混沌吸引子 ······································ 110

  5.3.4 分数阶规范四维分段线性电路的模拟实现 ····························· 122

 5.4 分数阶混沌系统的同步控制 ·· 128

  5.4.1 基于状态观测器的混沌同步方法 ··· 128

  5.4.2 阶数相同的分数阶混沌系统的同步 ······································ 130

  5.4.3 分数阶蔡氏电路的同步 ·· 133

第6章 DC-DC 变换器的分数阶建模 ··· 136

 6.1 DC-DC 变换器概述 ··· 136

 6.2 分数阶系统的状态平均法 ··· 139

  6.2.1 状态平均法相关定义和定理 ··· 141

  6.2.2 有限时间段的状态平均 ·· 143

  6.2.3 无限时间段的状态平均 ·· 145

  6.2.4 状态平均法应用示例 ··· 152

 6.3 含分数阶元件 DC-DC 变换器的状态平均模型 ······························· 154

 6.4 分数阶二次型 Boost 变换器的建模 ·· 159

  6.4.1 电路工作原理 ·· 159

  6.4.2 分数阶状态平均模型 ··· 161

第7章 电力滤波器的分数阶建模 ··· 165

 7.1 电力滤波器概述 ··· 165

 7.2 分数阶单调谐 LC 滤波器 ·· 166

  7.2.1 分数阶 LC_α 滤波器 ··· 167

  7.2.2 分数阶 $L_\alpha C_\alpha$ 滤波器 ··· 171

 7.3 分数阶单调谐 LC 滤波器的设计 ··· 174

  7.3.1 分数阶电容 C 和电感 L 的确定 ·· 175

  7.3.2 分数阶单调谐滤波器的电阻值的确定 ·································· 177

7.4 分数阶 LCL 滤波器 ·· 182
    7.4.1 分数阶 LCL 滤波器的建模 ··· 183
    7.4.2 分数阶 LCL 滤波器的谐振角频率 ····································· 188
7.5 分数阶有源滤波器建模 ·· 190
    7.5.1 分数阶有源滤波器的状态平均模型 ·································· 190
    7.5.2 稳态解和小信号等效模型 ··· 192
7.6 分数阶有源电力滤波器的控制 ··· 194
    7.6.1 SPWM ·· 194
    7.6.2 电流闭环传递函数 ·· 196

参考文献 ·· 198
附录　相关计算程序 ·· 205

第1章

分数阶微积分概论

分数阶微积分与传统微积分一样已有三个世纪的历史，但最初在科学和工程界并不是很流行。分数阶导数（和积分）的魅力在于它并不是一个局部的特性，它能够反映出历史和非局部分布效应，因此能够更好地描述一些现象。在过去的三个世纪里，分数阶微积分一直受到数学领域的关注，直到最近十几年，分数阶微积分被广泛引入工程、科学和经济学等应用领域。

■ 1.1 分数阶微积分的起源

分数阶微积分起源于这样一个问题："如果将整数阶导数 $d^n y/dx^n$ 中的 n 扩展到分数，那么这个导数是否有意义呢？"这个问题后来进一步变化为：n 可以是任意数吗？分数、无理数或者复数？后者的答案是肯定的，因此分数阶微积分这个称呼似乎不是太准确，更准确的称呼应该是任意阶的积分和微分。

莱布尼茨（Leibniz）提出利用 $d^n y/dx^n$ 来表示求导。1695 年，洛必达（L'Hospital）写信问莱布尼茨："如果 n 是 1/2 会怎样？"莱布尼茨回信道："可以用无穷级数来表示一个量，例如 $d^{1/2}\overline{xy}$ 或 $d^{1:2}\overline{xy}$。尽管无穷级数和几何不太相关联，无穷级数仅仅使用正整数和负整数作为指数，至少目前，不适用分数的指数。"莱布尼茨在这封回信中继续指出，"因此，得出 $d^{1/2}x$ 等于 $x\sqrt{dx:x}$。这是一个明显的悖论，但总有一天会得到有用的结论。"在与约翰·伯努利（Johann Bernoulli）的通信中，莱布尼茨提到了"一般阶"。在莱布尼茨与约翰·沃利斯（John Wallis）关于 $\frac{1}{2}\pi$ 的无穷乘积的讨论中，莱布尼茨指出，微分计算可能已经被用于得出这个结论，并且使用 $d^{1/2}y$ 来表示 1/2 阶导数[1]。

分数阶计算也引起了欧拉（Euler）的关注。在 1730 年，欧拉写道："当 n 是一个正整数，并且如果 p 是 x 的函数，则 $d^n p$ 和 dx^n 的比值总是可以利用代数来表示。因此，如果 $n=2$，$p=x^3$，那么 $d^2 x^3$ 和 dx^2 的比值是 $6x$。现在有个问题，如果 n

是个分数，那么比值是什么样的？这个问题不容易解决。因为如果 n 是一个正整数，d^n 可以通过连续微分得到。但是，如果 n 是分数，就不能用这种方式。不过，利用插值法，也许能够更好地解决这个问题。"[1]

1772 年拉格朗日（Lagrange）提出了整数阶微分运算的指数定律，这个结论间接地对分数阶微积分产生影响[1]，他提出了：

$$\frac{d^m}{dx^m} \cdot \frac{d^n}{dx^n} y = \frac{d^{m+n}}{dx^{m+n}} y$$

后来，随着分数阶微积分的发展，数学家们很感兴趣，$y(x)$ 满足什么条件，才能使任意的 m 和 n 值都具有类似的关系。

1812 年，拉普拉斯（Laplace）利用积分定义了一个分数阶导数，在 1819 年，拉克鲁瓦（Lacroix）在论文中首次提到了任意阶的导数[1]。拉克鲁瓦从整数阶的情况推导出了一个纯粹的数学推论。令 $y = x^m$，m 是一个正整数，n 阶导数为

$$\frac{d^n y}{dx^n} = \frac{m!}{(m-n)!} x^{m-n}$$

其中，$m \geqslant n$。利用伽马函数，拉克鲁瓦得到

$$\frac{d^n y}{dx^n} = \frac{\Gamma(m+1)}{\Gamma(m-n+1)} x^{m-n}$$

若 $y = x$，并且 $n = 1/2$，那么

$$\frac{d^{1/2} y}{dx^{1/2}} = \frac{2\sqrt{x}}{\sqrt{\pi}}$$

拉克鲁瓦在这一时期得到的结论与现代黎曼-刘维尔（Riemann-Liouville）关于分数阶的定义是相同的[1]。拉克鲁瓦提出的这种表达形式也被称为欧拉公式[2]。利用此公式，指数函数的分数阶导数为，

$$\frac{d^v}{dt^v} e^t = \sum_{k=0}^{\infty} \frac{t^{k-v}}{\Gamma(k-v+1)}$$

其中，$v > 0$，且 $v \in \mathbf{R}$。

傅里叶（Fourier）在其后也提到了任意阶导数[1]。他的分数阶运算由 $f(x)$ 的积分形式得到：

$$f(x) = \frac{1}{2\pi} \int_{-\infty}^{\infty} f(\alpha) d\alpha \int_{-\infty}^{\infty} \cos p(x-\alpha) dp$$

当 n 为整数时，

$$\frac{d^n}{dx^n} \cos p(x-\alpha) = p^n \cos \left[p(x-\alpha) + \frac{1}{2} n\pi \right]$$

如果将 n 用 u（u 为任意数）替换，可以得到一般化的形式[1]：

$$\frac{\mathrm{d}^u}{\mathrm{d}x^u}f(x) = \frac{1}{2\pi}\int_{-\infty}^{\infty}f(\alpha)\mathrm{d}\alpha\int_{-\infty}^{\infty}p^u\cos\left[p(x-\alpha)+\frac{1}{2}u\pi\right]\mathrm{d}p$$

1.2 分数阶微积分与整数阶微积分

分数阶微积分是整数阶微积分的一般化形式。如果 n 是一个整数，那么可以看出 x^n 是 n 个 x 相乘。如果 n 不是整数，尽管不容易直接看出其含义，仍然可以得到一个结果。同样，一个分数阶导数，例如，$\frac{\mathrm{d}^\pi}{\mathrm{d}x^\pi}f(x)$，尽管很难直观地看到其含义，但该导数是确实存在的。由于实数存在于整数之间，因此，分数阶微积分存在于传统的整数阶微分或积分之间。以下是从整数到实数的一般化推广[2]，例如，

$$x^n = \underbrace{x \cdot x \cdot x \cdots x}_{n}, \qquad n \text{ 为整数}$$

$$x^n = \mathrm{e}^{n\ln x}, \qquad n \text{ 为实数}$$

$$n! = 1 \cdot 2 \cdot 3 \cdots (n-1) \cdot n, \qquad n \text{ 为整数}$$

$$n! = \Gamma(n+1), \qquad n \text{ 为实数}$$

如果将一个函数的 n（整数）次积分写成 $\frac{\mathrm{d}^{-n}f}{\mathrm{d}t^{-n}}$，记为 $f^{(-n)}$，函数本身记为 $f^{(0)}$，而函数的 n（整数）阶导数记为 $f^{(n)}$，那么分数阶微积分和整数阶微积分的关系如图 1-1 所示。赫维赛德（Heaviside）指出，在微分和积分之间存在着统一，分数阶运算与其他运算符号同样真实。实现分数阶微积分就是要在两个整数阶运算之间进行"插值"运算。分数阶微积分是关于任意积分和导数的理论，它统一并推广了整数阶微积分的概念，我们称之为广义微积分。

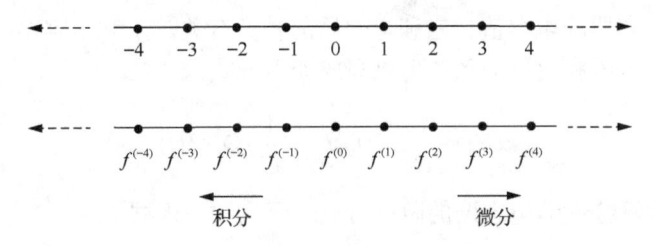

图 1-1 数轴和具有相同数的分数阶运算[2]

1.3　分数阶微积分对实际电路系统的描述

利用分数阶微积分可以对一些分布空间系统进行更加简洁的表述。许多系统都表现出分数阶动力学特性，最早被广泛认识的具有分数阶特性的是半无限有损传输线。这种传输线的流入电流等于所加电压的半导数，其电压电流关系可以表示如下：

$$U(s) = \frac{1}{\sqrt{s}} I(s)$$

赫维赛德认为在微分和积分之间存在着一种数学体系，分数阶算子有时会自我推进，它和其他事情一样都是真实的。类似地，当热量向半无限固体扩散时，该系统的温度等于热速率的半积分，这也是利用分数阶微积分描述的系统。

黏弹性系统、电极-电解质极化、介电极化等也是已知可以用分数阶动力学描述的一些系统。这些系统的特性取决于特定材料及其化学性质，不同的材料可能会对应不同的分数阶特性[2]。

很多和电、磁有关的现象可以利用分数阶微积分进行描述[3]。例如，电容器、电感器和忆阻器等都可以利用分数阶微积分进行描述[4]。

Westerlund 等[5]提出了一种线性电容模型。根据居里（Curie）经验定理，电容器上的电流可以表示为

$$I(t) = \frac{U_o}{h_1 t^\alpha}$$

其中，h_1 和 α 是常数，U_o 是 $t=0$ 时的直流电压，$0 < \alpha < 1$，$\alpha \in \mathbf{R}$。

对于一般的输入电压 $U(t)$，电流为

$$I(t) = C \frac{d^\alpha U(t)}{dt^\alpha} = C\, _0 D_t^\alpha U(t)$$

其中，C 为电容器的电容值，它和电介质的种类有关，α 和电容器的损耗有关。

电容器的电压和电流关系还可以写成如下形式：

$$U(t) = \frac{1}{C} \int_0^t I(t) dt^\alpha = \frac{1}{C}\, _0 D_t^{-\alpha} I(t)$$

具有分数阶特性的电容器的阻抗可以表示为如下形式[4]：

$$Z_C(s) = \frac{1}{Cs^\alpha} = \frac{1}{\omega^\alpha C} e^{j\left(-\alpha \frac{\pi}{2}\right)}$$

电感器的电压电流关系也可以利用分数阶微积分描述。电感上的电压和电流关系如下：

$$U(t) = L\frac{\mathrm{d}^\alpha I(t)}{\mathrm{d}t^\alpha} = L\,_0\mathrm{D}_t^\alpha I(t)$$

其中，L 为电感器的电感值，常数 α 和电感中的"接近效应"有关[4]。一些实际电感和电容的系数已经被测量出来[5-6]。

分数阶电感的阻抗可以表示为[4]

$$Z_L(s) = Ls^\alpha = \omega^\alpha L\mathrm{e}^{j\left(\alpha\frac{\pi}{2}\right)}$$

通过电感和电容的阻抗表达式看出，实际的电容和电感，其相频特性中的相位随频率变化一直保持在 $-\alpha\frac{\pi}{2}$（电容）或 $\alpha\frac{\pi}{2}$（电感），α 和器件的损耗有关。阻抗的幅值随频率变化也与 α 的取值有关。

1.4 分数阶微积分在工程中的应用

尽管分数阶微积分至今已有几百年的研究历史，但并没有被广泛地应用于工程建模，一方面是由于许多研究者缺乏分数阶微积分领域的知识，另一方面也是因为很多工程领域专家认为整数阶微积分理论已经能够解决工程问题[7]。但是，近年来，分数阶微积分受到广泛关注，在黏弹性材料、连续介质力学、热力学、多孔介质、电动力学、量子力学、等离子体动力学、宇宙射线、信号处理和控制理论等领域得到应用。分数阶微积分不仅为工程应用提供了一种建模工具，而且还带来了一些工程应用和科学研究领域的革新[8-9]。

下面仅以几个例子，说明分数阶微积分在工程中的应用情况。

1. 分数阶振荡

谐波振荡是一种最简单的机械系统，可以利用二阶线性常微分方程描述，物理中有很多与之类似的系统。从机械角度对此系统进行分数阶化由来已久[8]。

由微分方程描述的自由振荡过程如下[8]：

$$\ddot{x}(t) + \omega^2 x(t) = 0, \quad x(0) = x_0, \quad \dot{x}(0) = V_0$$

对上式进行分数阶化，得到分数阶方程如下[8]：

$$_0^\alpha\mathrm{D}_t x(t) + \omega^\alpha x(t) = 0$$

其时域解可以利用双参数 Mittag-Leffler 函数表示为[8]

$$x(t) = x_0 E_{\alpha,1}[-(\omega t)^\alpha] + V_0 t E_{\alpha,2}[-(\omega t)^\alpha]$$

2. 欧拉-拉格朗日方程

变分法在现代理论物理的研究中具有重要的作用。将分数阶导数引入其中，能够扩展其应用领域，尤其是在理解分数阶力学中动力学变量的问题中显得更加重要[8]。

假定 $L(q,u,v,t)$ 是一个函数，对其中任意变量该函数具有连续的一阶和二阶偏导数。令 $q(t)$ 在$[a,b]$区间具有连续的左右分数阶导数，阶数 $\alpha \in (0,1)$ 和 $\beta \in (0,1)$，满足如下边界条件：

$$q(a) = q_a, \quad q(b) = q_b$$

那么，问题就是由这类函数构成的函数

$$S[q(\cdot)] = \int_a^b L(q(t), {}_aq_t^{(\alpha)}, {}_tq_b^{(\beta)}, t)\,\mathrm{d}t$$

能否具有极值[8]。

欧拉-拉格朗日方程的分数阶方程如下[8]：

$$\frac{\partial L}{\partial q} + {}_t\mathrm{D}_b^\alpha\left(\frac{\partial L}{\partial {}_aq_t^{(\alpha)}}\right) + {}_a\mathrm{D}_t^\beta\left(\frac{\partial L}{\partial {}_tq_b^{(\beta)}}\right) = 0$$

3. 电动力学

电磁场中的麦克斯韦方程、导体中的趋肤效应、电力传输线、约瑟夫森（Josephson）效应、粗糙电极表面、电介质中的松弛现象、科尔-戴维森（Cole-Davidson）过程、半导体中的扩散等等，都可以利用分数阶微积分进行描述[8]。

一个均匀的导体，假定其电导率 σ 在工作频率范围内为实数，有

$$\frac{\partial \rho}{\partial t} + \nabla \cdot \boldsymbol{i} = 0$$

本构方程为

$$\boldsymbol{i} = \sigma \boldsymbol{E}$$

且高斯方程为

$$\nabla \cdot \boldsymbol{E} = \frac{\rho}{\varepsilon_0}$$

推导出如下微分方程，用于表示导体中的电荷密度：

$$\frac{\partial \rho}{\partial t} + \frac{\rho}{\varepsilon_0/\sigma} = 0$$

考虑到传导电流远远大于位移电流，利用简化的麦克斯韦方程，推导出导体表面的电流为

$$I = \int_0^\infty i(x,t)\mathrm{d}x = \mathrm{j}E_0\sqrt{\frac{\sigma}{\mu_0\omega}}\mathrm{e}^{\mathrm{j}(\omega t+\pi/4)} = \mathrm{j}E_0\sqrt{\frac{\sigma}{\mu_0}}{}_t\mathrm{D}_\infty^{-0.5}\mathrm{e}^{\mathrm{j}\omega t}$$

如果入射波幅度为 $E_0 f(t)$，那么导体表面的电流可以表示为

$$I(t) = \mathrm{j}E_0\sqrt{\frac{\sigma}{\mu_0}}{}_t\mathrm{D}_\infty^{-0.5}f(t)$$

4. 控制理论

控制学科是一门工程与数学紧密结合的交叉学科。控制理论中的鲁棒控制、比例积分微分（proportional integral derivative，PID）控制、优化控制、自适应控制等都与分数阶微积分紧密结合，并取得了丰硕的成果[7]。

以 PID 控制器为例，它涉及三个参数，分别是比例参数 K_p、积分参数 K_i 和微分参数 K_d。误差 $\varepsilon(t)$ 与输出 $f(t)$ 之间的关系为

$$K_\mathrm{p}\varepsilon(t) + K_\mathrm{i}\int_0^t \varepsilon(\tau)\mathrm{d}\tau + K_\mathrm{d}\frac{\mathrm{d}\varepsilon(t)}{\mathrm{d}t} = f(t)$$

利用拉普拉斯变换，在零初始条件下，

$$E(s) = C(s)F(s)$$

其中，$C(s) = \left(K_\mathrm{p} + K_\mathrm{i}\frac{1}{s} + K_\mathrm{d}s\right)^{-1}$ 是 PID 控制器的传递函数。

在分数阶 PID 控制器中，误差和输出的关系为[8]

$$\left(K_\mathrm{p} + K_\mathrm{i}\,{}_0\mathrm{D}_t^{-\mu} + K_\mathrm{d}\,{}_0\mathrm{D}_t^\nu\right)\varepsilon(t) = f(t)$$

上式也可以写成更一般的形式：

$$\left(\sum_{k=0}^n a_k\,{}_0\mathrm{D}_t^{\alpha_k}\right)\varepsilon(t) = f(t)$$

其中，$\alpha_k > \alpha_{k-1}$ 是任意实数，且 a_k 是任意常数。分数阶传递函数可以表示为

$$C(s) = \left(\sum_{k=0}^n a_k s^{\alpha_k}\right)^{-1}$$

分数阶传递函数为

$$C(s) = \left(bs^\beta + as^\alpha + 1\right)^{-1}$$

其中，$\beta > \alpha$。那么，误差为如下形式：

$$\varepsilon(t) = \frac{1}{b}\sum_{k=0}^{\infty}\frac{(-1)^k}{k!}\left(\frac{1}{b}\right)^k E_k(t, -a/b; \beta-\alpha, \beta+\alpha k+1)$$

其中，$E_k(t, y; \alpha, \beta) = t^{\alpha k+\beta-1} E_{\alpha,\beta}^{(k)}(yt^\alpha)$。

为了便于分数阶控制器的设计，目前有很多分数阶控制工具箱被提出，如 CRONE 工具箱、Ninteger 工具箱、FOTF 工具箱和 FOMCON 工具箱[10]。研究表明，分数阶鲁棒控制、分数阶 PID 控制器等，比整数阶 PID 具有更好的控制效果[7,10-11]。

第 2 章

分数阶微积分的数学基础

分数阶电路系统由分数阶电容和分数阶电感器件组成，因此需要利用分数阶微积分进行描述。本章将简单介绍分数阶微积分中的特殊函数、常用分数阶微积分定义、分数阶导数的性质、分数阶微积分的拉普拉斯变换和分数阶微分方程的数值解法。

■ 2.1 分数阶微积分的特殊函数

本节将介绍一些分数阶微积分中涉及的特殊函数，例如伽马函数、Mittag-Leffler 函数。这些函数在任意阶分数阶导数和分数阶微分方程理论中均具有重要作用。

2.1.1 伽马函数

伽马函数是分数阶微积分中的一个基本函数，它是阶乘（$n!$）在任意非整数和复数上的推广。伽马函数的定义如下[9]：

$$\Gamma(z) = \int_0^\infty e^{-t} t^{z-1} dt \tag{2-1}$$

在 $\mathrm{Re}(z) > 0$ 复平面的右半平面内收敛。

伽马函数的一个重要性质是：

$$\Gamma(z+1) = z\Gamma(z)$$

这个性质可以由分部积分得到，即

$$\Gamma(z+1) = \int_0^\infty e^{-t} t^z dt = \left(-e^{-t} t^z\right)\Big|_0^\infty + z\int_0^\infty e^{-t} t^{z-1} dt = z\Gamma(z)$$

因此，$\Gamma(1) = 1$，$\Gamma(2) = 1$，$\Gamma(3) = 2!$，$\Gamma(4) = 3!$，$\Gamma(n+1) = n!$。

伽马函数还可被定义为如下极限形式[9]：

$$\Gamma(z) = \lim_{n \to \infty} \frac{n! n^z}{z(z+1)\cdots(z+n)} \tag{2-2}$$

其中，$\text{Re}(z) > 0$。在 MATLAB 仿真软件中，利用其中的 gamma 函数可以直接计算出伽马函数值。

伽马函数的另一个重要特性是在 $z = -n$（$n = 0, 1, 2, \cdots$）时存在单极点。这里可以利用 MATLAB 软件中的 gamma 函数绘制出当 z 为实数且 $z \in (-2, -1)$ 时的 $\Gamma(z)$，如图 2-1 所示，该函数在趋于负整数时趋于无穷值。图 2-2 给出了伽马函数的倒数 $1/\Gamma(z)$ 在 $[-4, 10]$ 区间上的曲线。由图 2-2 可见，在 $z < 0$ 时，$1/\Gamma(z)$ 的值正负交替。

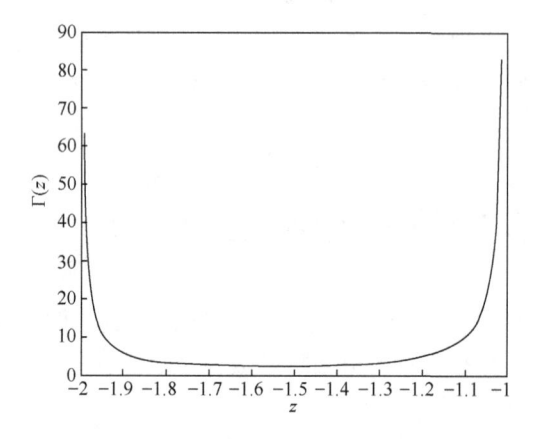

图 2-1　伽马函数在 $(-2, -1)$ 区间上的曲线

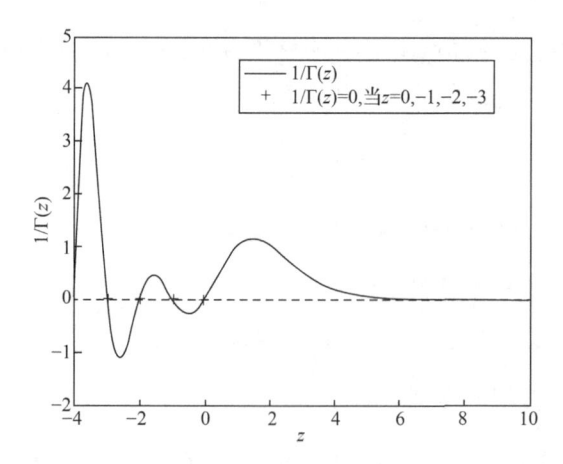

图 2-2　伽马函数的倒数 $\dfrac{1}{\Gamma(z)}$ 在 $[-4, 10]$ 区间上的曲线

2.1.2　Mittag-Leffler 函数

指数函数在整数阶微分方程中具有重要作用。Mittag-Leffler 函数是指数函数在非整数域的推广。芒努斯·约斯塔·米塔-列夫勒（Magnus Gösta Mittag-Leffler）首先引入了一个单参数的 Mittag-Leffler 函数[9]，其形式如下：

$$E_\alpha(z) = \sum_{k=0}^{\infty} \frac{z^k}{\Gamma(\alpha k + 1)} \tag{2-3}$$

其中，α 为复数，无穷级数收敛的条件是 $\mathrm{Re}(\alpha) > 0$。

两参数的 Mittag-Leffler 函数在分数阶微积分中非常重要[9]，其定义如下：

$$E_{\alpha,\beta}(z) = \sum_{k=0}^{\infty} \frac{z^k}{\Gamma(\alpha k + \beta)}, \quad \alpha > 0, \ \beta > 0 \tag{2-4}$$

显然，根据式（2-3），$E_1(z) = \sum_{k=0}^{\infty} \frac{z^k}{\Gamma(k+1)} = \sum_{k=0}^{\infty} \frac{z^k}{k!} = \mathrm{e}^z$，指数函数 e^z 是单参数 Mittag-Leffler 函数的一个特例。

根据式（2-3）和式（2-4），利用 MATLAB 中的 gamma 函数和 sum 函数，可以计算出相应的 Mittag-Leffler 函数值，如图 2-3 所示，其 MATLAB 程序见本书附录。

由图 2-3 可见，e^z 与 $E_1(z)$ 的曲线重合，说明 $\mathrm{e}^z = E_1(z)$。文献[10]比较详细地给出了利用符号运算工具箱中的 symsum 函数和累加法来计算 Mittag-Leffler 函数的 MATLAB 程序。

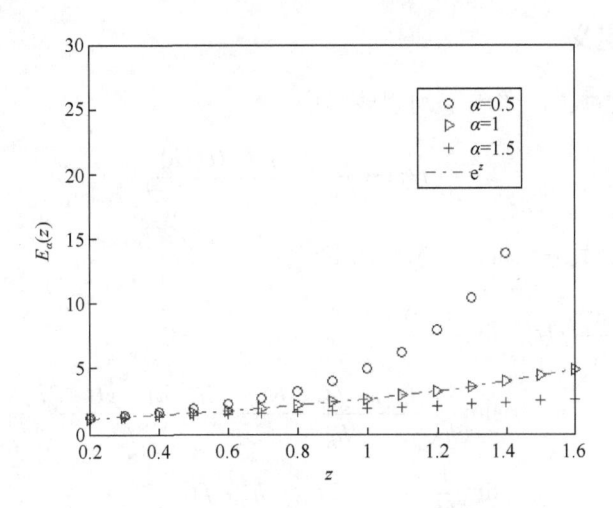

图 2-3　单参数的 Mittag-Leffler 函数曲线

2.2 分数阶微积分的定义

分数阶微分和分数阶积分有很多不同的定义形式，目前比较常用的定义有黎曼-刘维尔（Riemann-Liouville，R-L）定义，格林瓦尔德-列特尼科夫（Grünwald-Letnikov，G-L）定义和卡普托（Caputo）定义[4]。R-L 定义和 G-L 定义需要已知函数的分数阶导数在初始时刻的值，而 Caputo 定义则需要已知函数和它的各整数阶导数在初始时刻的值。

2.2.1 R-L 定义

分数阶 R-L 积分的定义如下：

$$\mathrm{I}_{[0,t]}^{\alpha} f(t) = {}_0\mathrm{D}_t^{-\alpha} f(t) = \frac{1}{\Gamma(\alpha)} \int_0^t (t-\tau)^{\alpha-1} f(\tau) \mathrm{d}\tau \tag{2-5}$$

其中，$\Gamma(\cdot)$ 是伽马函数，$\alpha > 0$ 是积分的阶数。

基于分数阶积分的定义，R-L 分数阶导数的定义如下：

$$_0\mathrm{D}_t^{\beta} f(t) = \frac{\mathrm{d}^n}{\mathrm{d}t^n}\left[\mathrm{I}_{[0,t]}^{n-\beta} f(t) \right] = \frac{\mathrm{d}^n}{\mathrm{d}t^n}\left[{}_0\mathrm{D}_t^{-(n-\beta)} f(t) \right] = \frac{1}{\Gamma(n-\beta)} \frac{\mathrm{d}^n}{\mathrm{d}t^n} \int_0^t (t-\tau)^{n-\beta-1} f(\tau) \mathrm{d}\tau \tag{2-6}$$

其中，$n-1 \leq \beta < n$，n 为正整数。

2.2.2 G-L 定义

一个连续函数的一阶导数可以表示为

$$\frac{\mathrm{d}}{\mathrm{d}t} f(t) = \lim_{h \to 0} \frac{f(t) - f(t-h)}{h} \tag{2-7}$$

其二阶和三阶导数分别可以表示为如下形式：

$$\begin{aligned}\frac{\mathrm{d}^2}{\mathrm{d}t^2} f(t) &= \lim_{h \to 0} \frac{f'(t) - f'(t-h)}{h} \\ &= \lim_{h \to 0} \frac{1}{h}\left(\frac{f(t) - f(t-h)}{h} - \frac{f(t-h) - f(t-2h)}{h} \right) \\ &= \lim_{h \to 0} \frac{1}{h^2}\left(f(t) - 2f(t-h) + f(t-2h) \right)\end{aligned} \tag{2-8}$$

$$\frac{\mathrm{d}^3}{\mathrm{d}t^3}f(t) = \lim_{h\to 0}\frac{f''(t)-f''(t-h)}{h}$$
$$= \lim_{h\to 0}\frac{1}{h}\left(\frac{f'(t)-f'(t-h)}{h}-\frac{f'(t-h)-f'(t-2h)}{h}\right) \quad (2\text{-}9)$$
$$= \lim_{h\to 0}\frac{1}{h^3}\big(f(t)-3f(t-h)+3f(t-2h)-f(t-3h)\big)$$

根据上述规则，该函数的 n 阶导数为[4]：

$$\frac{\mathrm{d}^n}{\mathrm{d}t^n}f(t) = f^{(n)}(t) = \lim_{h\to 0}\frac{1}{h^n}\sum_{k=0}^{n}(-1)^k\binom{n}{k}f(t-kh) \quad (2\text{-}10)$$

其中，当 n 为正值时，二项式系数可以按照如下方式计算：

$$\binom{n}{k} = \frac{n(n-1)(n-2)\cdots(n-k+1)}{k!} = \frac{n!}{k!(n-k)!}$$

根据式（2-7）～式（2-10），阶数为 α（α 为实数）的分数阶导数可定义为如下形式，即 G-L 分数阶微分[4]：

$$_a\mathrm{D}_t^{\alpha}f(t) = \lim_{h\to 0}\frac{1}{h^{\alpha}}\sum_{k=0}^{n}(-1)^k\binom{\alpha}{k}f(t-kh) \quad (2\text{-}11)$$

其中，$n = \left\lfloor\dfrac{t-a}{h}\right\rfloor$，$\lfloor x \rfloor$ 为 x 的整数部分，a 和 t 为分数阶导数的边界值，二项式系数可以利用伽马函数表示如下：

$$\binom{\alpha}{k} = \frac{\alpha!}{k!(\alpha-k)!} = \frac{\Gamma(\alpha+1)}{\Gamma(k+1)\Gamma(\alpha-k+1)}$$

2.2.3　Caputo 分数阶导数定义

Caputo 的分数阶导数的定义如下[4]：

$$_a\mathrm{D}_t^{\alpha}f(t) = \frac{1}{\Gamma(n-\alpha)}\int_a^t(t-\tau)^{n-\alpha-1}f^{(n)}(\tau)\mathrm{d}\tau, \quad n-1<\alpha<n \quad (2\text{-}12)$$

在求解利用 Caputo 分数阶导数表示的分数阶微分方程时，其初始条件和整数阶微分方程的形式相同，即知道函数的初始值，以及其各整数阶微分的初始值。

Caputo 分数阶导数的定义中需要函数存在 n 阶导数，这与 R-L 定义和 G-L 定义不同。在某些条件下，Caputo 定义、R-L 定义和 G-L 定义，这三个定义是等价的[4,9]。

2.2.4 常用函数的分数阶导数

三角函数的 n 阶导数可以写成如下形式：

$$\frac{d^n}{dt^n}\cos(\omega t) = \omega^n \cos(\omega t + \frac{n\pi}{2}), \qquad \frac{d^n}{dt^n}\cos(\omega t) = \omega^n \cos(\omega t + \frac{n\pi}{2})$$

那么扩展到三角函数的分数阶微积分，

$$_a D_t^\alpha \sin(\omega t) = \omega^\alpha \sin(\omega t + \frac{\alpha\pi}{2}), \qquad _a D_t^\alpha \cos(\omega t) = \omega^\alpha \cos(\omega t + \frac{\alpha\pi}{2}) \quad (2\text{-}13)$$

指数函数的分数阶导数为

$$_a D_t^\alpha e^{\omega t} = \omega^{-\alpha} E_{1,1-\alpha}(\omega t) = \sum_{k=0}^{\infty} \frac{\omega^{k-\alpha} t^k}{\Gamma(k+1-\alpha)} \quad (2\text{-}14)$$

在含有分数阶电感的电路中，如果电感电流为正弦量，$i_L(t) = 2\text{A}\cos(100t)$，分数阶电感的阶数为 $\alpha = 0.8$，电感系数为 $L = 0.1\text{mH}^{0.8}$，那么电感两端电压为

$$u_L(t) = L_0 D_t^{0.8} i_L(t) = 2 \times 0.1 \times (100)^{0.8} \text{ mV} \cos\left(100t + \frac{0.8\pi}{2}\right) = 8\,\text{mV}\cos(100t + 72°)$$

如果电感的阶数为 $\alpha = 0.5$，电感系数的大小不变，那么电感两端电压为

$$u_L(t) = L_0 D_t^{0.5} i_L(t) = 2 \times 0.1 \times (100)^{0.5} \text{ mV} \cos(100t + \frac{0.5\pi}{2}) = 2\,\text{mV}\cos(100t + 45°)$$

可见，分数阶电感的感抗值为 $\omega^\alpha L$，电压超前于电流的相位差为 $\frac{\alpha\pi}{2}$。假定电感阶数为 α，电流 $i_L(t) = 2\text{A}\cos(100t)$，电感值为 $L = 0.1\text{mV}\cdot\text{s}^\alpha/\text{A} = 0.1\text{mH}^\alpha$。在不同阶数 α 时，电感电压的时域波形图及电压和电流关系分别如图 2-4（a）和图 2-4（b）所示。

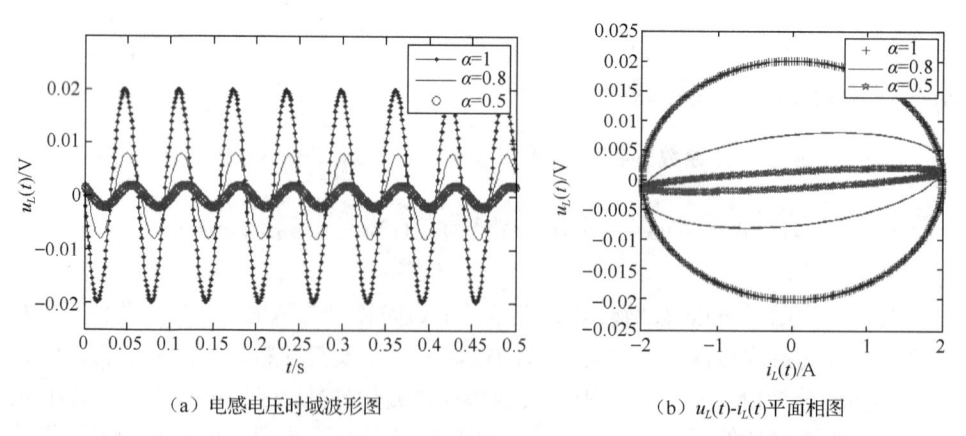

(a) 电感电压时域波形图

(b) $u_L(t)$-$i_L(t)$ 平面相图

图 2-4 不同阶数情况下的电感电压波形图及电压和电流关系图

2.3 分数阶导数的性质

根据分数阶导数的定义,分数阶导数具有如下几种主要性质[4,9]。

1. 解析形式

如果函数 $f(t)$ 是关于 t 的解析函数,那么它的分数阶导数 ${}_a D_t^\alpha f(t)$ 是关于 t 和 α 的解析函数。

2. 分数阶导数和整数阶导数关系

如果 $\alpha = n$,其中 n 为整数,那么 ${}_a D_t^\alpha f(t)$ 的结果就是 $f(t)$ 的 n 阶导数。
如果 $\alpha = 0$,${}_a D_t^0 f(t) = f(t)$。

3. 线性性质

和整数阶导数类似,分数阶导数是线性运算[9],即

$$D^p(af(t) + bg(t)) = aD^p f(t) + bD^p g(t) \qquad (2\text{-}15)$$

其中,D^p 代表分数阶导数,阶数为 p。可以根据分数阶导数的定义得到其线性运算的展开形式。

根据 R-L 分数阶导数定义,当阶数 p 满足 $n-1 \leqslant p < n$ 时,可得

$$\begin{aligned}
{}_0 D_t^p(af(t) + bg(t)) &= \frac{1}{\Gamma(n-p)} \frac{d^n}{dt^n} \int_0^t (t-\tau)^{n-p-1}(af(\tau) + bg(\tau))d\tau \\
&= \frac{a}{\Gamma(n-p)} \frac{d^n}{dt^n} \int_0^t (t-\tau)^{n-p-1} f(\tau) d\tau \\
&\quad + \frac{b}{\Gamma(n-p)} \frac{d^n}{dt^n} \int_0^t (t-\tau)^{n-p-1} g(\tau) d\tau \\
&= a\,{}_0 D_t^p f(t) + b\,{}_0 D_t^p g(t)
\end{aligned}$$

4. 指数可加性

$$ {}_a D_t^\beta {}_a D_t^\alpha f(t) = {}_a D_t^\alpha {}_a D_t^\beta f(t) = {}_a D_t^{\beta+\alpha} f(t) \qquad (2\text{-}16)$$

在函数 $f(t)$ 满足一定条件下成立。

分数阶导数和整数阶导数在满足如下条件时可以互换，即

$$\frac{\mathrm{d}^n}{\mathrm{d}t^n}\left({}_a\mathrm{D}_t^\alpha f(t)\right) = {}_a\mathrm{D}_t^\alpha\left(\frac{\mathrm{d}^n}{\mathrm{d}t^n}f(t)\right) = {}_a\mathrm{D}_t^{n+\alpha}f(t)$$

在 $t = a$ 时，满足 $f^{(k)}(t) = 0$，$k = 0, 1, 2, \cdots, n-1$。

5. 分数阶导数的莱布尼茨公式

考虑两个函数 $\varphi(t)$ 和 $f(t)$，由莱布尼茨公式，两者乘积的 n 阶导数为

$$\frac{\mathrm{d}^n}{\mathrm{d}t^n}(\varphi(t)f(t)) = \sum_{k=0}^{n}\binom{n}{k}\varphi^{(k)}(t)f^{(n-k)}(t) \tag{2-17}$$

如果函数 $f(\tau)$ 在 $[a, t]$ 上连续，$\varphi(\tau)$ 在 $[a, t]$ 上具有 $n+1$ 阶连续导数，那么这两个函数乘积的分数阶导数的莱布尼茨公式如下[9]：

$${}_a\mathrm{D}_t^p(\varphi(t)f(t)) = \sum_{k=0}^{n}\binom{p}{k}\varphi^{(k)}(t){}_a\mathrm{D}_t^{p-k}f(t) - R_n^p(t) \tag{2-18}$$

其中，$n \geq p+1$，并且 $R_n^p(t) = \dfrac{1}{n!\Gamma(-p)}\int_a^t(t-\tau)^{-p-1}f(\tau)\mathrm{d}\tau\int_\tau^t\varphi^{(n+1)}(\zeta)(\tau-\xi)^n\mathrm{d}\zeta$。

如果函数 $f(\tau)$ 和 $\varphi(\tau)$ 的所有导数在 $[a, t]$ 上连续，那么分数阶导数的莱布尼茨公式的形式如下[9]：

$${}_a\mathrm{D}_t^p(\varphi(t)f(t)) = \sum_{k=0}^{n}\binom{p}{k}\varphi^{(k)}(t){}_a\mathrm{D}_t^{p-k}f(t)$$

上面这个公式适用于计算两个函数乘积的分数阶导数，其中一个是多项式，另一个函数具有已知的分数阶导数[9]。

2.4 分数阶微积分的拉普拉斯变换

首先，回顾基本的拉普拉斯变换形式。函数 $F(s)$ 关于复变量 s 的定义如下：

$$F(s) = \mathrm{L}\{f(t); s\} = \int_0^\infty \mathrm{e}^{-st}f(t)\mathrm{d}t$$

$F(s)$ 被称为函数 $f(t)$ 的拉普拉斯变换。拉普拉斯变换存在的条件是上式中的积分为有限值。对于函数 $f(t)$，如果存在正的常数 M 和 T，以及指数值 α，满足

$$\mathrm{e}^{-\alpha t}|f(t)| \leq M$$

其中，$t > T$。那么，拉普拉斯变换中的积分就能存在有限值。

利用拉普拉斯逆变换可以把 $F(s)$ 转化为原来的函数 $f(t)$，

$$f(t) = \mathrm{L}^{-1}\{F(s);t\} = \int_{c-j\infty}^{c+j\infty} \mathrm{e}^{st} F(s) \mathrm{d}s$$

其中，$c = \mathrm{Re}(s) > c_o$，c_o 位于使得拉普拉斯积分绝对收敛的右半平面。

两个函数的卷积函数为

$$f(t) * g(t) = \int_0^t f(t-\tau)g(\tau)\mathrm{d}\tau = \int_0^t f(\tau)g(t-\tau)\mathrm{d}\tau$$

上式的拉普拉斯变换形式为

$$\mathrm{L}\{f(t) * g(t)\} = F(s)G(s)$$

1. R-L 分数阶积分的拉普拉斯变换

根据式（2-9），R-L 分数阶积分可以写成函数 $g(t) = t^{\alpha-1}$ 和 $f(t)$ 的卷积，

$$\mathrm{I}_{[0,t]}^{\alpha} f(t) = {}_0\mathrm{D}_t^{-\alpha} f(t) = \frac{1}{\Gamma(\alpha)} \int_0^t (t-\tau)^{\alpha-1} f(\tau)\mathrm{d}\tau = \frac{1}{\Gamma(\alpha)} t^{\alpha-1} * f(t)$$

函数 t^{p-1} 的拉普拉斯变换形式如下[9]：

$$G(s) = \mathrm{L}\{t^{\alpha-1};s\} = \Gamma(\alpha) s^{-\alpha}$$

因此，分数阶积分的拉普拉斯变换为

$$\mathrm{L}\{{}_0\mathrm{D}_t^{-\alpha} f(t);s\} = s^{-\alpha} F(s) \tag{2-19}$$

2. R-L 分数阶导数的拉普拉斯变换

R-L 分数阶导数的拉普拉斯变换为

$$\mathrm{L}\{{}_0\mathrm{D}_t^{\alpha} f(t);s\} = s^{\alpha} F(s) - \sum_{k=0}^{n-1} s^k \left[{}_0\mathrm{D}_t^{\alpha-k-1} f(t) \right]_{t=0} \tag{2-20}$$

其中，$n-1 \leqslant \alpha < n$。在实际应用中，由于分数阶导数在 $t = 0$ 时的物理意义缺乏，因此受到一定的限制。

3. Caputo 分数阶导数的拉普拉斯变换

根据 Caputo 分数阶导数的定义，其拉普拉斯变换为[9]

$$\mathrm{L}\{{}_0^C\mathrm{D}_t^{\alpha} f(t);s\} = s^{\alpha} F(s) - \sum_{k=0}^{n-1} s^{\alpha-k-1} f^{(k)}(0) \tag{2-21}$$

其中，$n-1 \leqslant \alpha < n$。根据式（2-21），求解 Caputo 分数阶导数需要知道函数 $f(t)$ 和它的各整数阶导数在 $t = 0$ 时的值，这些值具有一定的物理意义，因此在解决实际问题时更实用。

4. Mittag-Leffler 函数的拉普拉斯变换

根据文献[4]，若干常见的 Mittag-Leffler 函数的拉普拉斯变换形式如下：

$$L\{E_\alpha(-\lambda t^\alpha)\} = \frac{s^{\alpha-1}}{s^\alpha + \lambda}$$

$$L\{t^{\alpha-1} E_{\alpha,\alpha}(-\lambda t^\alpha)\} = \frac{1}{s^\alpha + \lambda}$$

$$L\{t^{\beta-1} E_{\alpha,\beta}(-\lambda t^\alpha)\} = \frac{s^{\alpha-\beta}}{s^\alpha + \lambda}$$

其中，$s > |\lambda|^{1/\alpha}$。

若函数可以表示为如下部分分式形式：

$$G(s) = K_0 \left[\sum_{i=1}^{N} \frac{A_i}{s^\alpha + \lambda_i} \right]$$

那么，该函数的拉普拉斯逆变换形式如下[4]：

$$y(t) = L^{-1}\left\{ K_0 \left[\sum_{i=1}^{N} \frac{A_i}{s^\alpha + \lambda_i} \right] \right\} = K_0 \sum_{i=1}^{N} A_i t^{\alpha-1} E_{\alpha,\alpha}(-\lambda_i t^\alpha) \quad (2\text{-}22)$$

2.5 分数阶导数的数值计算

根据 G-L 分数阶导数的定义，G-L 分数阶导数可以利用如下形式近似[9]：

$$_a D_t^\alpha f(t) \approx \frac{1}{h^\alpha} \sum_{k=0}^{\lfloor \frac{t-a}{h} \rfloor} (-1)^k \binom{\alpha}{k} f(t-kh) \quad (2\text{-}23)$$

如果 $t \gg a$，那么上式中分数阶导数的近似式中就会包含大量的求和项。根据 G-L 定义中的系数表达式，当时间 t 特别大时，函数 $f(t)$ 在起始端 $t = a$ 附近的历史行为在一定假设条件下可以被忽略[9]，这就是"短时记忆"原则。它意味着我们只需要考虑"最近一段区间"，例如如在 $[t-L, t]$，其中 L 是"记忆长度"，

$$_a D_t^\alpha f(t) \approx {}_{t-L} D_t^\alpha f(t), \quad t > a + L \quad (2\text{-}24)$$

根据式（2-24）体现的短时记忆原则，从起始段 $t = a$ 处开始的分数阶导数可以近似为起始段为 $t - L$ 的分数阶导数，因此出现在近似式（2-23）中的数的个数不会超过 $\lceil L/h \rceil$，其中 L 为区间长度，h 为步长，$\lceil x \rceil$ 为 x 向上取整。

显然，这种近似会带来一定的误差，由于短时记忆原则引起的误差为[9]

$$\Delta t = \left|{}_a D_t^\alpha f(t) - {}_{t-L} D_t^\alpha f(t)\right| \leqslant \frac{ML^{-\alpha}}{|\Gamma(1-\alpha)|}, \qquad a+L \leqslant t < b$$

上面这个不等式可以用于确定短时记忆长度 L 与所需精度 ε 之间的关系，即如果满足 $L \geqslant \left(\dfrac{M}{\varepsilon|\Gamma(1-\alpha)|}\right)^{1/\alpha}$，那么，当 $a+L \leqslant t < b$ 时，$\Delta t \leqslant \varepsilon$。

根据式（2-23）和式（2-24），G-L 分数阶导数可以利用下式近似计算[4]：

$${}_a D_t^\alpha f(t) \approx {}_{t-L} D_t^\alpha f(t) = \frac{1}{h^\alpha}\sum_{k=0}^{[L/h]} w_k^{(\alpha)} f(t-kh) \qquad (2\text{-}25)$$

其中，$w_k^{(\alpha)} = (-1)^k \begin{pmatrix} \alpha \\ k \end{pmatrix}$，$w_0^{(\alpha)} = 1$，$w_1^{(\alpha)} = -\alpha$，$\cdots$，$w_k^{(\alpha)} = \left(1 - \dfrac{1+\alpha}{k}\right) w_{k-1}$，$k=1,2,3,\cdots$。

2.6 分数阶微分方程的求解

微分方程是研究系统动力学特性的重要工具。当电路系统含有分数阶元件时，分数阶电路系统的动态特性是由分数阶微分方程进行描述的。对于给定初始值的分数阶微分方程，其解的存在性和唯一性是一个非常重要的问题，在数学上需要给出严格的证明。本节将介绍一种分数阶微分方程解的解析形式，并介绍一种分数阶微分方程的数值计算方法。

定理 2-1[12] 令 $\alpha > 0$，$n = \lceil \alpha \rceil$（向上取整），$\lambda \in \mathbf{R}$。对于给定初始值

$${}_0^C D_t^\alpha f(t) = \lambda f(t), \qquad f(0) = f_0, \qquad f^{(k)}(0) = 0, \qquad k = 1, 2, \cdots, n-1$$

其解的形式如下：

$$f(t) = f_0 E_\alpha(\lambda t^\alpha), \qquad t \geqslant 0 \qquad (2\text{-}26)$$

在定理 2-1 中，函数的各阶导数的初始值均为 0。分数阶微分方程的解的解析形式可以利用单参数 Mittag-Leffler 函数表示。特殊地，若 $\alpha = 1$，该方程就是线性常系数一阶齐次微分方程，其解析解为 $f(t) = f_0 e^{\lambda t}$。在电路分析中，一阶 RC/RL 电路的零输入响应就是利用这个方程表示的。

假定 RC 电路中的电容为分数阶电容，阶数 $\alpha = 0.8$，电容值 $C = 100\mu\text{F}\cdot\text{s}^{0.8-1}$，电阻 $R = 10\text{k}\Omega$，$u_C(0) = 10\text{V}$。描述该电路的分数阶微分方程为

$${}_0^C D_t^{0.8} u_C(t) = -\frac{1}{RC} u_C(t) \qquad (2\text{-}27)$$

根据定理 2-1，分数阶微分方程式（2-27）的解析解为 $u_C(t)=10E_{0.8}(-t^{0.8})$，$t \geqslant 0$。

根据式（2-3）给出的 Mittag-Leffler 函数的定义，利用 MATLAB 绘制上述方程解的时域波形，如图 2-5 所示。利用 MATLAB 绘制分数阶微分方程式（2-27）的解的程序，见本书附录。

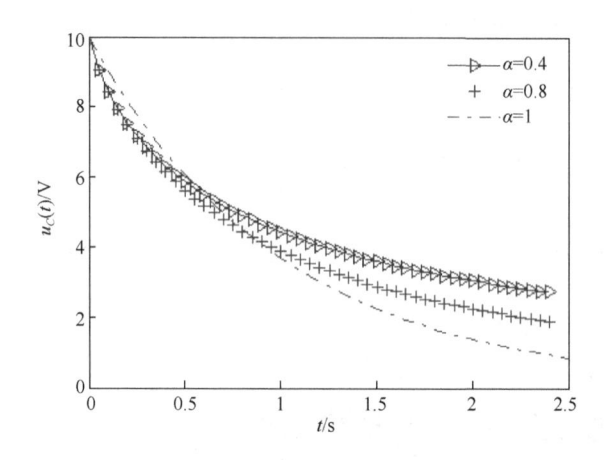

图 2-5　给定初始值的分数阶微分方程解

由图 2-5 可见，在电容值和电阻值一定的情况下，不同电容阶数所对应的电容电压的衰减速度是不同的。当 $\alpha=1$ 时，对应整数阶的情况。当 $0<\alpha<1$ 时，随着阶数 α 变小，电容电压将按照 Mittag-Leffler 函数进行衰减，其衰减速度与整数阶情况相比先快后慢。

除了求解分数阶微分方程的解析解外，利用数值计算方法求解分数阶微分方程也较常用。

根据式（2-25）中给出的分数阶导数的数值计算方法，假定分数阶微分方程形式为

$$_a\mathrm{D}_t^\alpha f(t) = F(f(t),t)$$

那么，其数值解可以写为如下形式[4,9]：

$$\frac{1}{h^\alpha}\sum_{k=0}^{\lceil L/h \rceil} w_k^{(\alpha)} f(t_{m-k}) = F(f(t_{m-1}),t_{m-1})$$

整理后，其数值解为

$$f(t_m) = h^\alpha F(f(t_{m-1}),t_{m-1}) - \sum_{k=1}^{\lceil L/h \rceil} w_k^{(\alpha)} f(t_{m-k}) \qquad (2\text{-}28)$$

其中，$t_m = mh$，$m = 0,1,2,\cdots$，且 m 的个数不会超过 $\lceil L/h \rceil$，$w_k^{(\alpha)} = (-1)^k \begin{pmatrix} \alpha \\ k \end{pmatrix}$，

$\begin{pmatrix} \alpha \\ k \end{pmatrix} = \dfrac{\alpha!}{k!(\alpha-k)!} = \dfrac{\Gamma(\alpha+1)}{\Gamma(k+1)\Gamma(\alpha-k+1)}$。

利用上述数值计算方法，对分数阶 RC 电路的零状态响应和分数阶 RLC 串联电路的零状态响应进行求解。假设 RC 电路中的电容为分数阶电容，阶数 $\alpha = 0.8$，电容值 $C = 100\mu\text{F} \cdot \text{s}^{0.8-1}$，电阻 $R = 10\text{k}\Omega$，$u_C(0) = 0\text{V}$，在 $t = 0$ 时接入直流电压源 $U_\text{S} = 5\text{V}$。该电路对应的分数阶微分方程为

$$_0\text{D}_t^{0.8} u_C(t) = \frac{1}{RC}(U_\text{S} - u_C(t)) \tag{2-29}$$

根据式（2-28），式（2-29）的数值解为如下形式：

$$u_C(t_m) = h^\alpha \left(5 - u_C(t_{m-1})\right) - \sum_{k=1}^{\lceil L/h \rceil} w_k^{(\alpha)} u_C(t_{m-k}) \tag{2-30}$$

根据式（2-30），参考 Petras[4] 的求解分数阶混沌系统数值解的方法，编写求解 RC 电路零状态响应的数值计算程序，程序见本书附录。

分数阶 RC 电路的零状态响应 $u_C(t)$ 曲线如图 2-6 所示。与整数阶情况相比，当 $\alpha = 0.8$ 时，达到稳态的速度更慢，过渡过程需要更长的时间。

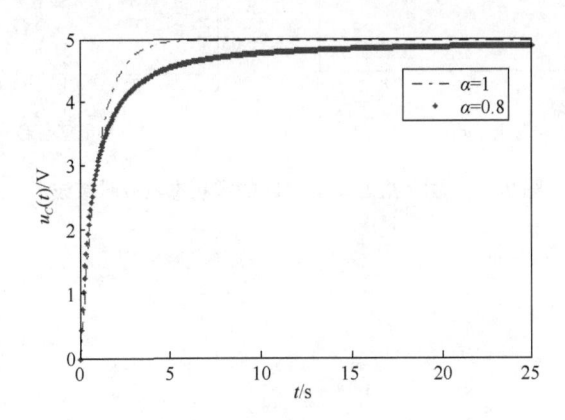

图 2-6 分数阶 RC 电路的零状态响应 $u_C(t)$ 曲线

假设 RLC 串联电路中电容为分数阶电容，阶数 $\alpha = 0.8$，电容值 $C = 100\mu\text{F} \cdot \text{s}^{0.8-1}$，电感为分数阶电感，阶数 $\beta = 0.9$，电感值 $L = 1\text{H}^{0.9}$，电阻 $R = 10\Omega$，$u_C(0) = 0\text{V}$，$i_L(0) = 0\text{A}$，串联电路的电压源 $U_\text{S} = 5\text{V}$。该电路对应的分数阶微分方程组为

$$\begin{cases} {}_0\mathrm{D}_t^{0.8} u_C(t) = \dfrac{1}{C} i_L(t) \\ {}_0\mathrm{D}_t^{0.9} i_L(t) = \dfrac{U_\mathrm{s}}{L} - \dfrac{R}{L} i_L(t) - \dfrac{1}{L} u_C(t) \end{cases} \tag{2-31}$$

根据式（2-28），式（2-31）的数值解如下：

$$u_C(t_m) = h^{0.8}\left(\dfrac{1}{C} i_L(t_{m-1})\right) - \sum_{k=1}^{\lceil L/h \rceil} w_k^{(0.8)} u_C(t_{m-k}) \tag{2-32}$$

$$i_L(t_m) = h^{0.9}\left(\dfrac{U_\mathrm{s}}{L} - \dfrac{R}{L} i_L(t_{m-1}) - \dfrac{1}{L} u_C(t_m)\right) - \sum_{k=1}^{\lceil L/h \rceil} w_k^{(0.9)} i_L(t_{m-k}) \tag{2-33}$$

根据式（2-32）和式（2-33）编写 MATLAB 程序，计算分数阶 *RLC* 串联电路的零状态响应，详见本书附录。

分数阶 *RLC* 串联电路的零状态响应如图 2-7 所示。和整数阶对比，分数阶 *RLC* 串联电路的衰减系数更大，电感和电容上的能量更快达到稳定。

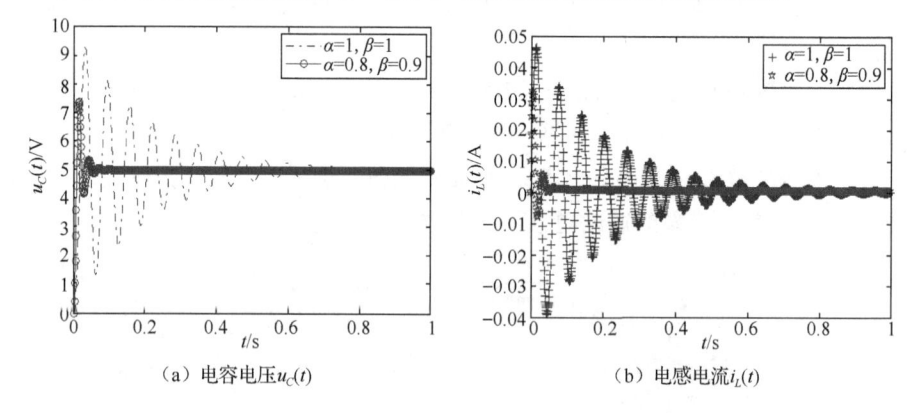

(a) 电容电压 $u_C(t)$

(b) 电感电流 $i_L(t)$

图 2-7 分数阶 *RLC* 串联电路的零状态响应时域波形

第 3 章

分数阶电路分析基础

分数阶电路是指包含分数阶元件的电路,其动力学特性可以由分数阶微分方程描述。本章将详细阐述分数阶电路的若干分析方法和分数阶电路的特点。首先,介绍基本分数阶电路元件,给出分数阶电感和分数阶电容上电压和电流的关系。然后,介绍分数阶电路的稳态分析方法,包括分数阶电路的等效化简、分数阶电路的阻抗和导纳、分数阶电路的功率和频率特性等。在此基础上,介绍分数阶电路的暂态分析方法,包括含单一分数阶元件的暂态时域分析方法、暂态电路的复频域分析方法、网络函数和暂态电路的状态变量分析方法。

■ 3.1 分数阶电路元件

3.1.1 分数阶电感

实际电感线圈的电路模型可以等效为一个电阻和理想电感元件的串联,如果需要考虑线圈铁芯中的涡流损耗和磁滞损耗,那么可以在理想电感元件两端并联一个电阻来体现铁损。在频率比较高的情况下,电感线圈中的趋肤效应将越来越明显,电感线圈的涡流损耗、磁滞损耗等都将和频率相关,因此其等效的损耗电阻参数将随频率发生变化[13]。原有的整数阶模型不能很好地描述电感损耗的频率依赖特性,而分数阶微积分可以更加准确地描述实际电感[13]。相比于传统的整数阶模型,基于分数阶微积分建立的电路模型与实际测量的实验波形更加吻合[6]。分数阶电路和系统近年来逐步受到国内外学者的关注[14-17]。

分数阶电感利用分数阶微分描述,其电路模型如图 3-1 所示。

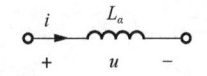

图 3-1 分数阶电感模型

分数阶电感模型的电压和电流关系如下：

$$u = L_\alpha \frac{\mathrm{d}^\alpha i}{\mathrm{d} t^\alpha} \tag{3-1}$$

其中，电感阶数为 α，一般的实际电感线圈阶数在 0～1 之间，L_α 为分数阶电感系数，单位 $\mathrm{V} \cdot \mathrm{s}^\alpha / \mathrm{A}$，可记为 H^α。文献[6]利用阻抗分析仪测量了 RLC 串联电路的频率响应曲线，并进一步根据响应曲线和分数阶电路模型确定出电感线圈的阶数 α 和电感系数 L_α。在分数阶模型中，L_α 的单位不是亨利（H），而是 $\mathrm{V} \cdot \mathrm{s}^\alpha / \mathrm{A}$。实验测定结果表明，铁氧体磁芯电抗器的阶数约为 0.996，而继电器线圈、扬声器线圈的电感阶数约为 0.6。

根据式（3-1），假定电流为正弦交流信号 $i = I_m \cos(\omega t)$，那么电感电压为

$$u = \omega^\alpha L_\alpha I_m \cos\left(\omega t + \frac{\pi}{2} \alpha\right)$$

若 $L_\alpha = 0.02 \, \mathrm{V} \cdot \mathrm{s}^\alpha / \mathrm{A}$，$\omega = 100 \mathrm{rad/s}$，$I_m = 1\mathrm{A}$，电感的阶数在 0.5～1 之间，那么电压和电流波形如图 3-2（a）所示。

分数阶电感的瞬时功率如式（3-2），波形如图 3-2（b）所示，

$$\begin{aligned} p = ui &= L_\alpha \frac{\mathrm{d}^\alpha i}{\mathrm{d} t^\alpha} i = \omega^\alpha L_\alpha I_m^2 \cos\left(\omega t + \frac{\pi}{2}\alpha\right)\cos(\omega t) \\ &= \frac{1}{2}\omega^\alpha L_\alpha I_m^2 \cos\left(\frac{\pi}{2}\alpha\right) + \frac{1}{2}\omega^\alpha L_\alpha I_m^2 \cos\left(2\omega t + \frac{\pi}{2}\alpha\right) \end{aligned} \tag{3-2}$$

根据式（3-2），分数阶电感的平均功率如下：

$$P = \frac{1}{T}\int_0^T p \mathrm{d}t = \frac{1}{2}\omega^\alpha L_\alpha I_m^2 \cos\left(\frac{\pi}{2}\alpha\right) \tag{3-3}$$

不同阶数电感的平均功率如图 3-2（c）所示。

由式（3-3）的平均功率形式可知，分数阶电感消耗能量。当电流通过分数阶电感时，一方面建立了磁场，储存了磁场能，另一方面，有功功率为正，分数阶电感消耗电能。

当库伦电场力移动 $\mathrm{d}q$ 电荷经过分数阶电感时，电场力克服阻力所做的功为

$$\mathrm{d}A = \mathrm{d}q \times (-e) = \mathrm{d}q \times u = \mathrm{d}q \times L_\alpha \frac{\mathrm{d}^\alpha}{\mathrm{d} t^\alpha} i(t) \tag{3-4}$$

(a) 电压和电流

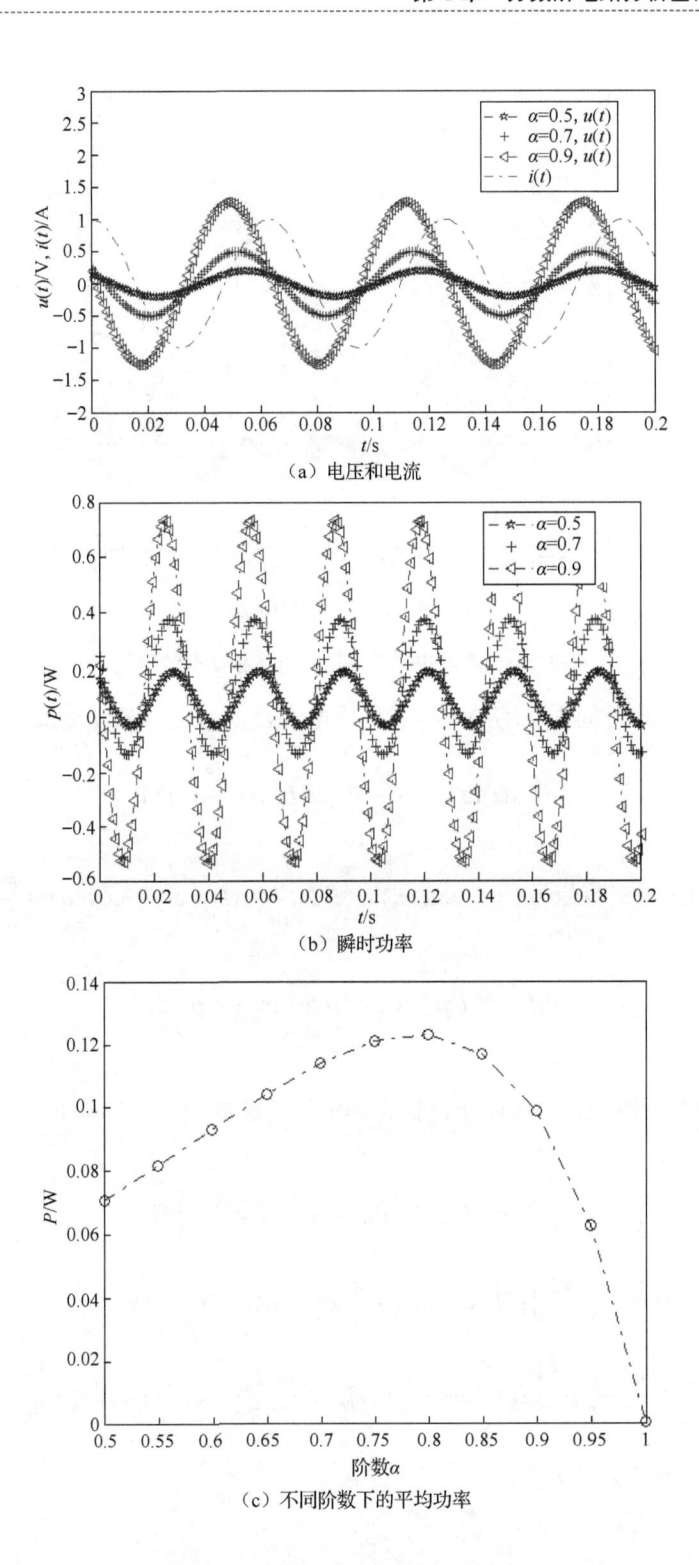

(b) 瞬时功率

(c) 不同阶数下的平均功率

（d）不同阶数下电感储存的能量

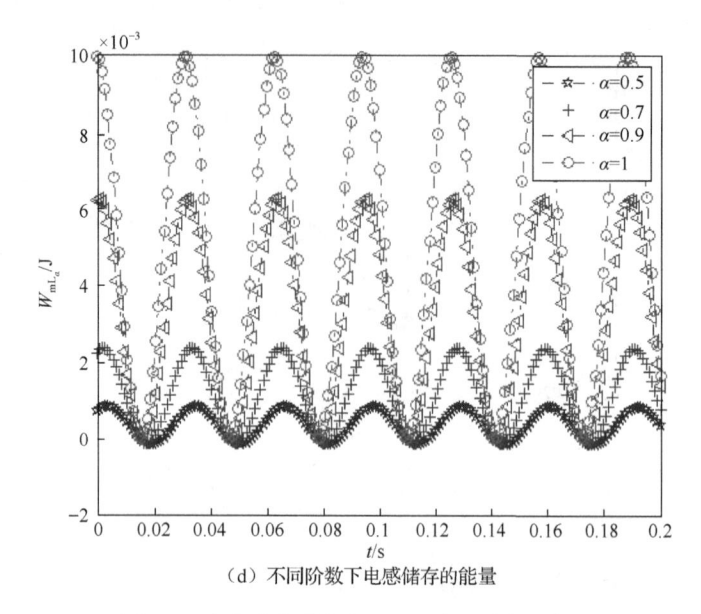

图 3-2 分数阶电感的电压、电流和功率波形图

库伦电场力在 dt 时间内移动的电荷量可用电流表示为 d$q = i$dt，因此上式表示为

$$\mathrm{d}A = i(t)\mathrm{d}t \times L_\alpha \frac{\mathrm{d}^\alpha}{\mathrm{d}t^\alpha}i(t) = L_\alpha i(t)\frac{\mathrm{d}^\alpha}{\mathrm{d}t^\alpha}i(t)\mathrm{d}t \tag{3-5}$$

假定电流为正弦交流信号 $i = I_m \cos(\omega t)$，那么 $\frac{\mathrm{d}^\alpha}{\mathrm{d}t^\alpha}i(t) = \omega^\alpha I_m \cos\left(\omega t + \frac{\pi}{2}\alpha\right)$，则

$$\mathrm{d}A = \omega^\alpha L_\alpha I_m^2 \cos(\omega t)\cos\left(\omega t + \frac{\pi}{2}\alpha\right)\mathrm{d}t \tag{3-6}$$

在 $\left[\frac{\pi}{2\omega}, t_a\right)$ 时间段内，分数阶电感储存和消耗的能量为

$$\begin{aligned}
W_{L_\alpha} &= \int_0^A \mathrm{d}A = \int_{\frac{\pi}{2}}^{\omega t_a} \omega^{\alpha-1} L_\alpha I_m^2 \cos(\omega t)\cos\left(\omega t + \frac{\pi}{2}\alpha\right)\mathrm{d}\omega t \\
&= \frac{\omega^{\alpha-1} L_\alpha I_m^2}{2}\int_{\frac{\pi}{2}}^{\omega t_a}\left(\cos\left(2\omega t + \frac{\pi}{2}\alpha\right) + \cos\left(\frac{\pi}{2}\alpha\right)\right)\mathrm{d}\omega t \\
&= \frac{\omega^{\alpha-1} L_\alpha I_m^2}{4}\left[\sin\left(2\omega t + \frac{\pi}{2}\alpha\right)\right]_{\frac{\pi}{2}}^{\omega t_a} + \frac{\omega^\alpha L_\alpha I_m^2}{2}\cos\left(\frac{\pi}{2}\alpha\right)\left(t_a - \frac{\pi}{2\omega}\right) \\
&= W_{mL_\alpha} + W_{\mathrm{disp}}
\end{aligned} \tag{3-7}$$

其中，W_{mL_α} 为分数阶电感储存的磁场能，W_{disp} 为分数阶电感在 $\left[\dfrac{\pi}{2\omega}, t_a\right]$ 时间内消耗的电能，分数阶电感储存的磁场能情况如图 3-2（d）所示。

$$W_{mL_\alpha} = \dfrac{\omega^{\alpha-1} L_\alpha I_m^2}{4}\left(\sin\left(2\omega t_a + \dfrac{\pi}{2}\alpha\right) - \sin\left(\pi + \dfrac{\pi}{2}\alpha\right)\right) \tag{3-8}$$

$$W_{\text{disp}} = \dfrac{\omega^\alpha L_\alpha I_m^2}{2}\cos\left(\dfrac{\pi}{2}\alpha\right)\left(t_a - \dfrac{\pi}{2\omega}\right) = P\left(t_a - \dfrac{\pi}{2\omega}\right) \tag{3-9}$$

3.1.2 分数阶电容

Westerlund[5]指出，相比于传统整数阶导数模型，普通的电介质电容的特性如果利用分数阶导数模型进行描述会更为精确，其阶数在 0~1 之间变化，电容值是个常数。

分数阶电容模型建立的基础是假设居里定律（Curie's law）成立。居里定律是基于实验得到的关于电介质电容的经验公式，很多电容器的实验结果和这个公式非常接近，它是一个纯经验关系式。

假定 $t=0$ 时在电容两端加一个直流电压，其幅值为 U_o，那么电容电流为

$$i(t) = \dfrac{U_o}{h_1 t^n}, \quad 0 < n < 1, \quad t > 0 \tag{3-10}$$

其中，h_1 是个常数，它与电容器的电容值和电介质种类有关，n 也是常数，电介质电容中的 n 接近于 1，并且 n 与电容器的损耗有关，损耗越小，n 越接近于 1[3]。

对式（3-10）进行拉普拉斯变换，可得

$$I(s) = \dfrac{\Gamma(1-n) U_o}{h_1 s^{1-n}}, \quad 0 < n < 1$$

其中，s 为拉普拉斯变换参数，即复频率，U_o 是直流电压的幅值，h_1 和 n 是常数，$\Gamma(\cdot)$ 是伽马函数。根据单位脉冲响应，其网络函数为

$$H(s) = \dfrac{I(s)}{U(s)} = \dfrac{\Gamma(1-n)}{h_1} s^n = C_n s^n, \quad 0 < n < 1 \tag{3-11}$$

其中，C_n 是常数，$C_n = \dfrac{\Gamma(1-n)}{h_1}$，$C_n$ 的值与通常我们定义的电容值接近。

令 $s = j\omega$，则网络函数变为如下形式：

$$H(j\omega) = \frac{I(j\omega)}{U(j\omega)} = C_n(j\omega)^n = C_n\omega^n e^{jn\frac{\pi}{2}} = C_n\omega^n\left(\cos n\frac{\pi}{2} + j\sin n\frac{\pi}{2}\right)$$
$$= jC_n\omega^n \sin\frac{n\pi}{2}(1 - j\tan\delta) \qquad (3\text{-}12)$$

其中，$0 < n < 1$，$\tan\delta = \tan\frac{\pi(1-n)}{2}$，这表明损耗角正切值与频率无关。在新模型中，电容系数 C_n 和损耗角正切值 $\tan\delta$ 都与参数 h_1 和 n 有关。

在传统模型中，电介质参数主要由介电常数 ε 和电介质电导率 σ 决定，电容值定义为 $C = \frac{q}{u}$。实际测量时，C 不是常数，它与频率有关。例如，电容生产厂家在频率为 1kHz 时定义薄膜电容器的额定电容值，在 100Hz 时定义电解电容额定电容值。另外，由于 q 和 u 存在相位差，因此，电容值取 q/u 的实部。该电容值是与频率有关的量。

根据居里定律，文献[3]给出分数阶电容的电压和电流关系：

$$i(t) = C_n \frac{d^n u(t)}{dt^n}, \qquad 0 < n < 1, \qquad t > 0 \qquad (3\text{-}13)$$

其中，C_n 由式（3-11）确定，其单位是 $F \cdot s^{n-1}$，这个单位和传统模型中电容值 C 的单位 F 不同。分数阶电容的电路模型如图 3-3 所示。

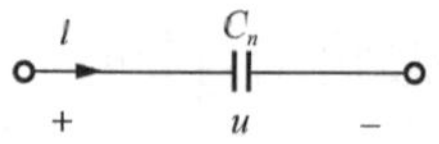

图 3-3　分数阶电容模型

分数阶电容模型和整数阶模型相比，具有如下特点[3]：

（1）分数阶电容的阻抗 $Z(j\omega) = 1/[(j\omega)^n C_n]$，其中，电容系数 C_n 是个常量，与传统整数阶电容值非常接近。区别在于传统模型中，$C = \text{Re}\left(\frac{q}{u}\right)$ 是与频率有关的量，而分数阶模型中的 C_n 与频率无关。

（2）损耗角正切值对任意频率都是常数，$\tan\delta = \tan\frac{\pi(1-n)}{2}$。

（3）分数阶电容模型具有记忆性，它表现为介电吸收（dielectric absorption）。

（4）分数阶模型是一种宽带模型。

当实际电容的阶数 n 接近于 1 时，电容损耗比较小，分数阶模型和整数阶模型的结果比较接近；如果损耗比较大，采用分数阶模型会更加精确。

根据式（3-13），假定分数阶电容两端电压 $u(t)=U_m\cos(\omega t)$，那么电容电流为

$$i(t)=\omega^n C_n U_m\cos\left(\omega t+\frac{\pi n}{2}\right)$$

若 $C_n=1\mu\mathrm{F}\cdot\mathrm{s}^{n-1}$，$\omega=100\mathrm{rad/s}$，$U_m=10\mathrm{V}$，阶数在 0.5～1 之间，那么电容流过电流的波形图如图 3-4（a）所示。

根据式（3-13），充电电荷可以表示为

$$q(t)=C_n\frac{\mathrm{d}^{n-1}u(t)}{\mathrm{d}t^{n-1}}\approx C_{n\,a}\mathrm{D}_t^{-(1-n)}u(t)=C_n\omega^{1-n}U_m\cos\left(\omega t+\frac{\pi(1-n)}{2}\right) \quad (3\text{-}14)$$

即电容电荷为电压的分数阶积分，积分阶数为 $1-n$。因此电容上的电荷变换曲线如图 3-4（b）所示。

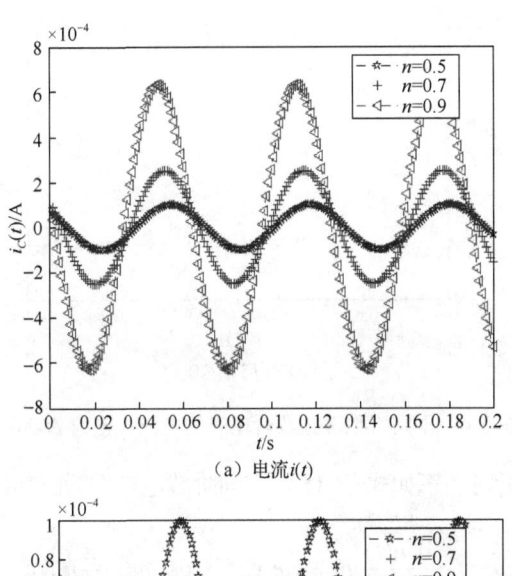

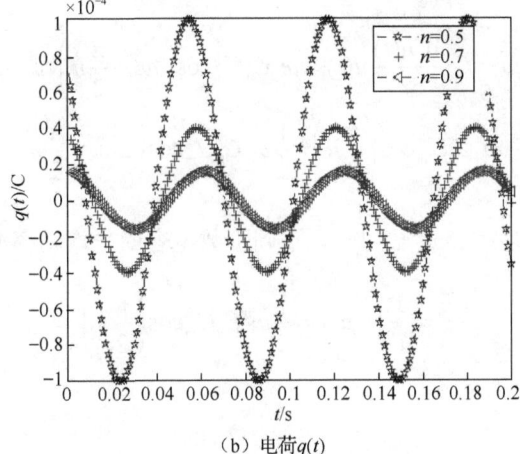

（a）电流 $i(t)$

（b）电荷 $q(t)$

（c）瞬时功率 $p(t)$

（d）平均功率 P

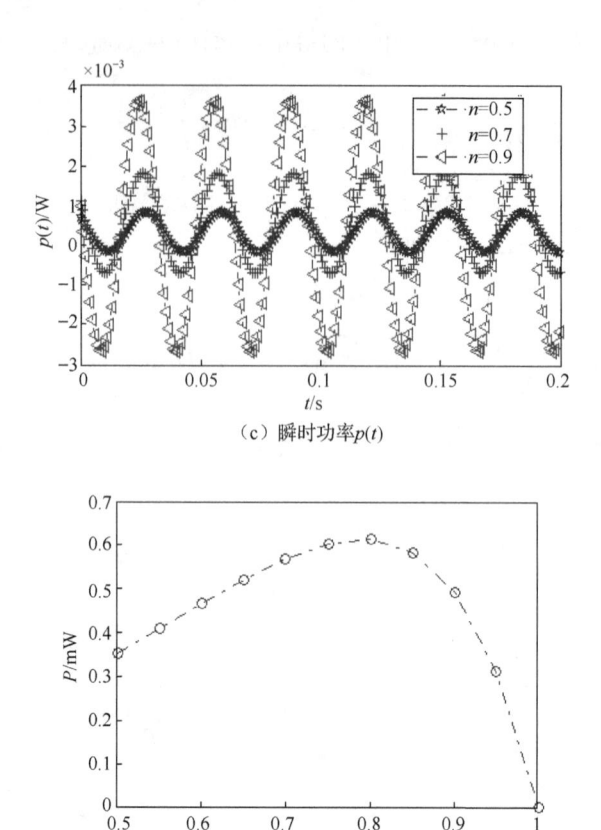

图 3-4　不同阶数下分数阶电容的电流、电荷和功率

分数阶电容的瞬时功率如式（3-15），不同阶数电容的瞬时功率波形如图 3-4（c），

$$p = ui = C_n \frac{\mathrm{d}^n u(t)}{\mathrm{d}t^n} u(t) = \omega^n C_n U_m^2 \cos\left(\omega t + \frac{\pi}{2}n\right)\cos(\omega t)$$
$$= \frac{1}{2}\omega^n C_n U_m^2 \cos\left(\frac{\pi}{2}n\right) + \frac{1}{2}\omega^n C_n U_m^2 \cos\left(2\omega t + \frac{\pi}{2}n\right) \tag{3-15}$$

分数阶电容的平均功率如式（3-16），不同阶数电容的平均功率波形如图 3-4（d），

$$P = \frac{1}{T}\int_0^T p\,\mathrm{d}t = \frac{1}{2}\omega^n C_n U_m^2 \cos\left(\frac{\pi}{2}n\right) \tag{3-16}$$

3.2 分数阶电路的稳态分析

3.2.1 分数阶电路的等效化简

3.2.1.1 分数阶电感的串并联等效

如果两个具有相同阶数的分数阶电感串联，如图 3-5（a）所示，那么串联后端口电压和电流关系如下：

$$u = u_1 + u_2 = L_{\alpha,1} \frac{d^\alpha i}{dt^\alpha} + L_{\alpha,2} \frac{d^\alpha i}{dt^\alpha} = \left(L_{\alpha,1} + L_{\alpha,2} \right) \frac{d^\alpha i}{dt^\alpha}$$

由上式可见，等效分数阶电感的阶数仍然为 α，串联等效电感值为

$$L_{eq,\alpha} = L_{\alpha,1} + L_{\alpha,2}$$

如果两个串联电感的分数阶阶数不同，如图 3-5（b）所示，那么串联后端口电压和电流关系如下：

$$u = u_1 + u_2 = L_{\alpha,1} \frac{d^\alpha i}{dt^\alpha} + L_{\beta,2} \frac{d^\beta i}{dt^\beta}$$

这种情况下，很难直接得到其串联等效电感。

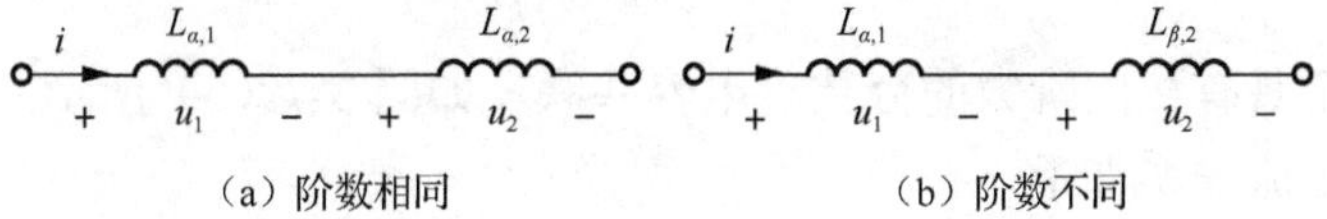

(a) 阶数相同　　　　　(b) 阶数不同

图 3-5　分数阶电感串联

如果两个具有相同阶数的分数阶电感并联，如图 3-6（a）所示，那么并联后端口电压和电流关系如下：

$$i = i_1 + i_2 = \frac{1}{L_{\alpha,1}} {}_0D_t^{-\alpha} u(t) + \frac{1}{L_{\alpha,2}} {}_0D_t^{-\alpha} u(t) = \left(\frac{1}{L_{\alpha,1}} + \frac{1}{L_{\alpha,2}} \right) {}_0D_t^{-\alpha} u(t)$$

由上式可见，并联等效的分数阶电感的阶数仍然为 α，并联等效电感值满足

$$\frac{1}{L_{eq,\alpha}} = \frac{1}{L_{\alpha,1}} + \frac{1}{L_{\alpha,2}}$$

和串联情况类似，如果两个并联分数阶电感的阶数不同，如图 3-6（b）所示，那么并联后端口电压和电流关系如下：

$$i = i_1 + i_2 = \frac{1}{L_{\alpha,1}} {}_0\mathrm{D}_t^{-\alpha} u(t) + \frac{1}{L_{\beta,2}} {}_0\mathrm{D}_t^{-\beta} u(t)$$

这种情况下，也很难直接得到其并联等效电感。

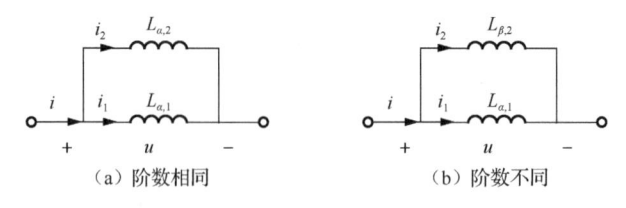

图 3-6　分数阶电感并联

3.2.1.2　分数阶电容的串并联等效

如果两个具有相同阶数的分数阶电容串联，如图 3-7（a）所示，那么串联后端口电压和电流关系如下：

$$u = u_1 + u_2 = \left(\frac{1}{C_{n,1}} + \frac{1}{C_{n,2}}\right){}_0\mathrm{D}_t^{-n} i(t) = \frac{1}{C_{eq,n}} {}_0\mathrm{D}_t^{-n} i(t)$$

由上式可见，等效分数阶电容的阶数仍然为 n，串联等效电容值为

$$\frac{1}{C_{eq,n}} = \frac{1}{C_{n,1}} + \frac{1}{C_{n,2}}$$

如果两个具有相同阶数的分数阶电容并联，如图 3-7（b）所示，那么并联后端口电压和电流关系如下：

$$i = i_1 + i_2 = C_{n,1} \frac{\mathrm{d}^n u(t)}{\mathrm{d}t^n} + C_{n,2} \frac{\mathrm{d}^n u(t)}{\mathrm{d}t^n} = \left(C_{n,1} + C_{n,2}\right) \frac{\mathrm{d}^n u(t)}{\mathrm{d}t^n} = C_{eq,n} \frac{\mathrm{d}^n u(t)}{\mathrm{d}t^n}$$

由上式可见，等效分数阶电容的阶数仍然为 n，并联等效电容值为

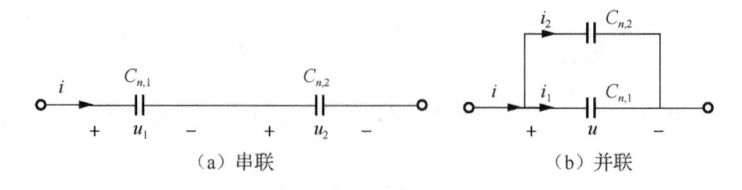

$$C_{eq,n} = C_{n,1} + C_{n,2}$$

图 3-7　阶数相同的分数阶电容的串联和并联

3.2.2 分数阶电路的阻抗和导纳

3.2.2.1 分数阶电感和电容的阻抗和导纳

根据式（3-1），假定电流为正弦交流信号 $i = I_m\cos(\omega t)$，那么电感电压为

$$u = \omega^\alpha L_\alpha I_m \cos\left(\omega t + \frac{\pi}{2}\alpha\right)$$

因此，分数阶电感的电流相量和电压相量分别为 $\dot{I} = \frac{I_m}{\sqrt{2}}\angle 0°$、$\dot{U} = \omega^\alpha L_\alpha \frac{I_m}{\sqrt{2}} e^{j\frac{\pi}{2}\alpha} = \frac{U_m}{\sqrt{2}}\angle \frac{\pi}{2}\alpha$。可见，电压最大值满足 $U_m = \omega^\alpha L_\alpha I_m$。

分数阶电感的电压和电流相量之间的关系如下：

$$\dot{U} = (j\omega)^\alpha L_\alpha \dot{I} = \omega^\alpha L_\alpha e^{j\frac{\pi}{2}\alpha}\dot{I} \tag{3-17}$$

其中，ω 为角频率，电感阶数为 α，L_α 为电感系数，其单位为 $V\cdot s^\alpha/A$。

分数阶电感的阻抗为

$$Z_{L,\alpha} = \frac{\dot{U}}{\dot{I}} = (j\omega)^\alpha L_\alpha = \omega^\alpha L_\alpha e^{j\frac{\pi}{2}\alpha} = \omega^\alpha L_\alpha \cos\left(\frac{\pi}{2}\alpha\right) + j\omega^\alpha L_\alpha \sin\left(\frac{\pi}{2}\alpha\right) \tag{3-18}$$

分数阶电感的导纳为

$$Y_{L,\alpha} = \frac{\dot{I}}{\dot{U}} = \frac{1}{(j\omega)^\alpha L_\alpha} = \frac{1}{\omega^\alpha L_\alpha} e^{-j\frac{\pi}{2}\alpha} = \frac{1}{\omega^\alpha L_\alpha}\cos\left(\frac{\pi}{2}\alpha\right) - j\frac{1}{\omega^\alpha L_\alpha}\sin\left(\frac{\pi}{2}\alpha\right) \tag{3-19}$$

类似地，根据式（3-13），分数阶电容的电压和电流相量之间的关系如下：

$$\dot{I} = (j\omega)^n C_n \dot{U} = \omega^n C_n e^{j\frac{\pi}{2}n}\dot{U} \tag{3-20}$$

其中，ω 为角频率，电容阶数为 n，C_n 为电容系数，其单位为 $F\cdot s^{n-1}$。

分数阶电容的阻抗为

$$Z_{C,n} = \frac{\dot{U}}{\dot{I}} = \frac{1}{(j\omega)^n C_n} = \frac{1}{\omega^n C_n} e^{-j\frac{\pi}{2}n} = \frac{1}{\omega^n C_n}\cos\left(\frac{\pi}{2}n\right) - j\frac{1}{\omega^n C_n}\sin\left(\frac{\pi}{2}n\right) \tag{3-21}$$

分数阶电容的导纳为

$$Y_{C,n} = \frac{\dot{I}}{\dot{U}} = (j\omega)^n C_n = \omega^n C_n e^{j\frac{\pi}{2}n} = \omega^n C_n \cos\left(\frac{\pi}{2}n\right) + j\omega^n C_n \sin\left(\frac{\pi}{2}n\right) \tag{3-22}$$

3.2.2.2 分数阶 $RL_\alpha C_\beta$ 串联电路的等效阻抗

分数阶 $RL_\alpha C_\beta$ 串联电路如图 3-8 所示，其中，电感阶数为 α，电容阶数为 β，$0<\alpha<1$，$0<\beta<1$。

串联电路端口电压和电流的时域关系如下：

$$u(t) = Ri(t) + L_\alpha \frac{\mathrm{d}^\alpha i(t)}{\mathrm{d}t^\alpha} + \frac{1}{C_\beta} \frac{1}{\Gamma(\beta)} \int_0^t (t-\tau)^{\beta-1} i(\tau)\mathrm{d}\tau$$
$$= Ri(t) + L_\alpha {}_0\mathrm{D}_t^\alpha i(t) + \frac{1}{C_\beta} {}_0\mathrm{D}_t^{-\beta} i(t) \tag{3-23}$$

图 3-8 分数阶 $RL_\alpha C_\beta$ 串联电路

串联电路一端口电压和电流的相量关系如下：

$$\dot{U} = R\dot{I} + (\mathrm{j}\omega)^\alpha L_\alpha \dot{I} + \frac{1}{(\mathrm{j}\omega)^\beta C_\beta} \dot{I} = \left(R + (\mathrm{j}\omega)^\alpha L_\alpha + \frac{1}{(\mathrm{j}\omega)^\beta C_\beta}\right)\dot{I} \tag{3-24}$$

因此，分数阶 $RL_\alpha C_\beta$ 串联电路一端口等效阻抗为

$$Z_{\alpha,\beta} = R + (\mathrm{j}\omega)^\alpha L_\alpha + \frac{1}{(\mathrm{j}\omega)^\beta C_\beta}$$
$$= R + \omega^\alpha L_\alpha \cos\left(\frac{\pi}{2}\alpha\right) + \mathrm{j}\omega^\alpha L_\alpha \sin\left(\frac{\pi}{2}\alpha\right) + \frac{1}{\omega^\beta C_\beta}\cos\left(\frac{\pi}{2}\beta\right) - \mathrm{j}\frac{1}{\omega^\beta C_\beta}\sin\left(\frac{\pi}{2}\beta\right)$$
$$= R + \omega^\alpha L_\alpha \cos\left(\frac{\pi}{2}\alpha\right) + \frac{1}{\omega^\beta C_\beta}\cos\left(\frac{\pi}{2}\beta\right) + \mathrm{j}\left(\omega^\alpha L_\alpha \sin\left(\frac{\pi}{2}\alpha\right) - \frac{1}{\omega^\beta C_\beta}\sin\left(\frac{\pi}{2}\beta\right)\right)$$
$$\tag{3-25}$$

3.2.2.3 分数阶 $RL_\alpha C_\beta$ 并联电路的等效导纳

分数阶 $RL_\alpha C_\beta$ 并联电路如图 3-9 所示，其中，电感阶数为 α，电容阶数为 β，$0<\alpha<1$，$0<\beta<1$。

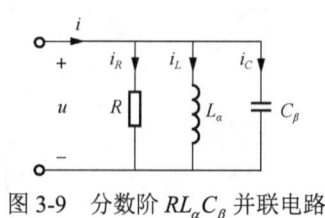

图 3-9 分数阶 $RL_\alpha C_\beta$ 并联电路

分数阶 $RL_\alpha C_\beta$ 并联一端口的电压和电流的时域关系如下：

$$i(t) = \frac{u(t)}{R} + \frac{1}{L_\alpha}\frac{1}{\Gamma(\alpha)}\int_0^t (t-\tau)^{\alpha-1}u(\tau)\mathrm{d}\tau + C_\beta \frac{\mathrm{d}^\beta u(t)}{\mathrm{d}t^\beta}$$
$$= \frac{u(t)}{R} + \frac{1}{L_\alpha}\,_0D_t^{-\alpha}u(t) + C_\beta\,_0D_t^\beta u(t) \tag{3-26}$$

并联一端口的电压和电流相量关系如下：

$$\dot{I} = \frac{\dot{U}}{R} + (\mathrm{j}\omega)^\beta C_\beta \dot{U} + \frac{1}{(\mathrm{j}\omega)^\alpha L_\alpha}\dot{U} = \left(\frac{1}{R} + (\mathrm{j}\omega)^\beta C_\beta + \frac{1}{(\mathrm{j}\omega)^\alpha L_\alpha}\right)\dot{U} \tag{3-27}$$

并联一端口等效导纳为

$$Y_{\alpha,\beta} = \frac{1}{R} + (\mathrm{j}\omega)^\beta C_\beta + \frac{1}{(\mathrm{j}\omega)^\alpha L_\alpha} = \frac{1}{R} + \omega^\beta C_\beta \cos\left(\frac{\pi}{2}\beta\right) + \frac{1}{\omega^\alpha L_\alpha}\cos\left(\frac{\pi}{2}\alpha\right)$$
$$+ \mathrm{j}\left(\omega^\beta C_\beta \sin\left(\frac{\pi}{2}\beta\right) - \frac{1}{\omega^\alpha L_\alpha}\sin\left(\frac{\pi}{2}\alpha\right)\right) \tag{3-28}$$

3.2.3 分数阶正弦交流电路的功率

3.2.3.1 分数阶一端口电路的功率

3.1.1 节和 3.1.2 节分别阐述了分数阶电感和分数阶电容的瞬时功率和平均功率，其瞬时功率和平均功率的波形分别如图 3-2（b）、图 3-2（c）、图 3-4（c）和图 3-4（d）。

根据式（3-3）和式（3-16），分数阶电感和分数阶电容的平均功率计算公式和整数阶电路平均功率的计算公式一致。

假设分数阶一端口电路的阻抗为 $Z = |Z|\angle\varphi$，端口电压有效值为 U，端口电流有效值为 I，那么分数阶一端口电路的平均功率为

$$P = UI\cos\varphi \tag{3-29}$$

分数阶一端口电路的无功功率为

$$P = UI\sin\varphi \tag{3-30}$$

根据式（3-17）和式（3-21），分数阶电感、分数阶电容的电压和电流有效值之比分别为

$$X_L = \frac{U_L}{I_L} = \omega^\alpha L_\alpha, \qquad X_C = \frac{U_C}{I_C} = \frac{1}{\omega^n C_n} \tag{3-31}$$

根据式（3-3）和式（3-16），分数阶电感和分数阶电容的平均功率分别为

$$P_{L,\alpha} = \omega^\alpha L_\alpha \cos\left(\frac{\pi}{2}\alpha\right) I^2 = I^2 X_L \cos\left(\frac{\pi}{2}\alpha\right) \qquad (3\text{-}32)$$

$$P_{C,n} = \omega^n C_n \cos\left(\frac{\pi}{2}n\right) U^2 = \frac{U^2}{X_C} \cos\left(\frac{\pi}{2}n\right) \qquad (3\text{-}33)$$

分数阶电感和电容的无功功率分别为

$$Q_{L,\alpha} = \omega^\alpha L_\alpha \sin\left(\frac{\pi}{2}\alpha\right) I^2 = I^2 X_L \sin\left(\frac{\pi}{2}\alpha\right) \qquad (3\text{-}34)$$

$$Q_{C,n} = \omega^n C_n \sin\left(\frac{\pi}{2}n\right) U^2 = \frac{U^2}{X_C} \sin\left(\frac{\pi}{2}n\right) \qquad (3\text{-}35)$$

3.2.3.2 功率因数

假设分数阶一端口电路的阻抗为 $Z = |Z|\angle\varphi$，那么分数阶一端口的功率因数为

$$\lambda = \cos\varphi \qquad (3\text{-}36)$$

其中，φ 为功率因数角。

根据式（3-18）和式（3-21），分数阶电感和分数阶电容的功率因数分别为

$$\lambda_L = \cos\left(\frac{\pi}{2}\alpha\right), \quad \lambda_C = \cos\left(\frac{\pi}{2}n\right) \qquad (3\text{-}37)$$

其中，分数阶电感的功率因数角为 $\frac{\pi}{2}\alpha$，分数阶电容的功率因数角为 $\frac{\pi}{2}n$。

对于如图 3-8 所示的分数阶 $RL_\alpha C_\beta$ 一端口网络，根据式（3-25），其功率因数角 φ 为

$$\varphi = \arctan\left(\frac{\omega^\alpha L_\alpha \sin\left(\frac{\pi}{2}\alpha\right) - \frac{1}{\omega^\beta C_\beta}\sin\left(\frac{\pi}{2}\beta\right)}{R + \omega^\alpha L_\alpha \cos\left(\frac{\pi}{2}\alpha\right) + \frac{1}{\omega^\beta C_\beta}\cos\left(\frac{\pi}{2}\beta\right)}\right)$$

3.2.4 分数阶电路的频率特性

3.2.4.1 分数阶 $RL_\alpha C_\beta$ 串联电路的频率特性

根据分数阶 $RL_\alpha C_\beta$ 串联电路的等效阻抗式（3-25），其一端口阻抗为频率的函数，同时也是阶数 α 和 β 的函数，其阻抗模为

$$|Z_{\alpha,\beta}| = \sqrt{\left(R + \omega^\alpha L_\alpha \cos\left(\frac{\pi}{2}\alpha\right) + \frac{1}{\omega^\beta C_\beta}\cos\left(\frac{\pi}{2}\beta\right)\right)^2 + \left(\omega^\alpha L_\alpha \sin\left(\frac{\pi}{2}\alpha\right) - \frac{1}{\omega^\beta C_\beta}\sin\left(\frac{\pi}{2}\beta\right)\right)^2}$$

阻抗角为

$$\varphi_{\alpha,\beta} = \arctan \frac{\omega^\alpha L_\alpha \sin\left(\frac{\pi}{2}\alpha\right) - \frac{1}{\omega^\beta C_\beta}\sin\left(\frac{\pi}{2}\beta\right)}{R + \omega^\alpha L_\alpha \cos\left(\frac{\pi}{2}\alpha\right) + \frac{1}{\omega^\beta C_\beta}\cos\left(\frac{\pi}{2}\beta\right)}$$

分数阶 $RL_\alpha C_\beta$ 串联电路等效阻抗的幅频特性和相频特性如图 3-10（a）和图 3-10（b）所示。由图 3-10 可见，当电感和电容的阶数由 1 逐渐减小时，电路的谐振角频率逐渐增加，并且当频率在大于谐振角频率区域逐渐增大时，阻抗模的幅值增加速度随着阶数的减小而降低。

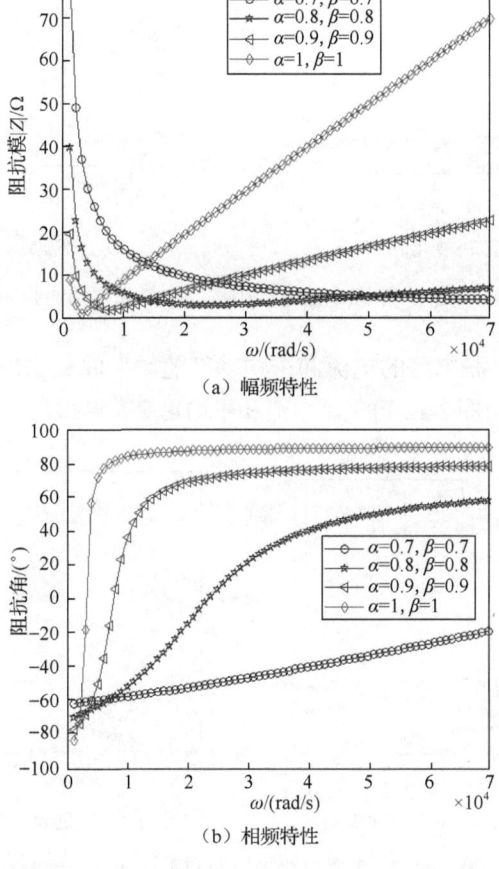

（a）幅频特性

（b）相频特性

图 3-10 $RL_\alpha C_\beta$ 串联电路等效阻抗的频率特性

和整数阶电路不同，分数阶 $RL_\alpha C_\beta$ 串联电路等效阻抗的实部和电感系数、电容系数、阶数及角频率等都有关系，实部可以表示为

$$\mathrm{Re}(Z_{\alpha,\beta}) = R + \omega^\alpha L_\alpha \cos\left(\frac{\pi}{2}\alpha\right) + \frac{1}{\omega^\beta C_\beta}\cos\left(\frac{\pi}{2}\beta\right)$$

等效阻抗的实部和虚部的频率特性如图 3-11（a）和图 3-11（b）所示。由图 3-11（a）可见，随着电感和电容的阶数由 1 逐渐减小，等效阻抗的实部逐渐增大；由图 3-11（b）可见，在较低频率时，随着电感和电容的阶数由 1 逐渐减小，等效阻抗的虚部电抗的大小逐渐增加，此时等效阻抗的实部电阻的大小也在增加。在频率较低时，电路呈现容性，当频率逐渐增大超过谐振角频率时，电路呈现感性。

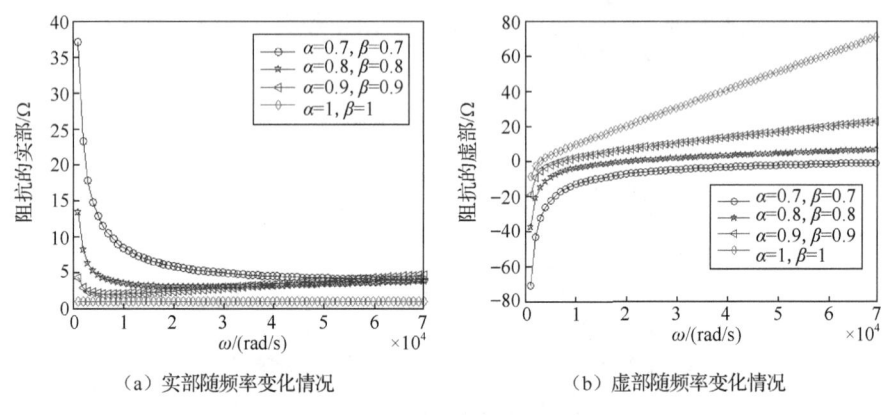

（a）实部随频率变化情况

（b）虚部随频率变化情况

图 3-11 $RL_\alpha C_\beta$ 串联电路等效阻抗的实部和虚部的频率特性

分数阶 $RL_\alpha C_\beta$ 串联电路的电流和平均功率随频率的变化规律如图 3-12（a）和图 3-12（b）所示。由图 3-12 可见，电流和平均功率在谐振角频率附近达到极大值。

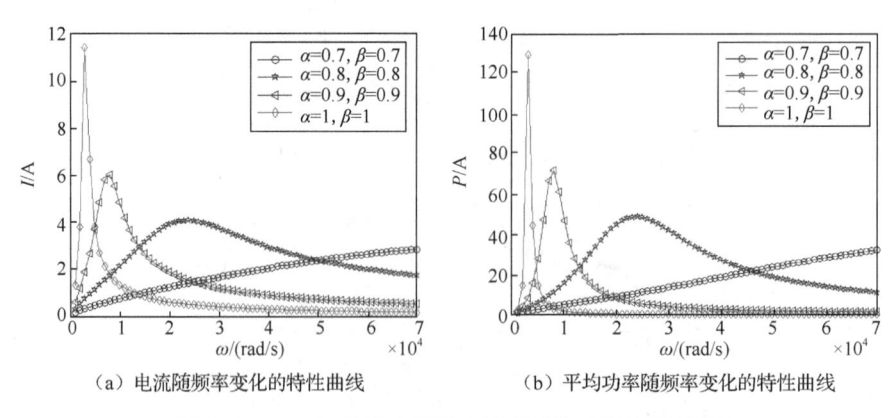

（a）电流随频率变化的特性曲线

（b）平均功率随频率变化的特性曲线

图 3-12 $RL_\alpha C_\beta$ 串联电路的电流和平均功率的频率特性

3.2.4.2 分数阶 $RL_\alpha C_\beta$ 串联电路的谐振

分数阶 $RL_\alpha C_\beta$ 串联电路的等效阻抗如式（3-25），其谐振角频率为

$$\omega_0 = \left(\frac{\sin\left(\frac{\pi}{2}\beta\right) \Big/ \sin\left(\frac{\pi}{2}\alpha\right)}{L_\alpha C_\beta} \right)^{\frac{1}{\alpha+\beta}} \tag{3-38}$$

若电阻值 $R=1\Omega$，电感系数 $L_\alpha=1\text{mH}^\alpha$，电容系数 $C_\beta=100\mu\text{F}\cdot s^{\beta-1}$，则谐振角频率 ω_0 随器件阶数 α 和 β 的变化情况如图 3-13（a）所示，当阶数 $\alpha=\beta=1$ 时，谐振角频率最低。谐振时的阻抗为

$$Z_0 = R + \omega_0^\alpha L_\alpha \cos\left(\frac{\pi}{2}\alpha\right) + \frac{1}{\omega_0^\beta C_\beta}\cos\left(\frac{\pi}{2}\beta\right) \tag{3-39}$$

阻抗模随器件阶数 α 和 β 的变化情况如图 3-13（b）所示，当阶数 $\alpha=\beta=1$ 时，阻抗模最小。

若一端口的端电压为 12V，谐振时一端口电流随器件阶数的变化情况如图 3-13（c）所示。当 $\alpha=\beta=1$ 时，一端口电流最大。

谐振时电感和电容上的端电压分别如式（3-40）和式（3-41），其电压有效值随阶数 α 和 β 的变化情况如图 3-13（d）所示。由图 3-13（d）可见，在 $\alpha=\beta=1$ 时，电感和电容端电压有效值最大，并且相等。随着阶数的降低，电感和电容端电压逐渐降低，并且当 $\alpha=\beta$ 时，电感和电容端电压有效值相等。

$$\begin{aligned}\dot{U}_{L,\alpha} &= (j\omega)^\alpha L_\alpha \dot{i} = \dot{i}\left(\omega^\alpha L_\alpha \cos\left(\frac{\pi}{2}\alpha\right) + j\omega^\alpha L_\alpha \sin\left(\frac{\pi}{2}\alpha\right)\right) \\ &= \dot{i}\omega^\alpha L_\alpha \angle(\alpha\times 90°)\end{aligned} \tag{3-40}$$

$$\begin{aligned}\dot{U}_{C,\beta} &= \frac{1}{(j\omega)^\beta C_\beta}\dot{i} = \dot{i}\left(\frac{1}{\omega^\beta C_\beta}\cos\left(\frac{\pi}{2}\beta\right) - j\frac{1}{\omega^\beta C_\beta}\sin\left(\frac{\pi}{2}\beta\right)\right) \\ &= \dot{i}\frac{1}{\omega^\beta C_\beta}\angle(-\beta\times 90°)\end{aligned} \tag{3-41}$$

(a) 谐振角频率随阶数的变化

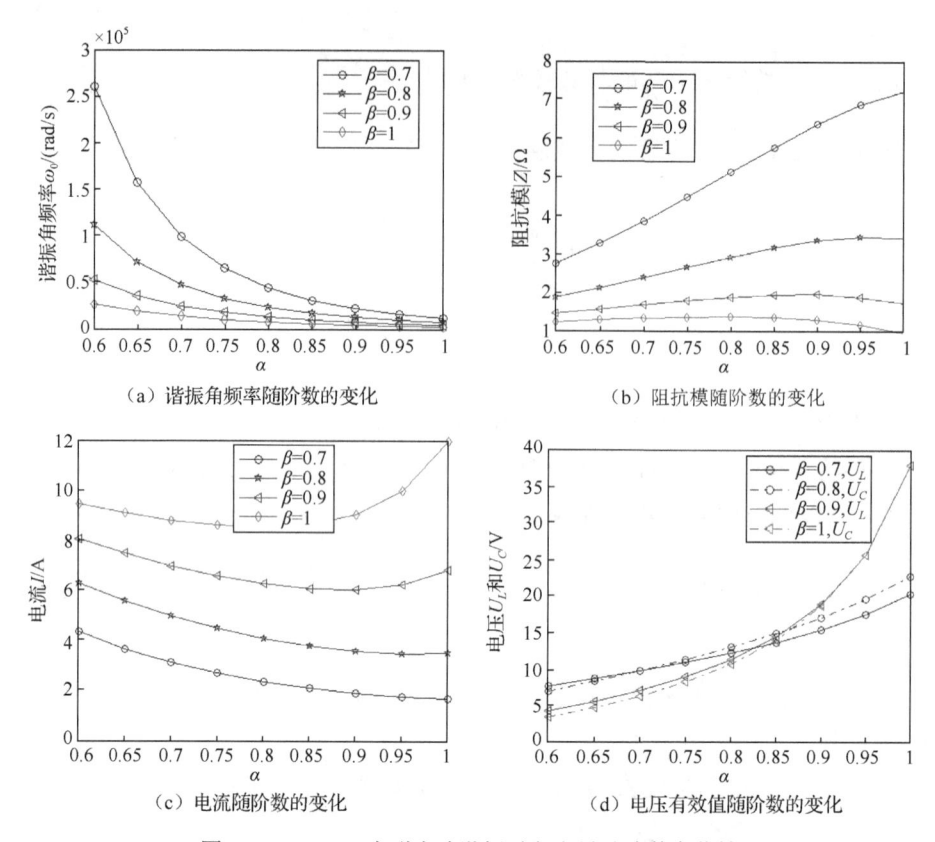

(b) 阻抗模随阶数的变化

(c) 电流随阶数的变化

(d) 电压有效值随阶数的变化

图 3-13 $RL_\alpha C_\beta$ 串联电路谐振时各参量随阶数变化情况

3.2.4.3 分数阶 $RL_\alpha C_\beta$ 并联电路的谐振

分数阶 $RL_\alpha C_\beta$ 并联电路的等效导纳如式（3-28），其谐振角频率为

$$\omega_0 = \left(\frac{\sin\left(\frac{\pi}{2}\alpha\right) \Big/ \sin\left(\frac{\pi}{2}\beta\right)}{L_\alpha C_\beta} \right)^{\frac{1}{\alpha+\beta}} \tag{3-42}$$

若电阻值 $R=1\Omega$，电感系数 $L_\alpha = 1\text{mH}^\alpha$，电容系数 $C_\beta = 100\mu\text{F}\cdot\text{s}^{\beta-1}$，则谐振角频率 ω_0 随器件阶数 α 和 β 的变化情况如图 3-14（a）所示。当阶数 $\alpha = \beta = 1$ 时，谐振角频率最低。分数阶 $RL_\alpha C_\beta$ 并联电路谐振时的导纳为

$$Y_0 = \frac{1}{R} + \omega_0^\beta C_\beta \cos\left(\frac{\pi}{2}\beta\right) + \frac{1}{\omega_0^\alpha L_\alpha}\cos\left(\frac{\pi}{2}\alpha\right)$$

导纳模随器件阶数 α 和 β 的变化情况如图 3-14（b）所示，当阶数 $\alpha = \beta = 1$ 时，导纳模最小。若一端口的端电压为 12V，谐振时一端口电流随器件阶数 α 和 β 的

变化情况如图 3-14（c）所示，当 $\alpha=\beta=1$ 时，一端口电流最小。谐振时电感电流和电容电流有效值（I_L 和 I_C）随阶数 α 和 β 的变化情况如图 3-14（d）所示。在 $\alpha=\beta$ 时，谐振时的 $I_L=I_C=\dfrac{1}{\omega_0^\alpha L_\alpha}U_S=\omega_0^\beta C_\beta U_S$，电感电流和电容电流与端电压之间存在相位差，即 $\left|\varphi_{U_S}-\varphi_{I_L}\right|=\left|\varphi_{I_C}-\varphi_{U_S}\right|=\dfrac{\pi}{2}\alpha$。

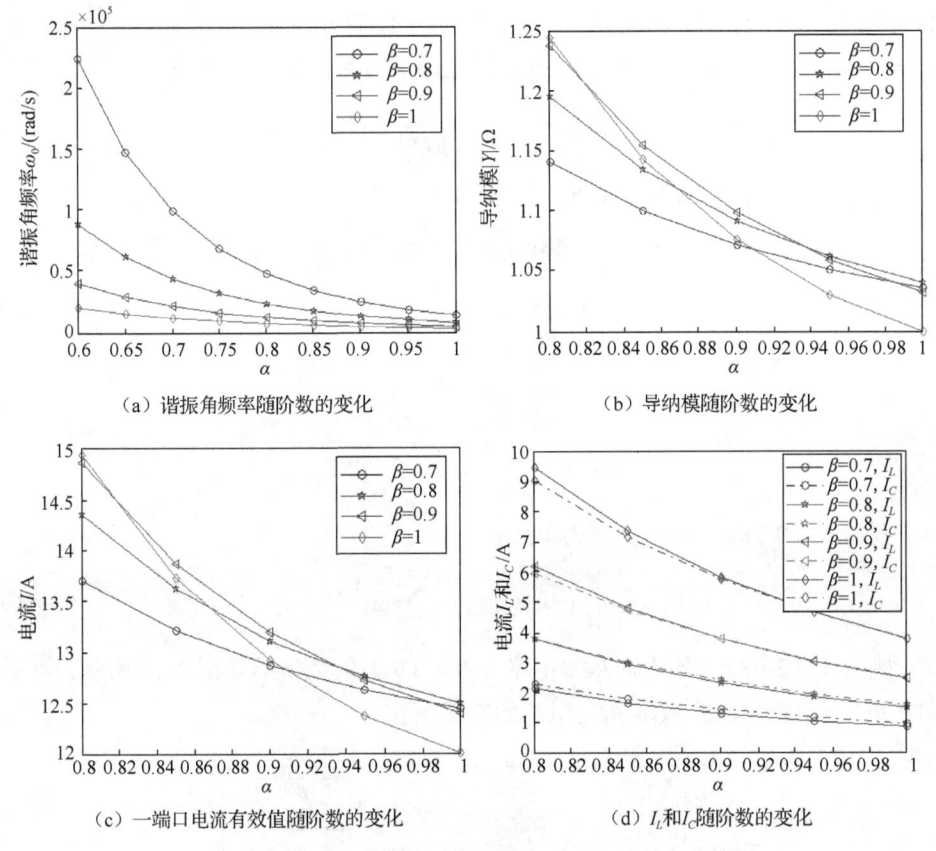

（a）谐振角频率随阶数的变化

（b）导纳模随阶数的变化

（c）一端口电流有效值随阶数的变化

（d）I_L 和 I_C 随阶数的变化

图 3-14　$RL_\alpha C_\beta$ 并联电路谐振时各参量随阶数变化情况

■ 3.3　分数阶电路的暂态分析

3.3.1　含单一分数阶元件电路的暂态时域分析

含有分数阶电感和电容元件的电路，其电路暂态响应可以利用时域方法或者复频域方法进行分析。在时域方法中，首先要列写描述该电路的分数阶微分方程，然后对其进行求解。根据 2.6 节的内容，某些特定形式的分数阶微分方程可以求出其解的解析形式，更一般的情况则是需要利用数值计算方法获得分数阶微分方程的解的变化规律。

3.3.1.1 分数阶 RC_β 电路的零输入响应

零输入响应是指由储能元件初始储能引起的响应，电路中没有外加激励。以分数阶 RC_β 电路为例分析其零输入响应形式。在 $t=0$ 时发生换路，换路后的电路如图 3-15 所示，其中电阻 $R=10\mathrm{k}\Omega$，分数阶电容阶数 $\beta=0.9$，电容值 $C_\beta=100\mathrm{\mu F}\cdot\mathrm{s}^{0.9-1}$，$u_C(0)=48\mathrm{V}$。描述该电路的分数阶微分方程为

$$_0\mathrm{D}_t^{0.9}u_C(t)=-\frac{1}{RC_\beta}u_C(t)$$

根据式（2-26），其解析解为

$$u_C(t)=48E_{0.9}(-t^{0.9})\mathrm{V},\quad t\geqslant 0$$

图 3-15 换路后的 RC_β 电路

根据式（2-28），其数值解为

$$u_C(t_m)=h^{0.9}\left(-u_C(t_{m-1})\right)-\sum_{k=1}^{\lceil L/h\rceil}w_k^{(0.9)}u_C(t_{m-k}) \tag{3-43}$$

根据式（3-43），分数阶 RC_β 电路（$\beta=0.9$）的数值解如图 3-16 所示。和整数阶 RC 电路相比，分数阶 RC_β 电路的衰减更快。

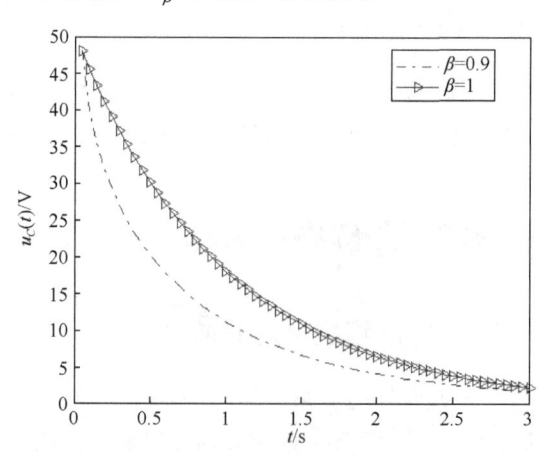

图 3-16 RC_β 电路零输入响应

第 3 章 分数阶电路分析基础

在整数阶电路中，电阻值和电容值的乘积定义为时间常数，其单位为 s。在分数阶电路中，电阻值和电容值的乘积仍然可以反映暂态响应的快慢，也可称为时间常数。但是，该时间常数单位为 s^β，与分数阶元件的阶数 β 有关。

图 3-17 给出了不同时间常数下的 RC_β 电路零输入响应曲线。若保持电容值不变，当电阻值由 $R=10\text{k}\Omega$ 减小为 $R=1\text{k}\Omega$，衰减速度明显加快。可见时间常数越小，衰减越快，这与整数阶电路的变化规律是一致的。

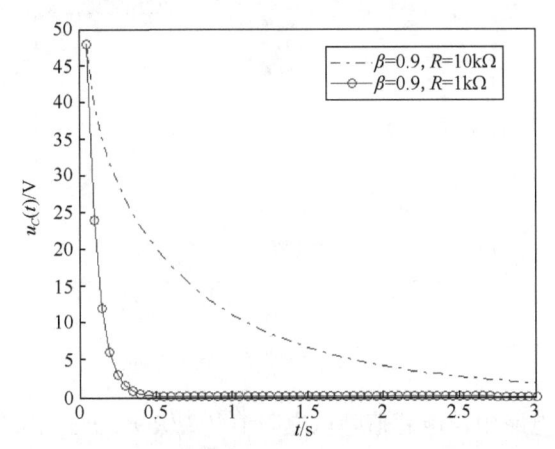

图 3-17 不同时间常数下的 RC_β 电路零输入响应

3.3.1.2 分数阶 RL_α 电路的零状态响应

零状态响应是指电路储能元件的初始储能为 0，仅由外加激励引起的暂态响应。以分数阶 RL_α 电路为例分析其零状态响应形式。假设在 $t=0$ 时发生换路，换路后的电路如图 3-18 所示，其中电阻 $R=10\Omega$，分数阶电感阶数 $\alpha=0.9$，电感值 $L_\alpha=1\text{H}^\alpha$，$i_L(0)=0\text{A}$，$U_S=24\text{V}$。描述该电路的分数阶微分方程为

$$_0D_t^{0.9}i_L(t) = \frac{U_S}{L} - \frac{R}{L}i_L(t) \tag{3-44}$$

图 3-18 换路后的 RL_α 电路

根据式（2-28），其数值解为

$$i_L(t_m) = h^{0.9}\left(24 - 10i_L(t_{m-1})\right) - \sum_{k=1}^{\lceil L/h \rceil} w_k^{(0.9)} i_L(t_{m-k}) \tag{3-45}$$

根据式（3-45），分数阶 RL_α 电路（$\alpha=0.9$）的零状态响应如图 3-19 所示。和整数阶电路的零状态响应相比，分数阶 RL_α 电路的零状态响应曲线在暂态过程开始阶段变化较快。

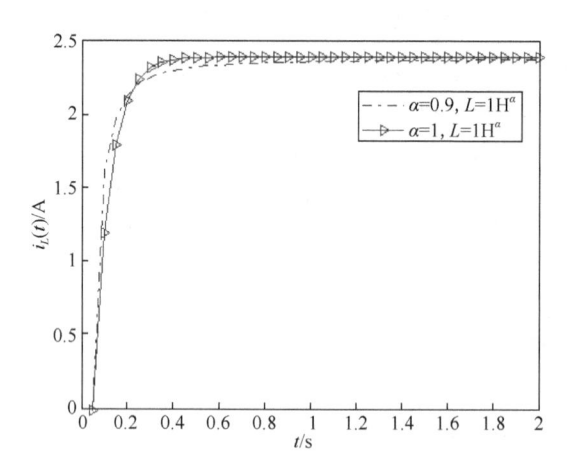

图 3-19 RL_α 电路的零状态响应

在整数阶 RL 电路中，电感值除以电阻值（L/R）为时间常数，其单位为 s。在分数阶电路中，电感值除以电阻值（L_α/R）仍然可以反映暂态响应的快慢，也可称为时间常数，但是其单位为 s^α，与分数阶元件的阶数 α 有关。

图 3-20 给出了不同时间常数下的 RL_α 电路零状态响应曲线。保持电阻值不变，当电感值由 $L_\alpha=1H^\alpha$ 增大为 $L_\alpha=2H^\alpha$ 时，时间常数变大，暂态响应变慢，显然这与整数阶电路的变化规律是一致的。

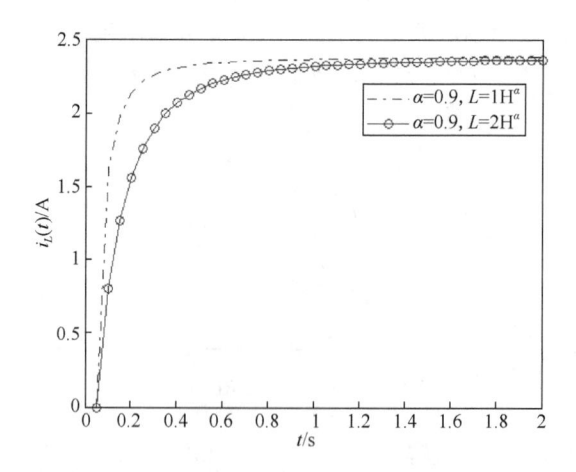

图 3-20 不同时间常数下的 RL_α 电路零状态响应

3.3.1.3 分数阶 RL_α 电路的全响应

全响应是指由电路储能元件初始储能和外加激励共同引起的暂态响应。假设在 $t=0$ 时发生换路，换路后的电路如图 3-18 所示，其中电阻 $R=10\Omega$，分数阶电感阶数 $\alpha=0.9$，电感值 $L_\alpha=1\mathrm{H}^\alpha$，$i_L(0)=1\mathrm{A}$，$U_S=24\mathrm{V}$。描述该电路的分数阶微分方程为式（3-44）。

分数阶 RL_α 电路（$\alpha=0.9$）的全响应的数值解如图 3-21 所示。和整数阶 RL 电路的全响应相似，分数阶 RL_α 电路的电感电流从初始电流 1A 开始，逐渐增大，直到达到 2.4A，此时电感相当于短路，电感上电压为 0。

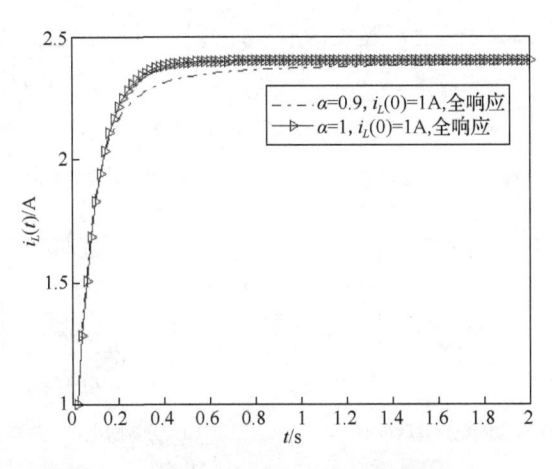

图 3-21 RL_α 电路中全响应曲线

3.3.2 暂态电路的复频域分析

3.3.2.1 复频域电路定律与分数阶电路模型

根据拉普拉斯变换的线性性质，基尔霍夫电压定律和电流定律的复频域形式如下：

$$\sum \pm U_k(s) = 0, \quad \sum \pm I_k(s) = 0 \tag{3-46}$$

即在集中参数电路中，沿任一回路各支路电压象函数的代数和为 0，流出任一节点的各支路电流象函数的代数和为 0。

电阻元件的端电压象函数和流过电阻的电流象函数之间满足复频域形式欧姆定律，即

$$U_R(s) = RI_R(s) \tag{3-47}$$

根据式（3-1）、式（3-13）和式（2-22），分数阶电感和电容的电压和电流象函数满足如下关系：

$$U_L(s) = s^\alpha L_\alpha I_L(s) - s^{\alpha-1} L_\alpha i_L(0) \qquad (3\text{-}48)$$

$$I_C(s) = s^\beta C_\beta U_C(s) - s^{\beta-1} C_\beta u_C(0) \qquad (3\text{-}49)$$

其中，α 和 β 分别为分数阶电感和电容的阶数，$\alpha \in (0,1]$，$\beta \in (0,1]$，$i_L(0)$ 和 $u_C(0)$ 分别为电感电流和电容电压的初始值。根据式（3-48）和式（3-49），分数阶电感和分数阶电容复频域等效电路模型分别如图 3-22（a）～图 3-22（d）所示。

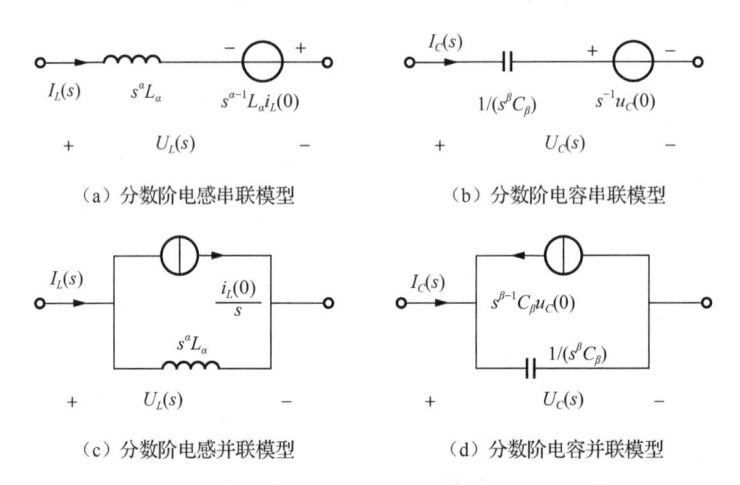

(a) 分数阶电感串联模型　　　　　(b) 分数阶电容串联模型

(c) 分数阶电感并联模型　　　　　(d) 分数阶电容并联模型

图 3-22　分数阶电感和分数阶电容的复频域等效电路模型

在分数阶电路中，将分数阶元件利用复频域模型表示，并保持电路的连接关系不变，那么此时的电路模型就是原时域电路的复频域电路模型，也称为运算电路。

复频域电路模型（运算电路）在求解电路暂态响应时具有重要作用。利用运算电路，可以建立复频域电路方程，得到相应电压电流象函数的表达式。在此基础上，根据拉普拉斯逆变换，即可求得电压电流的时域解。下面将以分数阶 *RLC* 电路的复频域分析过程来说明复频域分析方法。

3.3.2.2　分数阶 *RLC* 电路的复频域分析

在 $t=0$ 时分数阶 *RLC* 电路发生换路，换路后的电路如图 3-23（a）所示。假设储能元件初始储能为 0，即 $i_L(0)=0\text{A}$，$u_C(0)=0\text{V}$。分数阶电感阶数 $\alpha=0.9$，$L_\alpha=10\text{mH}^\alpha$，分数阶电容阶数 $\beta=0.9$，$C_{0.9}=1\mu\text{F}\cdot\text{s}^{0.9-1}$，$U_S=12\delta(t)\text{V}$，$R_1=R_2=100\Omega$。求 $t \geq 0$ 时，电容电压 $u_C(t)$ 的变化规律。

第 3 章 分数阶电路分析基础

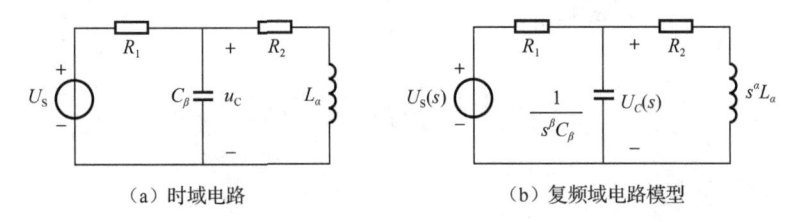

(a) 时域电路　　　　　　　　(b) 复频域电路模型

图 3-23　分数阶 RLC 电路

换路后的复频域电路模型如图 3-23（b）所示。列写节点电压方程如下：

$$\left(\frac{1}{R_1}+\frac{1}{R_2+s^\alpha L_\alpha}+s^\beta C_\beta\right)U_C(s)=\frac{U_S(s)}{R_1}$$

解得

$$U_C(s)=\frac{U_S(s)\left(s^\alpha+\dfrac{R_2}{L_\alpha}\right)}{C_\beta R_1\left(s^{\alpha+\beta}+\dfrac{1}{C_\beta R_1}s^\alpha+\dfrac{R_1+R_2+R_1R_2}{L_\alpha C_\beta R_1}\right)}$$

代入数据，得

$$U_C(s)=\frac{12\times10^5\left(s^{0.9}+10^3\right)}{\left(s^{0.9}+7\times10^4\right)\left(s^{0.9}+3\times10^4\right)}$$

对上述象函数进行部分分式展开：

$$U_C(s)=\frac{A_1}{s^{0.9}+7\times10^4}+\frac{A_2}{s^{0.9}+3\times10^4}$$

计算待定系数为

$$A_1=\lim_{s^{0.9}\to-7\times10^4}\left(s^{0.9}+7\times10^4\right)U_C(s)=2.07\times10^6$$

$$A_2=\lim_{s^{0.9}\to-3\times10^4}\left(s^{0.9}+3\times10^4\right)U_C(s)=-8.7\times10^5$$

因此，电压象函数为

$$U_C(s)=\frac{2.07\times10^6}{s^{0.9}+7\times10^4}-\frac{8.7\times10^5}{s^{0.9}+3\times10^4}$$

根据式（2-22），有

$$u_C(t)=2.07\times10^6 t^{-0.1}E_{0.9,0.9}(-7\times10^4 t^{0.9})-8.7\times10^5 t^{-0.1}E_{0.9,0.9}(-3\times10^4 t^{0.9})$$

其中，$E_{0.9,0.9}(\cdot)$ 是两参数 Mittag-Leffler 函数，

$$E_{0.9,0.9}(z) = \sum_{k=0}^{\infty} \frac{z^k}{\Gamma(0.9k+0.9)}$$

3.3.3 网络函数

3.3.3.1 网络函数的定义

在只有一个独立电源作用的线性零状态电路中，响应的象函数 $Y(s)$ 与激励象函数 $X(s)$ 成正比，即满足齐性定理，这个比值称为复频域网络函数，简称网络函数，用 $H(s)$ 表示，即

$$H(s) = \frac{Y(s)}{X(s)} \tag{3-50}$$

如果激励和响应属于同一端口，对应网络函数就是该端口的等效阻抗或者等效导纳；如果激励和响应属于不同端口，那么该网络函数又称为转移函数或者传递函数。由于响应和激励可以是电压或电流，因此当激励和响应分别处于不同端口时，转移函数的量纲不同。

在分数阶电路中，由于包含分数阶电感或分数阶电容元件，因此一般需要利用分数阶微分方程描述，一般的分数阶系统可以表达为如下形式[4]：

$$a_n D^{\alpha_n} y(t) + a_{n-1} D^{\alpha_{n-1}} y(t) + \cdots + a_0 D^{\alpha_0} y(t)$$
$$= b_m D^{\beta_m} x(t) + b_{m-1} D^{\beta_{m-1}} x(t) + \cdots + b_0 D^{\beta_0} x(t)$$

其中，$y(t)$ 为响应，$x(t)$ 为激励，$D^{\gamma} \equiv {}_0D_t^{\gamma}$ 可以是 G-L、R-L 或 Caputo 分数阶导数中的任意一种。与之对应的不可约分的传递函数为

$$G(s) = \frac{b_m s^{\beta_m} + \cdots + b_1 s^{\beta_1} + b_0 s^{\beta_0}}{a_n s^{\alpha_n} + \cdots + a_1 s^{\alpha_1} + a_0 s^{\alpha_0}} = \frac{Q(s^{\beta_k})}{P(s^{\alpha_k})} \tag{3-51}$$

其中，$a_k(k=0,1,\cdots,n)$、$b_k(k=0,1,\cdots,m)$ 是常数，而 $\alpha_k(k=0,1,\cdots,n)$、$\beta_k(k=0,1,\cdots,m)$ 是任意的实数或有理数，这里可以假定 $\alpha_n > \alpha_{n-1} > \cdots > \alpha_0$，$\beta_m > \beta_{m-1} > \cdots > \beta_0$。

传递函数式（3-51）还可以表示为如下形式[4]：

$$H(s) = \frac{b_m s^{\frac{m}{v}} + \cdots + b_1 s^{\frac{1}{v}} + b_0}{a_n s^{\frac{n}{v}} + \cdots + a_1 s^{\frac{1}{v}} + a_0} = \frac{Q(s^{\frac{1}{v}})}{P(s^{\frac{1}{v}})}, \quad v > 1 \tag{3-52}$$

其中，$H(s)$ 的定义域为具有 v 个黎曼叶的黎曼平面。

3.3.3.2 网络函数的极点

在整数阶电路分析中，根据网络函数的极点位置可以直接判断电路响应的稳定性。例如，在整数阶电路中，如果网络函数的极点位于复平面的左半平面，那么系统是稳定的；如果极点位于复平面的右半平面，那么系统是不稳定的。

在分数阶电路中，网络函数的极点的位置和电路系统的稳定性之间也存在一定关系。式（3-52）的传递函数的分母多项式为

$$P(s^{\frac{1}{v}}) = a_n s^{\frac{n}{v}} + a_{n-1} s^{\frac{n-1}{v}} + \cdots + a_1 s^{\frac{1}{v}} + a_0 \quad (3-53)$$

定义该多项式的分数阶（F_{DEG}）为如下形式：

$$F_{\text{DEG}}\{P(s^{\frac{1}{v}})\} = \max\{n, n-1, \cdots, 2, 1, 0\}$$

式（3-53）的分数阶为 n，$P(s^{\frac{1}{v}})$ 的定义域是具有 v 个黎曼叶的黎曼平面，其中原点是一个 $v-1$ 阶分支点，假设分支切割（branch cut）在 $\mathbf{R}^-$ 上。$P(s^{\frac{1}{v}}) = 0$ 有 n 个根在黎曼平面上。根据文献[4]和[18]，式（3-52）的传递函数所对应的系统是稳定的，当且仅当式（3-53）中 $P(s^{\frac{1}{v}})$ 的所有根 λ_i（$i = 1, 2, \cdots, n$）都满足如下关系式：

$$|\arg(\lambda_i)| > \frac{1}{v} \cdot \frac{\pi}{2}, \quad i = 1, 2, \cdots, n \quad (3-54)$$

其中，$\arg(\cdot)$ 表示复数的幅角。

假设网络函数为

$$H(s) = \frac{1}{0.5 s^{\frac{22}{10}} + 0.8 s^{\frac{9}{10}} + 1} = \frac{1}{P(s^{\frac{1}{10}})} \quad (3-55)$$

该网络函数的分母多项式的定义域为 10 叶黎曼平面，分母多项式 $P(s^{\frac{1}{10}})$ 在黎曼平面上有 22 个根。假设 $w = s^{\frac{1}{10}}$，则分母多项式转化为

$$P(w) = 0.5 w^{22} + 0.8 w^9 + 1 = 0 \quad (3-56)$$

其根及幅角如下：

$$w_{1,2} = 1.0335 \pm j0.1954, \quad |\arg(w_{1,2})| = 0.1868$$
$$w_{3,4} = -0.7463 \pm j0.6373, \quad |\arg(w_{3,4})| = 2.4348$$
$$w_{5,6} = -0.9613 \pm j0.4695, \quad |\arg(w_{5,6})| = 2.6873$$

$w_{7,8} = -0.2394 \pm j0.9762$, $|\arg(w_{7,8})| = 1.8113$

$w_{9,10} = 0.5147 \pm j0.8399$, $|\arg(w_{9,10})| = 1.0210$

$w_{11,12} = 0.3354 \pm j1.0081$, $|\arg(w_{11,12})| = 1.2496$

$w_{13,14} = 0.9169 \pm j0.3810$, $|\arg(w_{13,14})| = 0.3939$

$w_{15,16} = 0.8101 \pm j0.7094$, $|\arg(w_{15,16})| = 0.7193$

$w_{17,18} = -1.017 \pm j0.0939$, $|\arg(w_{17,18})| = 3.0495$

$w_{19,20} = -0.0518 \pm j1.0365$, $|\arg(w_{19,20})| = 1.6207$

$w_{21,22} = -0.5951 \pm j0.8947$, $|\arg(w_{21,22})| = 2.1577$

函数 $w = s^{\frac{1}{10}}$ 的黎曼平面如图 3-24 所示，黎曼平面共有 10 个黎曼叶，其上有 22 个根。式（3-56）在 w 平面的根的分布情况如图 3-25 所示。在图 3-25 中，两条虚线分别代表幅角为 $\pm \frac{\pi}{20}$，两条实线分别代表幅角为 $\pm \frac{\pi}{10}$。若 $|\arg(w_i)| < \frac{\pi}{10}$，则表明这个根处于第一黎曼平面。

根据式（3-54），若满足 $|\arg(w_i)| > \frac{\pi}{20}$，$i=1,2,\cdots,22$，那么，式（3-55）对应的系统是稳定的，否则是不稳定的。根据图 3-25 中根的位置分布情况，该网络函数所对应的系统是稳定的。$\frac{\pi}{20} < |\arg(w_{1,2})| < \frac{\pi}{10}$，故根 $w_{1,2}$ 位于第一黎曼平面。

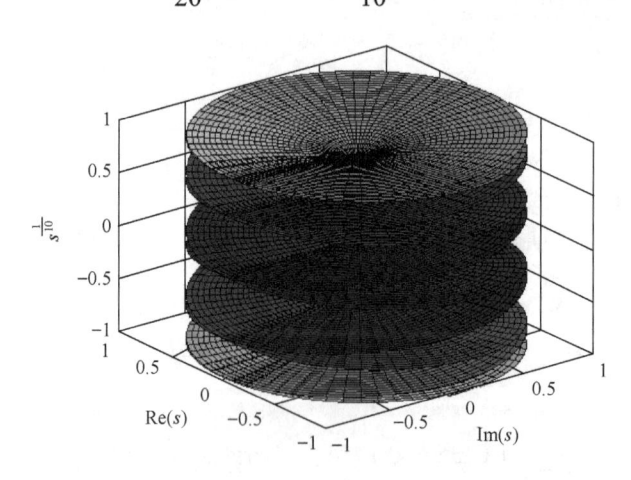

图 3-24 函数 $w = s^{\frac{1}{10}}$ 的 10 叶黎曼平面

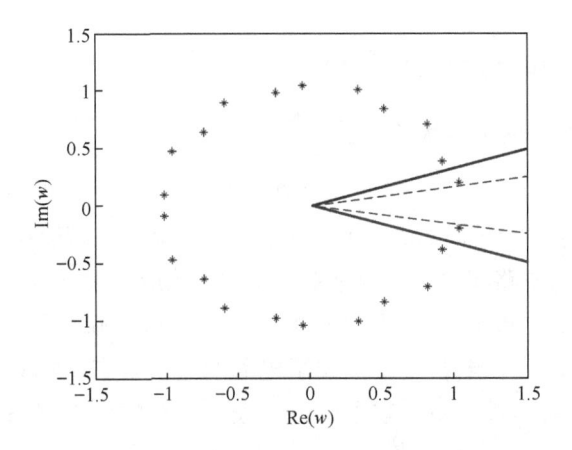

图 3-25 式（3-56）在 w 平面的根的分布

3.3.3.3 网络函数与冲激响应

网络函数和单位冲激响应能反映网络的性质，网络函数的拉普拉斯逆变换对应单位冲激响应，单位冲激响应的拉普拉斯变换即网络函数。

如果式（3-51）的网络函数 $G(s)$ 中，$\alpha_k = \alpha k$，$\beta_k = \alpha k$，$0 < \alpha < 1$，$k \in Z$，网络函数可以转换为如下形式：

$$G(s) = K_0 \frac{\sum_{k=0}^{M} b_k (s^\alpha)^k}{\sum_{k=0}^{N} a_k (s^\alpha)^k} = K_0 \frac{Q(s^\alpha)}{P(s^\alpha)}$$

如果满足 $N > M$，则 $G(s)$ 变换为关于复变量 s^α 的有理函数，可以展开为如下部分分式形式：

$$G(s) = K_0 \left(\sum_{i=1}^{N} \frac{A_i}{s^\alpha + \lambda_i} \right) \tag{3-57}$$

其中，$\lambda_i (i=1,2,\cdots,N)$ 是伪多项式 $P(s^\alpha)$ 的根。根据文献[4]，式（3-57）的时域解的形式如下：

$$y(t) = L^{-1} \left\{ K_0 \left(\sum_{i=1}^{N} \frac{A_i}{s^\alpha + \lambda_i} \right) \right\} = K_0 \sum_{i=1}^{N} A_i t^{\alpha-1} E_{\alpha,\alpha}(-\lambda_i t^\alpha)$$

其中，$E_{\alpha,\alpha}(z)$ 是双参数 Mittag-Leffler 函数。

3.3.4 暂态电路的状态变量分析

3.3.4.1 分数阶电路的状态方程

在电路暂态分析中，可以通过列写电路的高阶微分方程来获得响应的变化规律。但是，当电路的阶数增加时，列写和求解高阶微分方程变得更加复杂。因此，一般可以通过列写电路状态方程组来对电路暂态响应进行分析。

电感和电容是储能元件，它们储存的能量分别与电流的平方和电压的平方成正比，因此电感电流和电容电压代表了电路的储能状态，称其为电路的状态变量。除此以外，电感磁链和电容电荷也代表了电路的储能状态，也是电路的状态变量。

一般的分数阶电路的暂态电路状态方程形式如下：

$$_0D_t^q X(t) = AX(t) + BV(t), \quad X(0) = X_0 \quad (3-58)$$

其中，$X(t)$ 称为状态变量，$X(t)=[x_1(t), x_2(t), \cdots, x_n(t)]^T$，$x_i(t)(i=1,2,\cdots,n)$ 为电感电流、电容电压等电路状态变量；$V(t)$ 为输入矢量，$V(t)=[V_1(t), V_2(t), \cdots, V_l(t)]^T$；$q=[q_1, q_2, \cdots, q_n]^T$；$A$ 为 $n\times n$ 方阵；B 为 $n\times l$ 矩阵。

式（3-58）的 n 维表达式如下：

$$_0D_t^{q_1} x_1(t) = a_{11}x_1(t) + a_{12}x_2(t) + \cdots + a_{1n}x_n(t) + b_{11}V_1(t) + b_{12}V_2(t) + \cdots + b_{1l}V_l(t)$$

$$_0D_t^{q_2} x_2(t) = a_{21}x_1(t) + a_{22}x_2(t) + \cdots + a_{2n}x_n(t) + b_{21}V_1(t) + b_{22}V_2(t) + \cdots + b_{2l}V_l(t)$$

$$\cdots\cdots$$

$$_0D_t^{q_n} x_n(t) = a_{n1}x_1(t) + a_{n2}x_2(t) + \cdots + a_{nn}x_n(t) + b_{n1}V_1(t) + b_{n2}V_2(t) + \cdots + b_{nl}V_l(t)$$

矩阵 A 和 B 均由电路的结构和参数决定。矩阵 A 在状态变量分析中起着重要作用，它的性质通常反映了电路的暂态过程性质。

若 $V(t)=0$，则式（3-58）为自治的分数阶系统。根据文献[4]和[19]，对于自治系统

$$_0D_t^q X(t) = AX(t), \quad X(0) = X_0 \quad (3-59)$$

其中，$q=[q_1, q_2, \cdots, q_n]^T$，所有的 $q_i(i=1,2,\cdots,n)$ 都是 0 和 2 之间的有理数。

式（3-59）的 n 维表达式如下：

$$\begin{aligned}
{}_0\mathrm{D}_t^{q_1} x_1(t) &= a_{11}x_1(t) + a_{12}x_2(t) + \cdots + a_{1n}x_n(t) \\
{}_0\mathrm{D}_t^{q_2} x_2(t) &= a_{21}x_1(t) + a_{22}x_2(t) + \cdots + a_{2n}x_n(t) \\
&\cdots\cdots \\
{}_0\mathrm{D}_t^{q_n} x_n(t) &= a_{n1}x_1(t) + a_{n2}x_2(t) + \cdots + a_{nn}x_n(t)
\end{aligned} \quad (3\text{-}60)$$

假定 $q_i = \dfrac{v_i}{u_i}$，m 是 q_i 的分母多项式 u_i 的最小公倍数，v_i 和 u_i 是正整数，$i = 1, 2, \cdots, n$。令 $\gamma = \dfrac{1}{m}$。定义

$$\det\begin{pmatrix} \lambda^{mq_1} - a_{11} & -a_{12} & \cdots & -a_{1n} \\ -a_{21} & \lambda^{mq_2} - a_{22} & \cdots & -a_{2n} \\ \vdots & \vdots & & \vdots \\ -a_{n1} & -a_{n2} & \cdots & \lambda^{mq_n} - a_{nn} \end{pmatrix} = 0$$

如果所有的 q_i（$i = 1, 2, \cdots, n$）都是有理数，那么上式的特征方程可以转化为整数阶多项式形式。若所有特征根 λ_i 的幅角 $\arg(\cdot)$ 能够满足下式[4]：

$$|\arg(\lambda_i)| > \gamma \frac{\pi}{2}, \quad i = 1, 2, \cdots, n \quad (3\text{-}61)$$

那么，式（3-60）的解是全局渐近稳定的。特别地，假设 $q_1 = q_2 = \cdots = q_n = q$，$q \in (0, 2)$，所有特征值如果满足 $|\arg(\lambda_i)| > q\dfrac{\pi}{2}$（$i = 1, 2, \cdots, n$），特征方程变为 $\det(s^q \boldsymbol{I} - \boldsymbol{A}) = 0$，那么系统也是稳定的。

例如，分数阶 RLC 电路如图 3-26 所示，元件阶数 $\alpha \in (0, 2)$，$\beta \in (0, 2)$。选取 u_C 和 i_L 作为电路状态变量，列写电路状态方程组如下：

$$\begin{aligned}
{}_0\mathrm{D}_t^{\beta} u_C(t) &= -\frac{1}{(R_1 + R_2)C_\beta} u_C(t) + \frac{R_1}{(R_1 + R_2)C_\beta} i_L(t) \\
{}_0\mathrm{D}_t^{\alpha} i_L(t) &= -\frac{R_1}{(R_1 + R_2)L_\alpha} u_C(t) - \frac{R_1 R_2}{(R_1 + R_2)L_\alpha} i_L(t) + \frac{U_S}{L_\alpha}
\end{aligned} \quad (3\text{-}62)$$

其中，初始值 $u_C(0) = 0\,\mathrm{V}$，$i_L(0) = 0\,\mathrm{A}$。

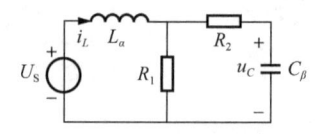

图 3-26 分数阶 RLC 电路

3.3.4.2 分数阶状态方程的数值解法

在 2.6 节中，给出了一种分数阶微分方程的数值计算方法。根据式（2-27）和式（2-28），分数阶状态方程式（3-58）可以按如下公式进行数值计算：

$$x_1(t_m) = h^{q_1}[a_{11}x_1(t_{m-1}) + a_{12}x_2(t_{m-1}) + \cdots + a_{1n}x_n(t_{m-1}) + b_{11}V_1(t_{m-1}) + b_{12}V_2(t_{m-1}) + \cdots + b_{1l}V_l(t_{m-1})]$$
$$- \sum_{k=1}^{\lceil L/h \rceil} w_k^{(q_1)} x_1(t_{m-k})$$

$$x_2(t_m) = h^{q_2}[a_{21}x_1(t_{m-1}) + a_{22}x_2(t_{m-1}) + \cdots + a_{2n}x_n(t_{m-1}) + b_{21}V_1(t_{m-1}) + b_{22}V_2(t_{m-1}) + \cdots + b_{2l}V_l(t_{m-1})]$$
$$- \sum_{k=1}^{\lceil L/h \rceil} w_k^{(q_2)} x_2(t_{m-k})$$

……

$$x_n(t_m) = h^{q_n}[a_{n1}x_1(t_{m-1}) + a_{n2}x_2(t_{m-1}) + \cdots + a_{nn}x_n(t_{m-1}) + b_{n1}V_1(t_{m-1}) + b_{n2}V_2(t_{m-1}) + \cdots + b_{nl}V_l(t_{m-1})]$$
$$- \sum_{k=1}^{\lceil L/h \rceil} w_k^{(q_n)} x_n(t_{m-k})$$

（3-63）

其中，$t_m = mh\,(m=0,1,2,\cdots)$，且 m 的个数不会超过 $\lceil L/h \rceil$，$w_k^{(q_i)} = (-1)^k \begin{pmatrix} q_i \\ k \end{pmatrix}$，

$$\begin{pmatrix} q_i \\ k \end{pmatrix} = \frac{q_i!}{k!(q_i-k)!} = \frac{\Gamma(q_i+1)}{\Gamma(k+1)\Gamma(q_i-k+1)}。$$

根据式（3-63）的数值计算公式，式（3-62）的数值解如下：

$$u_C(t_m) = h^{\beta}\left[-\frac{1}{(R_1+R_2)C_{\beta}}u_C(t_{m-1}) + \frac{R_1}{(R_1+R_2)C_{\beta}}i_L(t_{m-1})\right] - \sum_{k=1}^{\lceil L/h \rceil} w_k^{(\beta)} u_C(t_{m-k})$$

$$i_L(t_m) = h^{\alpha}\left[-\frac{R_1}{(R_1+R_2)L_{\alpha}}u_C(t) - \frac{R_1R_2}{(R_1+R_2)L_{\alpha}}i_L(t) + \frac{U_s}{L_{\alpha}}\right] - \sum_{k=1}^{\lceil L/h \rceil} w_k^{(\alpha)} i_L(t_{m-k})$$

（3-64）

若 $\alpha = 0.8$，$\beta = 0.9$，$L_{0.8} = 1\text{H}^{0.8}$，$C_{0.9} = 100\mu\text{F}\cdot\text{s}^{0.9-1}$，$R_1 = R_2 = 100\Omega$，$U_\text{S} = 5\text{V}$，根据式（3-64）的数值计算公式，可得状态方程组式（3-62）中各个状态变量的变化情况，如图 3-27 所示。

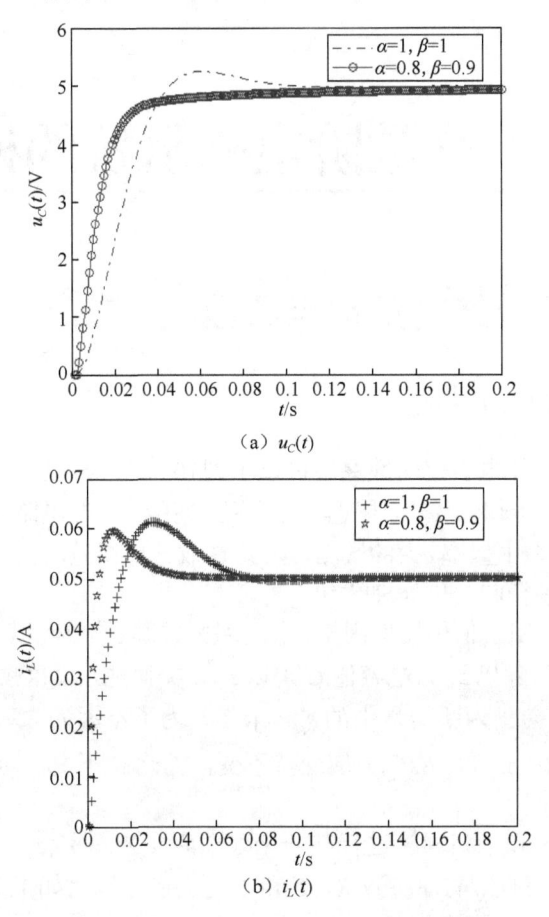

图 3-27 分数阶 *RLC* 电路的暂态响应

第 4 章

分数阶电路阻抗的模拟实现

■ 4.1 无源网络的策动点函数

4.1.1 归一化和去归一化

实际电路中元件电容值的数量级可以小到 10^{-12} F，电阻值的数量级可能达到 $10^6\Omega$。电路的工作频率变化范围可能从赫兹到兆赫兹，在电路分析和综合的运算过程中要处理这些相差比较大的数据，容易造成计算误差。为便于分析，通常需要对电路参数等进行归一化处理[20-21]。

如果把电路的阻抗值用比例因子 z_N 来换算（即阻抗值除以 z_N），相当于把电阻值 R 和电感值 L 除以 z_N，电容值 C 乘以 z_N。类似地，设角频率除以 ω_N，原变量中的 $s = j\omega_N$ 将会变为新变量中的 $s_N = j \times 1$。为了不因为频率变换影响网络函数，运算阻抗（R、sL 和 $1/(sC)$）应保持不变，因此 R 不变，而 L 和 C 应该分别乘以 ω_N。

综上，在阻抗和频率同时进行归一化处理后（$Z_N = Z/z_N$，$s_N = s/\omega_N$），归一化参数 R_N、L_N 和 C_N 与原参数 R、L 和 C 之间应该满足如下关系：

$$R_N = \frac{R}{z_N}, \quad L_N = \frac{\omega_N L}{z_N}, \quad C_N = \omega_N z_N C \tag{4-1}$$

根据式（4-1），很容易由归一化参数 R_N、L_N 和 C_N 得到实际电路参数 R、L 和 C。假设参数和频率都归一化的带通二阶滤波电路如图 4-1（a）所示。电压转移函数如下：

$$H(s_N) = \frac{U_2(s_N)}{U_1(s_N)} = \frac{s_N}{s_N^2 + s_N + 2}$$

其中心角频率为 $\sqrt{2}$rad/s（中心角频率等于分母的常数项的平方根）。

(a) 归一化电路参数　　　　　(b) 去归一化参数

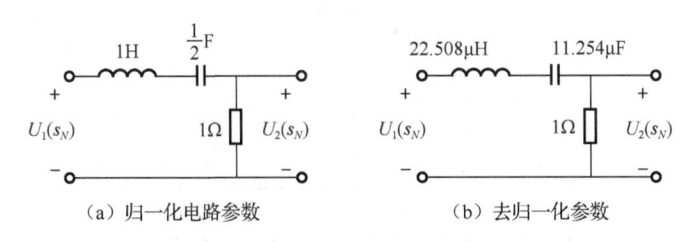

图 4-1　带通二阶滤波器去归一化举例

如果需要实际电路的去归一化的中心频率为 10kHz，那么频率去归一化常数为

$$\omega_N = \frac{s}{s_N} = \frac{2\pi \times 10^4}{\sqrt{2}} = 4.4429 \times 10^4$$

频率去归一化的转移函数变为如下形式：

$$H(s) = \frac{U_2(s)}{U_1(s)} = \frac{s/(4.4429 \times 10^4)}{s^2/(4.4429 \times 10^4)^2 + s/(4.4429 \times 10^4) + 2}$$

$$= \frac{4.4429 \times 10^4 s}{s^2 + 4.4429 \times 10^4 s + 39.479 \times 10^8}$$

根据式（4-1），频率去归一化后的等效电路参数如图 4-1（b）所示。

适当选择归一化参数 z_N，即可使得参数值 R、L、C 落在实际参数范围内。如果需要使 $C = 100\mu F$，那么根据式（4-1），得如下电路参数：

$$z_N = \frac{C_N}{\omega_N C} = \frac{1}{2 \times 4.4429 \times 10^4 \times 100 \times 10^{-6}} = 0.1125$$

$$L = \frac{L_N z_N}{\omega_N} = \frac{1 \times 0.1125}{4.4429 \times 10^4} = 2.532\mu H$$

$$R = R_N z_N = 1 \times 0.1125 = 0.1125\Omega$$

4.1.2　无源网络的策动点函数分析

图 4-2 为包含分数阶元件的无源一端口网络，用电流源输入，它的输入端策动点阻抗函数一般可以写为如下形式：

$$Z(s) = \frac{U_1(s)}{I_1(s)} = \frac{b_m s^{\beta_m} + \cdots + b_1 s^{\beta_1} + b_0 s^{\beta_0}}{a_n s^{\alpha_n} + \cdots + a_1 s^{\alpha_1} + a_0 s^{\alpha_0}} = \frac{N(s^{\beta_k})}{D(s^{\alpha_k})} \quad (4\text{-}2)$$

其中，$a_k(k=0,1,\cdots,n)$、$b_k(k=0,1,\cdots,m)$ 是常数，而 $\alpha_k(k=0,1,\cdots,n)$、$\beta_k(k=0,1,\cdots,m)$ 是任意的实数或有理数，这里假定 $\alpha_n > \alpha_{n-1} > \cdots > \alpha_0$，$\beta_m > \beta_{m-1} > \cdots > \beta_0$。

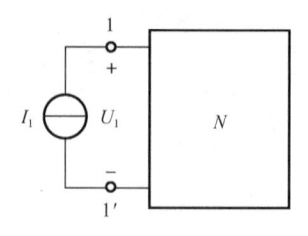

图 4-2 含分数阶电路元件的无源一端口网络

设一端口的支路数为 b（包括外部的电流源支路），除外部电流源支路外，各个支路电压电流均为关联参考方向，并且假定内部仅包含电阻、电感和电容，其中电感和电容可能是分数阶元件。应用特勒根定理，得

$$U_1(s)\overset{*}{I_1}(s) = \sum_{k=2}^{b} U_k(s)\overset{*}{I_k}(s)$$

因此有

$$Z(s) = \frac{U_1(s)}{I_1(s)} = \frac{U_1(s)\overset{*}{I_1}(s)}{I_1(s)\overset{*}{I_1}(s)} = \frac{U_1(s)\overset{*}{I_1}(s)}{|I_1(s)|^2} = \frac{1}{|I_1(s)|^2}\sum_{k=2}^{b} U_k(s)\overset{*}{I_k}(s)$$

一端口内部的第 k 个支路的电压和电流关系的一般形式可以写为

$$U_k(s) = \left(R_k + s^{\alpha_k}L_k + \frac{1}{s^{\beta_k}C_k}\right)I_k(s)$$

代入上式，得

$$Z(s) = \frac{1}{|I_1(s)|^2}\left(\sum_{k=2}^{b} R_k |I_k(s)|^2 + \sum_{k=2}^{b} s^{\alpha_k}L_k |I_k(s)|^2 + \sum_{k=2}^{b} \frac{1}{s^{\beta_k}C_k}|I_k(s)|^2\right) \quad (4\text{-}3)$$

式（4-3）中括号内的第一项 $\sum_{k=2}^{b} R_k |I_k(s)|^2$ 与正弦电流稳态下（$s = j\omega$）支路电阻消耗的平均功率密切相关，第二项 $\sum_{k=2}^{b} s^{\alpha_k}L_k |I_k(s)|^2$ 与正弦电流稳态下（$s = j\omega$）支路电感消耗的平均功率和电感储存的磁场能有关，第三项 $\sum_{k=2}^{b} \frac{1}{s^{\beta_k}C_k}|I_k(s)|^2$ 与正弦电流稳态下（$s = j\omega$）支路电容消耗的平均功率和电容储存的电场能有关。

假设式（4-2）中的系数 $a_k(k=0,1,\cdots,n)$ 和 $b_k(k=0,1,\cdots,m)$ 是实数，$\alpha_k(k=0,1,\cdots,n)$ 和 $\beta_k(k=0,1,\cdots,m)$ 是任意的实数或有理数，R_k、L_k 和 C_k 均为正实数。那么，根据式（4-3），当 s 为实数时，$Z(s)$ 不一定是实数。这和整数阶的情况完全不同。在整数阶电路中，当 s 为实数时，$Z(s)$ 一定是实数。但是在分数阶电路中，情况变得更加复杂。

例如，当 $\alpha_k = 0.5$、$s = -1$ 时，$s^{\alpha_k} L_k |I_k(s)|^2 = (-1)^{0.5} L_k |I_k(s)|^2 = \mathrm{j} L_k |I_k(s)|^2$ 是个纯虚数；当 $\alpha_k = 0.9$、$s = -1$ 时，$(-1)^{0.9} L_k |I_k(s)|^2 = (-0.95 + \mathrm{j}0.31) L_k |I_k(s)|^2$ 是个复数。

在分数阶电路中，当 s 为非负的实数时，$Z(s)$ 一定是实数，且 $Z(s) \geqslant 0$。这是因为，假设 s 为非负的实数，那么 s 可以表示为 $s = |s| \mathrm{e}^{\mathrm{j}\varphi}$，其中 $|s| \geqslant 0$，$\varphi = 0$。$s^{\alpha_k} = |s|^{\alpha_k} \mathrm{e}^{\mathrm{j}\varphi\alpha_k} = |s|^{\alpha_k} \geqslant 0$，$s^{-\beta_k} = |s|^{-\beta_k} \mathrm{e}^{\mathrm{j}\varphi\beta_k} = |s|^{-\beta_k} \geqslant 0$。根据式（4-3），$Z(s)$ 为实数，且 $Z(s) \geqslant 0$。

在整数阶电路中，当 $\mathrm{Re}(s) \geqslant 0$ 时，$\mathrm{Re}[Z(s)] \geqslant 0$。但是在分数阶电路中，当 $\mathrm{Re}(s) \geqslant 0$，$\mathrm{Re}[Z(s)]$ 不一定为正。

例如，当 $s = 1 + \mathrm{j}10$、$\alpha_k = 1.5$ 时，$s^{\alpha_k} = (1 + \mathrm{j}10)^{1.5} = -18.9 + \mathrm{j}25.6$。显然，此时 s^{α_k} 实部小于零。因此，对于 s 的右半平面的一点，有可能会映射到 Z 平面的左半平面，这显然和整数阶的正实函数的特点是违背的。

假设 s 平面的右半平面的点为

$$s_{\mathrm{right}} = |s_{\mathrm{right}}| \mathrm{e}^{\mathrm{j}\varphi}$$

其中，$|s_{\mathrm{right}}| \geqslant 0$，$-\dfrac{\pi}{2} + 2k\pi < \varphi < \dfrac{\pi}{2} + 2k\pi$（$k = 0, 1, 2, \cdots$）。那么，

$$s_{\mathrm{right}}^{\alpha_k} = |s_{\mathrm{right}}|^{\alpha_k} \mathrm{e}^{\mathrm{j}\varphi\alpha_k}, \qquad \frac{1}{s_{\mathrm{right}}^{\beta_k}} = |s_{\mathrm{right}}|^{-\beta_k} \mathrm{e}^{-\mathrm{j}\varphi\beta_k} \tag{4-4}$$

其中，$|s_{\mathrm{right}}|^{\alpha_k} \geqslant 0$，$|s_{\mathrm{right}}|^{-\beta_k} \geqslant 0$。上式中复数的幅角的范围为

$$\left(-\frac{\pi}{2} + 2k\pi\right)\alpha_k < \varphi\alpha_k < \left(\frac{\pi}{2} + 2k\pi\right)\alpha_k, \qquad k = 0, 1, 2, \cdots$$

$$\left(-\frac{\pi}{2} + 2k\pi\right)\beta_k < -\varphi\beta_k < \left(\frac{\pi}{2} + 2k\pi\right)\beta_k, \qquad k = 0, 1, 2, \cdots$$

显然，在分数阶电路中，由于 α_k 和 β_k 为任意有理数，不能保证式（4-4）的复数落在 s 平面的右半平面。

综上所述，在分数阶电路中，由分数阶元件组成的无源一端口网络的策动点阻抗函数不一定是正实函数，这和整数阶电路的情况是不同的。

假设式（4-2）的策动点阻抗函数可以写成如下形式：

$$Z(s) = \frac{b_m s^{\frac{m}{v}} + \cdots + b_1 s^{\frac{1}{v}} + b_0}{a_n s^{\frac{n}{v}} + \cdots + a_1 s^{\frac{1}{v}} + a_0} = \frac{N(s^{\frac{1}{v}})}{D(s^{\frac{1}{v}})}, \quad v > 1 \tag{4-5}$$

其中，$Z(s)$ 的定义域为具有 v 个黎曼叶的黎曼平面。令 $w=s^{\frac{1}{v}}$，w 是复变量，则式（4-5）可以转化为如下形式：

$$Z(w) = \frac{b_m w^m + \cdots + b_1 w + b_0}{a_n w^n + \cdots + a_1 w + a_0} = \frac{N(w)}{D(w)} \quad (4\text{-}6)$$

根据式（4-6）和特勒根定理，无源一端口网络的策动点阻抗函数 $Z(w)$ 可以转化为如下形式：

$$Z(w) = \frac{1}{|I_1(w)|^2} \left[\sum_{k=2}^{b} R_k |I_k(w)|^2 + \sum_{k=2}^{b} w^{m_k} L_k |I_k(w)|^2 + \sum_{k=2}^{b} \frac{1}{w^{n_k} C_k} |I_k(w)|^2 \right] \quad (4\text{-}7)$$

若 $m_k = n_k = 1$，那么 $Z(w)$ 在 w 平面满足正实函数条件：
（1）当 w 是实数时，$Z(w)$ 是实数。
（2）当 $\operatorname{Re}(w) \geq 0$ 时，$\operatorname{Re}[Z(w)] \geq 0$。
关于正实函数的性质，在文献[20]中有详细的阐述。

若 $m_k \neq 1$、$n_k \neq 1$，并且 m_k 和 n_k 为正整数，那么，此时 $Z(w)$ 在 w 平面不满足正实函数条件。这是因为假设 $w=|w|\mathrm{e}^{j\varphi_w}$、$w^{m_k}=|w|^{m_k}\mathrm{e}^{j\varphi_w m_k}$、$w^{n_k}=|w|^{n_k}\mathrm{e}^{j\varphi_w n_k}$。当 $\operatorname{Re}(w) \geq 0$ 时，$-\frac{\pi}{2}+2k\pi < \varphi_w < \frac{\pi}{2}+2k\pi$（$k=0,1,2,\cdots$）。$w^{m_k}$ 和 w^{n_k} 的幅角 $\varphi_w m_k$ 和 $\varphi_w n_k$ 不一定能落在右半平面内，不能确保 $Z(w)$ 的实部为正。

若 $m_k = n_k = 1$、$w = s^{\frac{1}{v}}$，表明在分数阶电路中电感和电容的阶数相等，并且分数阶电感和电容的阶数为 $1/v$。

■ 4.2 分数阶无源一端口阻抗的实现

4.2.1 分数阶 LC 一端口的实现

分数阶 LC 一端口只包含分数阶电感（不含互感）和分数阶电容两种元件，不存在电阻元件，因此根据式（4-7），其策动点阻抗函数可以写为

$$Z(w) = \frac{1}{|I_1(w)|^2} \left(\sum_{k=2}^{b} w^{m_k} L_k |I_k(w)|^2 + \sum_{k=2}^{b} \frac{1}{w^{n_k} C_k} |I_k(w)|^2 \right) \quad (4\text{-}8)$$

为设计方便，不妨假设一端口内部所有分数阶电感和分数阶电容元件的阶数一致，$m_k = n_k = 1$。当 $w = s^{\frac{1}{v}}$ 时，分数阶 LC 一端口元件的阶数均为 $1/v$。

式（4-8）可以改写为如下形式：

$$Z(w) = \frac{1}{|I_1(w)|^2} \left(w \sum_{k=2}^{b} L_k |I_k(w)|^2 + \frac{1}{w} \sum_{k=2}^{b} \frac{1}{C_k} |I_k(w)|^2 \right) \quad (4\text{-}9)$$

其中，L_k、C_k 为非负实数，$|I_1(w)|^2$ 和 $|I_k(w)|^2$ 对所有 w 均为非负的实数。

式（4-9）为 w 平面的正实函数[20]，可以写为

$$Z(w) = Z(s^{\frac{1}{v}}) = k_1 w + \frac{k_{-1}}{w} + \frac{2k_{p1}w}{w^2 + \omega_{p1}^2} + \cdots + \frac{2k_{pi}w}{w^2 + \omega_{pi}^2} + \cdots \quad (4\text{-}10)$$

其中，k_1、k_{-1}、k_{pi} 是 $Z(w)$ 在 w 复平面的虚轴（$j\omega$）上的极点的留数，都是非负的实数。

根据式（4-10）和文献[20]，电感和电容具有相同阶数（$1/v$）的分数阶 LC 一端口策动点阻抗 $Z(w)=Z(s^{\frac{1}{v}})$ 的性质如下：

（1）$Z(w)$ 的分母 $D(w)$ 和分子 $N(w)$ 分别是奇次和偶次多项式，或反之。

（2）分母 $D(w)$ 和分子 $N(w)$ 的指数最多只差 1。

（3）在 $w = s^{\frac{1}{v}} = 0$ 处是零点（$k_{-1} = 0$），或者是极点（$k_{-1} > 0$）。

（4）$w = s^{\frac{1}{v}} \to \infty$ 处是零点（$k_1 = 0$），或者是极点（$k_1 > 0$）。

（5）$Z(w)=Z(s^{\frac{1}{v}})$ 在 w 平面的极点和零点均为 1 阶，且在虚轴上交替出现。

（6）$Z(w)=Z(s^{\frac{1}{v}})$ 在 w 平面的全部极点的留数均为正实数。

有关具有相同阶数（$1/v$）的分数阶 LC 一端口策动点阻抗 $Z(w)=Z(s^{\frac{1}{v}})$ 的结论同样适用于策动点导纳函数 $Y(w)=Y(s^{\frac{1}{v}}) = 1/Z(w)$。

有关 $Z(w)$ 和 $Y(w)$ 的性质可以归纳为以下两个条件：

（1）$Z(w)$ 和 $Y(w)$ 在 w 平面（$w = s^{\frac{1}{v}}$）的全部极点位于该平面的虚轴上，并且是 1 阶的。

（2）$Z(w)$ 和 $Y(w)$ 在 w 平面极点处的留数为正的实数。

假设存在满足上述条件的 $Z(s^{\frac{1}{v}})$，可以利用部分分式将其展开，即

$$Z(s^{\frac{1}{v}}) = k_1 s^{\frac{1}{v}} + \frac{k_{-1}}{s^{\frac{1}{v}}} + \frac{K_1 s^{\frac{1}{v}}}{s^{\frac{2}{v}} + \omega_1^2} + \cdots + \frac{K_i s^{\frac{1}{v}}}{s^{\frac{2}{v}} + \omega_i^2} + \cdots + \frac{K_n s^{\frac{1}{v}}}{s^{\frac{2}{v}} + \omega_n^2} \quad (4\text{-}11)$$

其中，$k_1, k_{-1}, K_1, \cdots, K_i, \cdots, K_n$ 等均为非负实数。第一项可以用一个阶数为 $1/v$ 的

分数阶电感 $L_{1/v,\infty}$ 来实现（$L_{1/v,\infty} = k_1$），第二项可以用一个阶数为 $1/v$ 的电容 $C_{1/v,0}$ 来实现（$C_{1/v,0} = 1/k_{-1}$），$\dfrac{K_i s^{\frac{1}{v}}}{s^{\frac{2}{v}} + \omega_i^2}$ 可以写为如下形式：

$$Z_i(s^{\frac{1}{v}}) = \frac{K_i s^{\frac{1}{v}}}{s^{\frac{2}{v}} + \omega_i^2} = \frac{1}{\dfrac{s^{\frac{1}{v}}}{K_i} + \dfrac{1}{s^{\frac{1}{v}}(K_i/\omega_i^2)}} = \frac{1}{s^{\frac{1}{v}} C_{1/v,i} + \dfrac{1}{s^{\frac{1}{v}} L_{1/v,i}}}$$

因此可以利用阶数为 $1/v$ 的电感和电容并联来实现，其中 $C_{1/v,i} = 1/K_i$，$L_{1/v,i} = K_i/\omega_i^2$。式（4-11）的实现电路如图 4-3 所示。这种实现方式和经典整数阶电路的 Foster（福斯特）I 型[20]类似，区别在于实现该分数阶 LC 一端口利用的是阶数为 $1/v$ 的分数阶电感和电容。

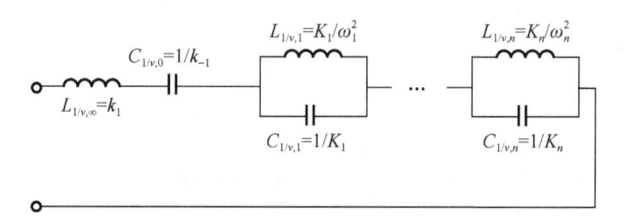

图 4-3 具有相同阶数（$1/v$）的分数阶 LC 一端口的 Foster I 型

类似地，导纳函数 $Y(s^{\frac{1}{v}}) = Y(w) = 1/Z(s^{\frac{1}{v}})$ 也可以展开为如下形式：

$$Y(s^{\frac{1}{v}}) = k_1' s^{\frac{1}{v}} + \frac{k_{-1}'}{s^{\frac{1}{v}}} + \frac{K_1' s^{\frac{1}{v}}}{s^{\frac{2}{v}} + \omega_1^2} + \cdots + \frac{K_i' s^{\frac{1}{v}}}{s^{\frac{2}{v}} + \omega_i^2} + \cdots + \frac{K_n' s^{\frac{1}{v}}}{s^{\frac{2}{v}} + \omega_n^2} \qquad (4\text{-}12)$$

上式中第一项可以利用阶数为 $1/v$ 的分数阶电容实现 $C_{1/v,\infty}' = k_1'$，第二项可以利用阶数为 $1/v$ 的分数阶电感实现 $L_{1/v,0}' = 1/k_{-1}'$，$\dfrac{K_i' s^{\frac{1}{v}}}{s^{\frac{2}{v}} + \omega_i^2}$ 可以写为如下形式：

$$Y_i(s^{\frac{1}{v}}) = \frac{K_i' s^{\frac{1}{v}}}{s^{\frac{2}{v}} + \omega_i^2} = \frac{1}{\dfrac{s^{\frac{1}{v}}}{K_i'} + \dfrac{1}{s^{\frac{1}{v}}(K_i'/\omega_i^2)}} = \frac{1}{s^{\frac{1}{v}} L_{1/v,i}' + \dfrac{1}{s^{\frac{1}{v}} C_{1/v,i}'}}$$

因此，上式可以利用阶数为$1/v$的电感和电容串联来实现，其中$L'_{1/v,i}=1/K'_i$，$C'_{1/v,i}=K'_i/\omega_i^2$。式（4-12）的实现电路如图4-4所示。这种实现方式的拓扑和经典整数阶电路的Foster II型类似[20]，但各个支路上是阶数为$1/v$的分数阶电感和电容。

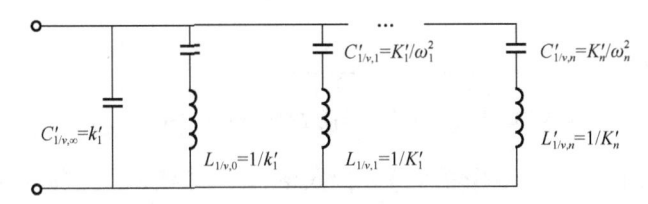

图4-4 具有相同阶数（$1/v$）的分数阶LC一端口的Foster II型

例如，一个策动点阻抗函数如下：

$$Z(s)=\frac{8(s^{1.8}+1)(s^{1.8}+3)}{s^{0.9}(s^{1.8}+2)(s^{1.8}+4)}=\frac{N(s^{0.9})}{D(s^{0.9})}$$

利用分数阶LC电路元件实现该函数。

首先根据函数形式，令$w=s^{0.9}$，策动点函数可以写成如下形式：

$$Z(w)=Z(s^{0.9})=\frac{8(w^2+1)(w^2+3)}{w(w^2+2)(w^2+4)}$$

其中，$Z(w)$在w平面全部极点位于该平面的虚轴上，并且是1阶的。在w平面极点处的留数为正的实数。$Z(w)$满足策动点电抗函数的必要条件。

利用部分分式展开$Z(w)$，各项系数计算如下：

$$k_{-1}=[wZ(w)]_{w=0}=3$$
$$K_1=\left[Z(w)(w^2+2)/w\right]_{w^2=-2}=2$$
$$K_2=\left[Z(w)(w^2+4)/w\right]_{w^2=-4}=3$$

因此，有

$$Z(w)=Z(s^{0.9})=\frac{3}{s^{0.9}}+\frac{2s^{0.9}}{s^{1.8}+2}+\frac{3s^{0.9}}{s^{1.8}+4}$$

采用图4-3所示的Foster I型，利用阶数为0.9的分数阶电感和分数阶电容可以实现上述策动点阻抗函数，电路如图4-5所示。分数阶元件的电感值和电容值如下：$C_{0.9,0}=\dfrac{1}{k_{-1}}=\dfrac{1}{3}\text{F}\cdot\text{s}^{0.9-1}$，$C_{0.9,1}=1/K_1=\dfrac{1}{2}\text{F}\cdot\text{s}^{0.9-1}$，$L_{0.9,1}=K_1/\omega_1^2=1\text{V}\cdot\text{s}^{0.9}/\text{A}$，$C_{0.9,2}=1/K_2=\dfrac{1}{3}\text{F}\cdot\text{s}^{0.9-1}$，$L_{0.9,2}=K_2/\omega_2^2=\dfrac{3}{4}\text{V}\cdot\text{s}^{0.9}/\text{A}$。

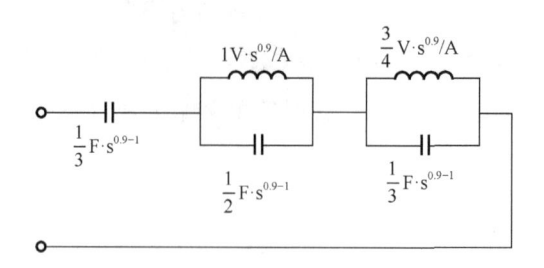

图 4-5 阶数为 0.9 的分数阶 LC 一端口（Foster I 型）

当然，还可以根据导纳函数，利用 Foster II 型来实现上述策动点阻抗函数。首先，根据式（4-11）将其导纳函数进行部分分时展开，即

$$Y(w) = \frac{1}{Z(w)} = \frac{w(w^2+2)(w^2+4)}{8(w^2+1)(w^2+3)} = k_1'w + \frac{K_1'w}{w^2+1} + \frac{K_2'w}{w^2+3}$$

其中，

$$k_1' = \left[Y(w)/w\right]_{w \to \infty} = \frac{1}{8}$$

$$K_1' = \left[Y(w)(w^2+1)/w\right]_{w^2=-1} = \frac{3}{16}$$

$$K_2' = \left[Y(w)(w^2+3)/w\right]_{w^2=-3} = \frac{1}{16}$$

因此，

$$Y(s^{0.9}) = \frac{1}{Z(s^{0.9})} = \frac{s^{0.9}}{8} + \frac{\frac{3}{16}s^{0.9}}{s^{1.8}+1} + \frac{\frac{1}{16}s^{0.9}}{s^{1.8}+3}$$

利用阶数为 0.9 的分数阶电感和分数阶电容可以实现上述策动点导纳函数。Foster II 型电路如图 4-6 所示，具体分数阶元件的电感值和电容值计算如下：$C_{0.9,\infty} = k_1' = \frac{1}{8}\mathrm{F}\cdot\mathrm{s}^{0.9-1}$，$C_{0.9,1} = K_1'/\omega_1^2 = \frac{3}{16}\mathrm{F}\cdot\mathrm{s}^{0.9-1}$，$L_{0.9,1} = 1/K_1' = \frac{16}{3}\mathrm{V}\cdot\mathrm{s}^{0.9}/\mathrm{A}$，$C_{0.9,2} = K_2'/\omega_2^2 = \frac{1}{48}\mathrm{F}\cdot\mathrm{s}^{0.9-1}$，$L_{0.9,2} = 1/K_2' = 16\mathrm{V}\cdot\mathrm{s}^{0.9}/\mathrm{A}$。

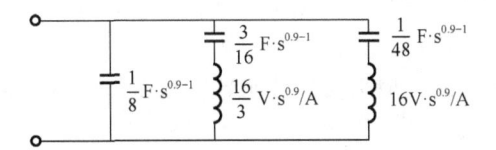

图 4-6 阶数为 0.9 的分数阶 LC 一端口（Foster II 型）

以上分数阶 LC 一端口的实现采用了阶数相同的分数阶电感和分数阶电容，元件阶数为 $1/v$，且 $v>1$。实现形式分别采用了 Foster I 型和 Foster II 型。

和整数阶 LC 一端口的实现拓扑类似，除了 Foster 两种形式外，分数阶 LC 一端口还可以采用 Cauer（考厄）I 型和 Cauer II 型实现。通过移去复平面变量处于 ∞ 处的极点，Cauer I 型实现了策动点阻抗函数，其梯形电路的串联臂为电感，并联臂为电容[20]。Cauer II 型是利用移去复平面变量为 0 处的极点来实现的，其梯形电路的串联臂为电容，并联臂为电感[20]。

在分数阶 LC 一端口电路的实现中，利用了 w 平面和 s 平面的转换，$w=s^{1/v}$，$v>1$。因此，如果一端口策动点阻抗 $Z(w)$ 和导纳 $Y(w)$ 满足如下条件：①在 w 平面的全部极点位于该平面的虚轴上，并且是 1 阶的；②$Z(w)$ 和 $Y(w)$ 在 w 平面极点处的留数为正的实数。那么，该一端口策动点阻抗 $Z(w)$ 和导纳 $Y(w)$ 可以利用 Foster I 型、Foster II 型、Cauer I 型和 Cauer II 型实现，并且其各支路上的分数阶电感和电容的阶数为 $1/v$，$v>1$。

例如，一个策动点阻抗函数如下：

$$Z(s)=\frac{3s^{2.7}+9s^{0.9}}{s^{1.8}+2}=\frac{N(s^{0.9})}{D(s^{0.9})}$$

假设 $w=s^{0.9}$，该阻抗函数可以转化为如下形式：

$$Z(w)=\frac{3w^3+9w}{w^2+2}=\frac{N(w)}{D(w)}$$

可见，该阻抗函数的极点全位于 w 平面的虚轴上，并且是 1 阶的，在 w 平面极点处的留数计算如下：

$$K_\infty=\frac{1}{w}Z(w)\bigg|_{w\to\infty}=3>0$$

$$K_1=\frac{w^2+2}{w}Z(w)\bigg|_{w^2=-2}=3>0$$

上式表明，在 w 平面的全部极点的留数为正。因此，该函数可以利用 Foster I 型、Foster II 型、Cauer I 型和 Cauer II 型来实现。

如果需要利用 Cauer I 型来实现该函数，那么需要移去 $w \to \infty$ 处的极点，即将函数转化为如下形式：

$$Z(w) = \frac{3w^3 + 9w}{(w^2 + 2)} = 3w + \frac{3w}{(w^2 + 2)} = 3w + \cfrac{1}{\cfrac{1}{3}w + \cfrac{1}{1.5w}} = L_{1/v,1}w + \cfrac{1}{C_{1/v,2}w + \cfrac{1}{L_{1/v,3}w}}$$

Cauer I 型的分数阶 LC 一端口实现如图 4-7（a）所示。

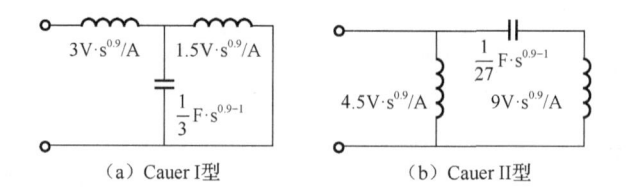

图 4-7 阶数为 0.9 的分数阶 LC 一端口

如果需要利用 Cauer II 型来实现该函数，那么需要移去 $w = 0$ 处的极点。$Z(w)$ 在 $w = 0$ 处有一个零点，因此在利用 Cauer II 型来实现时，首先需要取 $Y(w) = 1/Z(w)$，并将其表示如下：

$$Y(w) = \frac{w^2 + 2}{3w(w^2 + 3)} = \frac{1}{4.5w} + \cfrac{1}{\cfrac{1}{\cfrac{1}{27}w} + \cfrac{1}{\cfrac{1}{9w}}} = \frac{1}{L_{1/v,1}w} + \cfrac{1}{\cfrac{1}{C_{1/v,2}w} + \cfrac{1}{\cfrac{1}{L_{1/v,3}w}}}$$

Cauer II 型的分数阶 LC 一端口实现如图 4-7（b）所示。可见，同一个一端口策动点阻抗函数可以利用不同结构和参数的电路来实现。

4.2.2 分数阶 RC 一端口的实现

分数阶 RC 一端口只包含电阻和分数阶电容两种元件，因此根据式（4-7），其策动点阻抗函数可以写为

$$Z(w) = \frac{1}{|I_1(w)|^2}\left(\sum_{k=2}^{b} R_k |I_k(w)|^2 + \sum_{k=2}^{b} \frac{1}{w^{n_k} C_k}|I_k(w)|^2\right)$$

为设计方便，不妨假设一端口内部所有分数阶电容元件的阶数一致，$n_k = 1$ （$k = 2, 3, \cdots, b$）。若 $w = s^{\frac{1}{v}}$，则分数阶 RC 一端口中所有电容元件的阶数均为 $1/v$。

上式可以改写为如下形式：

$$Z(w) = \frac{1}{|I_1(w)|^2}\left(\sum_{k=2}^{b} R_k |I_k(w)|^2 + \frac{1}{w}\sum_{k=2}^{b} \frac{1}{C_k}|I_k(w)|^2\right) \quad (4\text{-}13)$$

其中，R_k 和 C_k 为非负实数，$|I_1(w)|^2$ 和 $|I_k(w)|^2$ 对所有 w 均为非负的实数。

假设 w_z 为 $Z(w)$ 的零点，那么根据式（4-13），得

$$\sum_{k=2}^{b} R_k |I_k(w_z)|^2 + \frac{1}{w_z}\sum_{k=2}^{b}\frac{1}{C_k}|I_k(w_z)|^2 = 0$$

$$w_z = -\frac{\sum_{k=2}^{b}\frac{1}{C_k}|I_k(w_z)|^2}{\sum_{k=2}^{b} R_k |I_k(w_z)|^2} < 0$$

由此可见，$Z(w)$ 的零点 w_z 是非正的实数。类似地，导纳函数的零点，即阻抗函数在平面的极点也是非正的实数。$Z(w)$ 的全部极点和零点都位于 w 平面的负实轴上。

分数阶 RC 一端口策动点阻抗函数 $Z(w)$ 的性质如下：
（1）$Z(w)$ 全部极点和零点都位于 w 平面的负实轴上，并且是 1 阶的。
（2）极点和零点在 w 平面的负实轴上交替出现。
（3）最低临界频率（最靠近原点）为一个极点，$w = 0$ 原点处可能是一个极点。
（4）最高临界频率（距离原点最远）为一个零点，在 $w \to \infty$ 处可能是一个零点。
（5）极点的留数为正的实数。

分数阶 RC 一端口策动点导纳函数 $Y(w)$ 的性质如下：
（1）全部极点和零点都位于 w 平面的负实轴上，并且是 1 阶的。
（2）极点和零点在 w 平面的负实轴上交替出现。
（3）最低临界频率（最靠近原点）为一个零点，$w = 0$ 原点处可能是一个零点。
（4）最高临界频率（距离原点最远）为一个极点，在 $w \to \infty$ 处可能是一个极点。
（5）$Y(w)$ 极点的留数为负的实数，$Y(w)/w$ 极点的留数为正的实数。

和整数阶 RC 一端口相似，分数阶 RC 一端口的电路拓扑也可以利用 Foster I 型、Foster II 型、Cauer I 型和 Cauer II 型来实现。不同的是，分数阶 RC 一端口的各个支路上的元件是相同阶数的分数阶电容元件。

假设给定一个策动点阻抗函数：

$$Z(s) = \frac{(s^{0.9}+2)(s^{0.9}+3)}{(s^{0.9}+1.5)(s^{0.9}+2.5)} = \frac{N(s^{0.9})}{D(s^{0.9})} \tag{4-14}$$

令 $w = s^{0.9}$，则

$$Z(w) = \frac{(w+2)(w+3)}{(w+1.5)(w+2.5)} \tag{4-15}$$

该函数在 w 平面的极点为 -1.5 和 -2.5，而零点为 -2 和 -3。全部极点和零点位于 w 平面的负实轴，且为 1 阶，极点和零点交替出现在 w 平面的负实轴上，并且最靠近原点的是极点 $w = -1.5$，距离原点最远的是零点 $w = -3$。

极点的留数计算如下：

$$K_1 = (w+1.5)Z(w)\big|_{w=-1.5} = 0.75 > 0, \quad K_2 = (w+2.5)Z(w)\big|_{w=-2.5} = 0.25 > 0$$

可见，全部极点的留数为正的实数。因此，该一端口策动点阻抗函数可以利用 RC 电路来实现，其中电容元件的阶数为 0.9。

若用 Foster I 型来实现分数阶 RC 一端口电路，那么进行部分分式展开：

$$\begin{aligned}
Z(s^{0.9}) &= K_\infty + \frac{K_1}{s^{0.9}+1.5} + \frac{K_2}{s^{0.9}+2.5} = 1 + \frac{0.75}{s^{0.9}+1.5} + \frac{0.25}{s^{0.9}+2.5}\\
&= R_\infty + \frac{1}{C_{0.9,1}s^{0.9}+\dfrac{1}{R_1}} + \frac{1}{C_{0.9,2}s^{0.9}+\dfrac{1}{R_2}}
\end{aligned}$$

其中，$R_\infty = 1\Omega$，$C_{0.9,1} = 4/3\,\text{F}\cdot\text{s}^{0.9-1}$，$R_1 = 0.5\Omega$，$C_{0.9,2} = 4\,\text{F}\cdot\text{s}^{0.9-1}$，$R_2 = 0.1\Omega$。式（4-14）的 Foster I 型实现如图 4-8（a）所示。

若采用 Foster II 型来实现，那么与式（4-15）对应的导纳函数为

$$Y(w) = \frac{(w+1.5)(w+2.5)}{(w+2)(w+3)}$$

导纳函数的全部极点（-2 和 -3）和零点（-1.5 和 -2.5）位于 w 平面的负实轴，且为 1 阶，极点和零点交替出现在 w 平面的负实轴上，最靠近原点的是零点 $w = -1.5$，距离原点最远的是极点 $w = -3$。

$Y(w)$ 极点的留数计算如下：

$$K_1' = (w+2)Y(w)\big|_{w=-2} = -0.25 < 0, \quad K_2' = (w+3)Y(w)\big|_{w=-3} = -0.75 < 0$$

可见，$Y(w)$ 极点的留数都小于零。因此该一端口策动点导纳函数 $Y(w)$ 可以利用 RC 电路来实现，其中电容元件的阶数为 0.9。

对导纳函数进行部分分式展开：

$$Y(s^{0.9}) = \frac{5}{8} + \frac{0.125 s^{0.9}}{s^{0.9}+2} + \frac{0.25 s^{0.9}}{s^{0.9}+3} = \frac{1}{R_0'} + \frac{1}{R_1' + \dfrac{1}{C_{0.9,1}' s^{0.9}}} + \frac{1}{R_2' + \dfrac{1}{C_{0.9,2}' s^{0.9}}}$$

其中，$R_0' = 1.6\Omega$，$R_1' = 8\Omega$，$R_2' = 4\Omega$，$C_{0.9,1}' = \dfrac{1}{16} \text{F} \cdot \text{s}^{0.9-1}$，$C_{0.9,2}' = \dfrac{1}{12} \text{F} \cdot \text{s}^{0.9-1}$。式（4-14）的 Foster II 型如图 4-8（b）所示。

若采用 Cauer I 型实现一端口策动点阻抗函数，那么式（4-14）可以变换为如下形式：

$$Z(s^{0.9}) = \frac{(s^{0.9})^2 + 5s^{0.9} + 6}{(s^{0.9})^2 + 4s^{0.9} + 3.75} = 1 + \cfrac{1}{s^{0.9} + \cfrac{1}{0.5714 + \cfrac{1}{16.33 s^{0.9} + \cfrac{1}{1/35}}}}$$

$$= R_0'' + \cfrac{1}{C_{0.9,1}'' s^{0.9} + \cfrac{1}{R_1'' + \cfrac{1}{C_{0.9,2}'' s^{0.9} + \cfrac{1}{R_2''}}}}$$

其中，$R_0'' = 1\Omega$，$C_{0.9,1}'' = 1\text{F} \cdot \text{s}^{0.9-1}$，$R_1'' = 0.5714\Omega$，$C_{0.9,2}'' = 16.33\text{F} \cdot \text{s}^{0.9-1}$，$R_2'' = 0.0286\Omega$。式（4-14）的 Cauer I 型如图 4-8（c）所示。

若采用 Cauer II 型实现策动点阻抗函数，需要移除 $w=0$ 处的极点。若存在极点 $w=0$，可以利用串联的电容实现极点移除。移除 $w=0$ 处极点后，剩余阻抗函数在 $w=0$ 处是有限值。

根据式（4-15），该策动点阻抗函数的极点分别为 -1.5 和 -2.5。在 $w=0$ 时，$Z(w)$ 为有限值，因此需要利用 $Y(w)$ 来展开。

$$Y(s^{0.9}) = \frac{1}{Z(s^{0.9})} = \frac{3.75 + 4s^{0.9} + (s^{0.9})^2}{6 + 5s^{0.9} + (s^{0.9})^2} = \frac{1}{1.6} + \cfrac{1}{\cfrac{1}{0.1458 s^{0.9}} + \cfrac{1}{\cfrac{1}{2.7678} + \cfrac{1}{\cfrac{1}{0.0057 s^{0.9}} + 73}}}$$

$$= \frac{1}{R_0'''} + \cfrac{1}{\cfrac{1}{C_{0.9,1}''' s^{0.9}} + \cfrac{1}{\cfrac{1}{R_1'''} + \cfrac{1}{\cfrac{1}{C_{0.9,2}''' s^{0.9}} + R_2'''}}}$$

其中，$R_0''' = 1.6\Omega$，$C_{0.9,1}''' = 0.1458 \text{F}\cdot s^{0.9-1}$，$R_1''' = 2.7678\Omega$，$C_{0.9,2}''' = 0.0057 \text{F}\cdot s^{0.9-1}$，$R_2''' = 73\Omega$。式（4-14）的 Cauer II 型如图 4-8（d）所示。

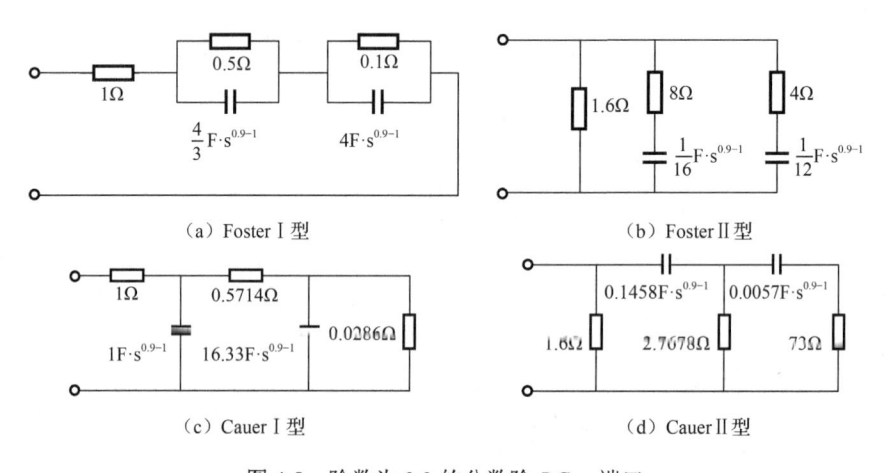

（a）Foster I 型

（b）Foster II 型

（c）Cauer I 型

（d）Cauer II 型

图 4-8 阶数为 0.9 的分数阶 RC 一端口

4.3 分数阶器件的近似和模拟实现

在实现分数阶无源一端口阻抗时，通常用到分数阶电容和分数阶电感，其阶数为 $1/v$，$v>1$。分数阶电感和电容元件的电路实现是以分数阶微积分算子的近似为基础的。文献[22]介绍了若干分数阶阻抗器件的数值和物理实现方法，其中分数阶器件的有理多项式近似方法包括连分式展开近似法[22]、三阶牛顿近似法[23]、奇异函数近似法[24]、奥斯塔鲁普（Oustaloup）近似法[25]、松田（Matsuda）近似法[26]和基于频率响应的曲线拟合近似法[27]等。本节将介绍其中几种常用的近似方法,即三阶牛顿近似法[23]、奇异函数近似法[24]和连分式展开近似法[22,28]。基于上述近似方法,利用电路综合方法,近似模拟实现分数阶器件。

4.3.1 三阶牛顿近似法

三阶牛顿近似法由 Carlson 等[23]于 1964 年提出,用于近似实现分数阶电容对应的 $s^{-\frac{1}{v}}$ 算子($v>1$)。这一近似方法基于代数式 $f(x) = x^v - a = 0$ 的逼近求解。近似求解分数阶微分算子的表达式[23]为

$$F(x) = x\frac{(v-1)x^v + (v+1) \cdot a}{(v+1)x^v + (v-1) \cdot a}$$

其中,$1/v$ 为元件阶数,$v>1$,x 为上一次迭代的近似结果,a 为常数,$a = s^{-1}$ 或者 $a = s$。若 $a = s^{-1}$,$F(x)$ 为分数阶电容 $s^{-\frac{1}{v}}$ 的近似表达式;若 $a = s$,$F(x)$ 为分数阶电感 $s^{\frac{1}{v}}$ 的近似表达式。

例如,分数阶电容 $s^{-\frac{1}{3}}$ 的近似表达式可以写为如下形式:

$$F(x) = x\frac{2x^3 + 4/s}{4x^3 + 2/s}$$

假设初始 $x_o = 1$,那么第一次迭代得到 $s^{-\frac{1}{3}}$ 的近似值为如下形式[23]:

$$x_1 = F(x_o) = x_o\frac{2x_o^3 + 4/s}{4x_o^3 + 2/s} = \frac{s+2}{2s+1} \tag{4-16}$$

第二次迭代的近似值[23]为

$$x_2 = F(x_1) = x_1\frac{2x_1^3 + 4/s}{4x_1^3 + 2/s} = \frac{s^5 + 24s^4 + 80s^3 + 92s^2 + 42s + 4}{4s^5 + 42s^4 + 92s^3 + 80s^2 + 24s + 1} \tag{4-17}$$

分数阶电容 $s^{-\frac{1}{3}}$ 可以根据式(4-16)和式(4-17),由整数阶元件组成的梯形网络来实现。根据文献[20]~[22],式(4-16)和式(4-17)对应的策动点函数为正实函数,可以根据网络综合方法利用整数阶元件实现[23]。

式(4-16)可以转化为如下形式:

$$Z_{1/3,1} = s^{-\frac{1}{3}} = \frac{1}{s^{\frac{1}{3}}} = \frac{s+2}{2s+1} = \cfrac{1}{\cfrac{1}{2} + \cfrac{1}{\cfrac{2}{3} + \cfrac{1}{\cfrac{3}{4}s}}} = \cfrac{1}{\cfrac{1}{R_1} + \cfrac{1}{R_2 + \cfrac{1}{sC_1}}}$$

经过一次迭代的分数阶电容 $s^{-\frac{1}{3}}$ 可以利用 Cauer II 型实现，如图 4-9（a）所示，其中，电阻 $R_1 = 2\Omega$，$R_2 = \dfrac{2}{3}\Omega$，电容 $C_1 = \dfrac{3}{4}$F。

式（4-17）可以转化为如下形式，并利用图 4-9（b）所示电路实现该近似。

$$Z_{1/3,2} = s^{-\frac{1}{3}} = \dfrac{1}{s^{\frac{1}{3}}} = \dfrac{s^5 + 24s^4 + 80s^3 + 92s^2 + 42s + 4}{4s^5 + 42s^4 + 92s^3 + 80s^2 + 24s + 1}$$

$$\approx \cfrac{1}{\cfrac{1}{4} + \cfrac{1}{\cfrac{1}{3.38s} + \cfrac{1}{\cfrac{1}{1.86} + \cfrac{1}{0.31 + \cfrac{1}{\cfrac{1}{0.76s} + \cfrac{1}{0.29s + \cfrac{1}{0.71 + \cfrac{1}{2.46s + \cfrac{1}{0.29 + \cfrac{1}{\cfrac{1}{0.12} + \cfrac{1}{0.1s}}}}}}}}}}}$$

分数阶电容 $s^{-\frac{1}{3}}$ 的三阶牛顿近似法一次迭代和二次迭代近似表达式分别如式（4-16）和式（4-17），相应的波特图如图 4-9（c）所示。根据图 4-9（b）的二次迭代近似电路进行电路仿真，仿真电路的波特图如图 4-9（d）所示。相比于一次迭代近似式，二次迭代近似式的波特图与 $s^{-\frac{1}{3}}$ 的波特图在 定频率范围内更加接近。

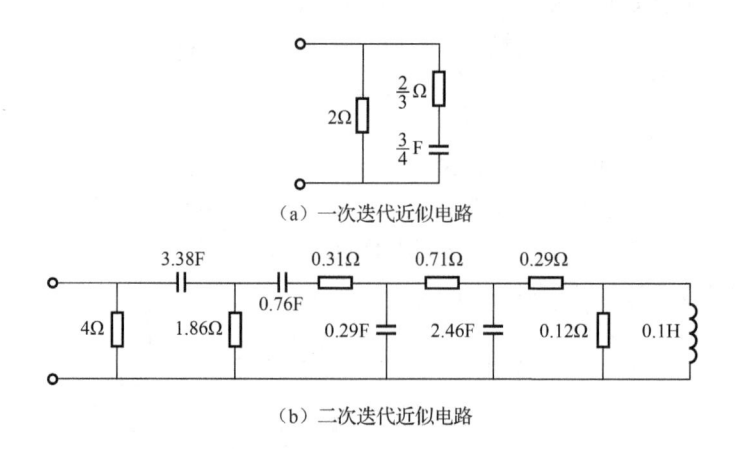

（a）一次迭代近似电路

（b）二次迭代近似电路

(c) 一次和二次迭代近似表达式的波特图

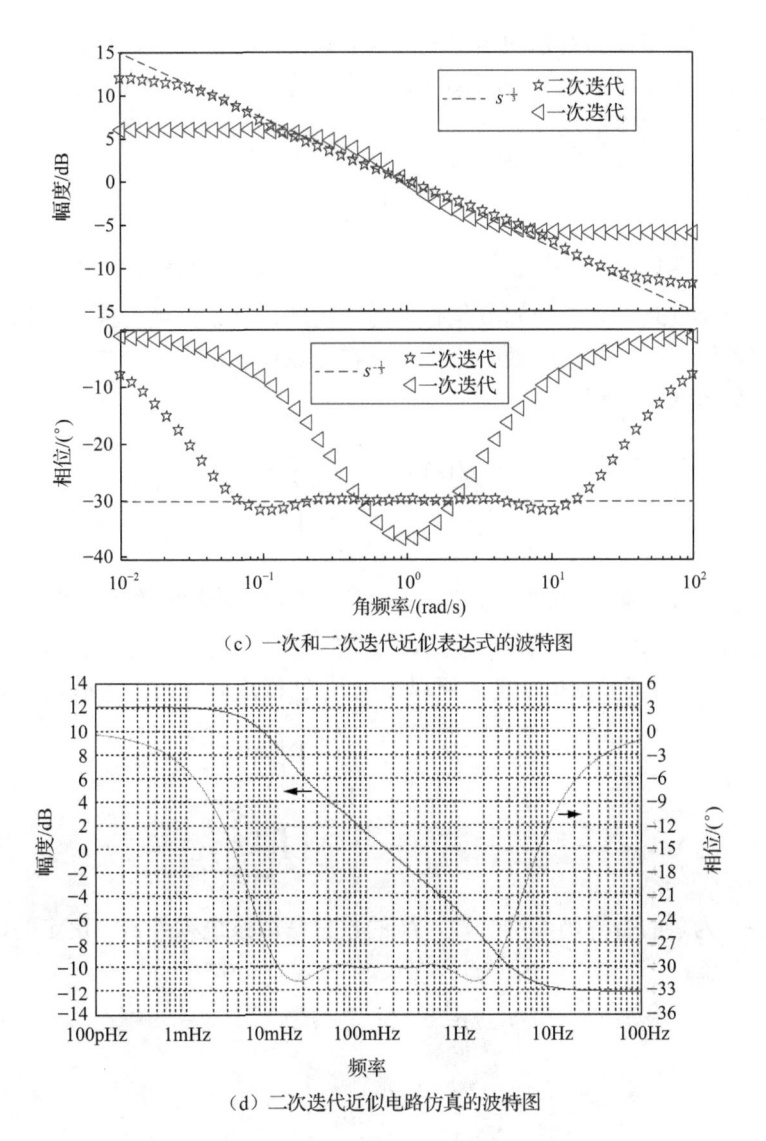

(d) 二次迭代近似电路仿真的波特图

图 4-9 策动点一端口阻抗 $s^{-\frac{1}{3}}$ 的近似实现和波特图

4.3.2 奇异函数近似法

文献[24]介绍了一种利用奇异函数近似法来描述包含分数阶极点的系统动态响应的方法。奇异函数近似法包含一系列由零-极点对（负实部）或简单 RC 网络组成的级联支路。它的实现精度由初始设定的误差决定。这种方法还能被推广到包含多分数阶极点的系统中。

许多物理系统，包括各种电气噪声、电气和接口中极化阻抗的松弛现象、传输线、心脏跳动节律和音乐的谱密度等都表现为分数阶函数，与频率相关或者可以在对数坐标图中等效为分数斜率[24]。这种类型都被归结为 $1/f$ 型或者分数阶系统，可以表示为如下形式：

$$H(s)=\frac{1}{s^m}$$

其中，$s=j\omega$ 是复频率，m 是正的分数，可以称其为分数维。大多数情况下，在低频或者 $\omega\to0$ 时，系统的幅度是有限的。因此，利用分数阶极点可以更好地表示其频率特性。一个单一分数阶系统可以在频域中表示为如下单分数阶极点系统的传递函数形式：

$$H(s)=\frac{1}{\left(1+\dfrac{s}{p_T}\right)^m}$$

其中，$1/p_T$ 称为松弛时间常数，且 $0<m<1$。上式对应波特图的斜率是 $-20m$ dB/dec，可以由许多"之字形线"连接在一起进行近似，这些"之字形线"的斜率在 0dB/dec 到 -20dB/dec 之间交替变换。上式可以根据其零-极点对写为如下形式[24]，即

$$H(s)=\frac{1}{\left(1+\dfrac{s}{p_T}\right)^m}=\lim_{N\to\infty}\frac{\prod_{i=0}^{N-1}\left(1+\dfrac{s}{z_i}\right)}{\prod_{i=0}^{N}\left(1+\dfrac{s}{p_i}\right)} \tag{4-18}$$

其中，$N+1$ 为总的奇异函数的个数，N 的数量是由系统频带 $\omega_{\max}$ 决定的，可以由下面的公式确定：

$$p_{N-1}<\omega_{\max}<p_N$$

$$N-1<\frac{\log\left(\dfrac{\omega_{\max}}{p_0}\right)}{\log(ab)}<N$$

$$N=\left\lfloor\log\left(\frac{\omega_{\max}}{p_0}\right)\bigg/\log(ab)\right\rfloor+1$$

其中，$\lfloor\cdot\rfloor$ 为下限取整，a 是零点和前一个极点的比值，b 是极点和前一个零点的比值，即

$$a=\frac{z_0}{p_0}=\frac{z_1}{p_1}=\cdots=\frac{z_{N-1}}{p_{N-1}} \tag{4-19}$$

$$b = \frac{p_1}{z_0} = \frac{p_2}{z_1} = \cdots = \frac{p_N}{z_{N-1}} \tag{4-20}$$

并且，

$$ab = \frac{p_1}{p_0} = \frac{p_2}{p_1} = \cdots = \frac{p_N}{p_{N-1}} \tag{4-21}$$

$$ab = \frac{z_1}{z_0} = \frac{z_2}{z_1} = \cdots = \frac{z_{N-1}}{z_{N-2}} \tag{4-22}$$

因此，对于有限的频率范围，式（4-18）可以使用有限的 N 值进行近似，其形式如下：

$$H(s) = \frac{1}{\left(1+\dfrac{s}{p_T}\right)^m} \approx \frac{\displaystyle\prod_{i=0}^{N-1}\left(1+\dfrac{s}{z_i}\right)}{\displaystyle\prod_{i=0}^{N}\left(1+\dfrac{s}{p_i}\right)} \tag{4-23}$$

在上式的近似过程中，可以利用如下方法来确定奇异函数（零-极点对）。假定"之字形线"和实际的线之间的最大误差 $x\text{(dB)}$ 是已知的，$x>0$，如图 4-10 所示。

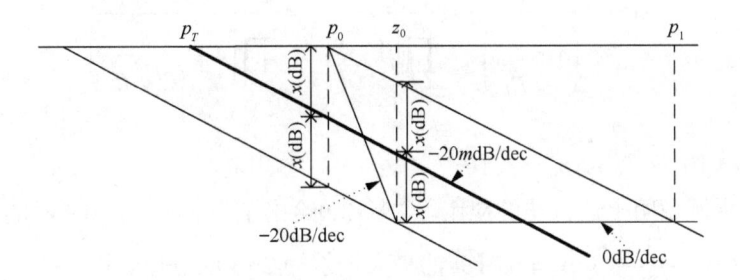

图 4-10 利用"之字形线"近似时的零-极点对的位置确定

根据图 4-10，可以分别确定相应的零-极点对如下[24]：

第一个极点和零点，$\log\left(\dfrac{p_0}{p_T}\right) = \dfrac{x}{20m}$，$\log\left(\dfrac{z_0}{p_0}\right) = \dfrac{x}{10(1-m)}$。

第二个极点和零点，$\log\left(\dfrac{p_1}{z_0}\right) = \dfrac{x}{10m}$，$\log\left(\dfrac{z_1}{p_1}\right) = \dfrac{x}{10(1-m)}$。

……

第 N 个极点和零点，$\log\left(\dfrac{p_{N-1}}{z_{N-2}}\right) = \dfrac{x}{10m}$，$\log\left(\dfrac{z_{N-1}}{p_{N-1}}\right) = \dfrac{x}{10(1-m)}$。

第 $N+1$ 个极点 $\log\left(\dfrac{p_N}{z_{N-1}}\right) = \dfrac{x}{10m}$。

其中，p_T 是转折频率（corner frequency），它是指初始传递函数对应为-3dB 时的频率点，p_0 是指第一个奇点，它可以根据特定的最大误差 x 来计算，而 p_{N+1} 为最后的奇点，由个数 N 确定。

假设 $a = 10^{\frac{x}{10(1-m)}}$、$b = 10^{\frac{x}{10m}}$，根据式（4-19）和式（4-20）可以得到各个零点/极点与其前一个极点/零点之间的位置比值分别为 a 和 b。

根据式（4-21）和式（4-22）可以得到各零点与前一个零点之间的比值以及各极点与前一个极点之间的比值均为 ab，$ab = 10^{\frac{x}{10m(1-m)}}$。

因此，得到如下由 p_0 计算极点和零点的公式[24]：

$$p_i = (ab)^i p_0, \quad i = 1, 2, 3, \cdots \tag{4-24}$$

$$z_i = (ab)^i a p_0, \quad i = 1, 2, 3, \cdots \tag{4-25}$$

由此，式（4-23）可近似为如下形式：

$$H(s) = \dfrac{1}{\left(1 + \dfrac{s}{p_T}\right)^m} \approx \dfrac{\prod_{i=0}^{N-1}\left(1 + \dfrac{s}{z_i}\right)}{\prod_{i=0}^{N}\left(1 + \dfrac{s}{p_i}\right)} = \dfrac{\prod_{i=0}^{N-1}\left(1 + \dfrac{s}{(ab)^i a p_0}\right)}{\prod_{i=0}^{N}\left(1 + \dfrac{s}{(ab)^i p_0}\right)} \tag{4-26}$$

其中，$ab = 10^{\frac{x}{10m(1-m)}}$，$p_0 = p_T 10^{\frac{x}{20m}}$。

下面举例说明上述方法的应用。文献[29]给出了当 $N=2$、$m=0.9$ 时的分数阶传递函数 $H(s) = \dfrac{1}{p_T^m s^m}$（$p_T = 0.01$）的最大误差为 2dB 的近似表达式：

$$H(s) = \dfrac{2.2675(s+1.29)(s+215.2)}{(s+0.0129)(s+2.152)(s+359)} \tag{4-27}$$

若 $x = 2\text{dB}$，$m = 0.9$，$p_T = 0.01$，可得

$$a = 10^{\frac{x}{10(1-m)}} = 10^{\frac{2}{10 \times 0.1}} = 100$$

$$b = 10^{\frac{x}{10m}} = 10^{\frac{2}{10 \times 0.9}} = 1.6681$$

$$p_0 = p_T 10^{\frac{x}{20m}} = 0.01 \times 10^{\frac{2}{18}} = 0.0129$$

$$ab = 10^{\frac{x}{10m(1-m)}} = 10^{\frac{2}{10 \times 0.9 \times 0.1}} = 166.81$$

$$z_0 = ap_0 = 100 \times 0.0129 = 1.29$$

$$z_1 = (ab)z_0 = 166.81 \times 1.29 = 215.2$$

$$p_1 = (ab)p_0 = 166.81 \times 0.0129 = 2.152$$

$$p_2 = (ab)^2 p_0 = 166.81^2 \times 0.0129 = 359$$

根据式（4-26），式（4-27）可以整理为如下形式：

$$H(s) = \frac{1}{(p_T s)^{0.9}}\bigg|_{p_T=0.01} = \frac{63.0957}{s^{0.9}} \approx \frac{63.0957\left(1+\frac{s}{1.29}\right)\left(1+\frac{s}{215.2}\right)}{\left(1+\frac{s}{0.0129}\right)\left(1+\frac{s}{2.152}\right)\left(1+\frac{s}{359}\right)}$$

上述算例展示了该方法的计算步骤。下面将根据式（4-19）~式（4-26），编制 MATLAB 函数。调用该函数可以得到不同误差、不同 N 值对应的不同 m 值（$0<m<1$）的分数阶阻抗的近似线性传递函数表达式。具体程序见本书附录。

假设最大误差为 1dB，$p_T = 0.01$，利用本书附录第 5 小节程序得到 $\frac{1}{s^m}$ 的近似表达形式，如表 4-1 所示。基于奇异函数近似法，文献[29]给出了不同误差情况下（2dB 和 3dB），不同 m 值（$0<m<1$）时的分数阶阻抗对应的近似传递函数。

根据这些近似的传递函数，可以利用整数阶电路元件对分数阶电感和电容进行近似模拟实现。文献[30]基于 RC 电路实现了相应的分数阶 $1/s^{0.9}$ 阻抗。文献[31]根据上述方法，给出了最大误差为 1dB 的 $1/s^q$（$0.9<q<0.929$）的近似表达式。

表 4-1 分数阶算子 $1/s^m$ 的近似线性传递函数

m	$H(s)$
0.9	$\dfrac{0.088(s+0.11)(s+1.90)(s+31.62)(s+527.50)}{(s+0.0114)(s+0.19)(s+3.16)(s+52.75)(s+879.92)}$
0.8	$\dfrac{0.37(s+0.037)(s+0.21)(s+1.15)(s+6.49)(s+36.52)(s+205.35)}{(s+0.012)(s+0.065)(s+0.37)(s+2.05)(s+11.55)(s+64.94)(s+365.17)}$
0.7	$\dfrac{1.18(s+0.025)(s+0.11)(s+0.44)(s+1.83)(s+7.60)(s+31.62)(s+131.54)}{(s+0.012)(s+0.049)(s+0.20)(s+0.85)(s+3.53)(s+14.68)(s+61.05)(s+253.96)}$

根据表 4-1，最大误差 1dB 的 $1/s^{0.9}$ 可以写为如下形式，即

$$\frac{1}{s^{0.9}} = \frac{0.0105}{s+0.0114} + \frac{0.0081}{s+0.19} + \frac{0.0124}{s+3.16} + \frac{0.0208}{s+52.75} + \frac{0.0362}{s+879.92}$$

$$= \frac{1}{95.24s + \dfrac{1}{0.92}} + \frac{1}{123.46s + \dfrac{1}{0.043}} + \frac{1}{80.65s + \dfrac{1}{3.9\times 10^{-3}}}$$

$$+ \frac{1}{48.08s + \dfrac{1}{3.9\times 10^{-4}}} + \frac{1}{27.62s + \dfrac{1}{4.11\times 10^{-5}}} \qquad (4\text{-}28)$$

$$= \frac{1}{sC_1 + \dfrac{1}{R_1}} + \frac{1}{sC_2 + \dfrac{1}{R_2}} + \frac{1}{sC_3 + \dfrac{1}{R_3}} + \frac{1}{sC_4 + \dfrac{1}{R_4}} + \frac{1}{sC_5 + \dfrac{1}{R_5}}$$

根据式（4-28），可以利用 Foster I 型来实现该分数阶阻抗，如图 4-11 所示。其中，$C_1 = 95.24\text{F}$，$R_1 = 0.92\Omega$，$C_2 = 123.46\text{F}$，$R_2 = 0.043\Omega$，$C_3 = 80.65\text{F}$，$R_3 = 3.9\text{m}\Omega$，$C_4 = 48.08\text{F}$，$R_4 = 0.39\text{m}\Omega$，$C_5 = 27.62\text{F}$，$R_5 = 0.0411\text{m}\Omega$。

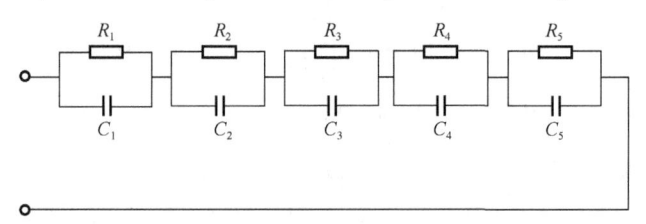

图 4-11 分数阶 $1/s^{0.9}$ 电容的模拟电路实现（最大误差 1dB，$N=4$）

4.3.3 连分式展开近似法

连分式展开近似法是计算数学理论中关于有理逼近的一个分支，是各种近似数值计算的有效工具。连分式展开近似法能够将任何一个有理或者无理函数通过连除的方式进行展开，表示为多个分式的形式[32]，即

$$f(x) = b_0(x) + \cfrac{a_1(x)}{b_1(x) + \cfrac{a_2(x)}{b_2(x) + \cfrac{a_3(x)}{b_3(x) + \cdots}}}$$

其中，$a_i(x)$ 和 $b_j(x)$ 为常数或者变量 x 的有理函数，$a_n(x)/b_n(x)$ 称为连分式的第 n 节，$a_n(x)$ 和 $b_n(x)$ 称为第 n 节的两项。连分式的另外一种记法为

$$f(x) = b_0(x) + \frac{a_1(x)}{b_1(x) +} \frac{a_2(x)}{b_2(x) +} \frac{a_3(x)}{b_3(x) +} \cdots$$

如果在连分式的第 k 节截断，则称为连分式的第 k 次渐近分式，记为

$$\frac{A_k(x)}{B_k(x)} = b_0(x) + \frac{a_1(x)}{b_1(x)+} \frac{a_2(x)}{b_2(x)+} \frac{a_3(x)}{b_3(x)+} \cdots \frac{a_k(x)}{+b_k(x)}$$

在文献[22]、[28]和[33]中均给出了如下二项式函数的连分式展开形式：

$$(1+x)^\alpha = \cfrac{1}{1-\cfrac{\alpha x}{1+\cfrac{(1+\alpha)x}{2+\cfrac{(1-\alpha)x}{3+\cfrac{(2+\alpha)x}{2+\cfrac{(2-\alpha)x}{5+\cfrac{(3+\alpha)x}{2+\cfrac{(3-\alpha)x}{7+\cdots}}}}}}}} \quad (4\text{-}29)$$

上式可以记为

$$(1+x)^\alpha = \frac{1}{1-} \frac{\alpha x}{1+} \frac{(1+\alpha)x}{2+} \frac{(1-\alpha)x}{3+} \frac{(2+\alpha)x}{2+} \frac{(2-\alpha)x}{5+} \cdots \frac{(n+\alpha)x}{2+} \frac{(n-\alpha)x}{(2n+1)+} \cdots$$

这个连分式在复平面（s 平面）上当变量 x 位于 $(-\infty, -1]$ 区域时是收敛的。将 $x = s-1$ 代入式（4-29）中，可以得到分数阶算子的近似表达式。在近似时需要进行截断。

文献[22]和[33]分别给出了若干 0.5 阶分数阶阻抗的有理多项式，如表 4-2 所示。图 4-12 给出了 $s^{0.5}$ 的近似有理多项式的幅频特性和相频特性比较。由图 4-12 可见，增加近似有理多项式的阶数，表达式对应的波特图将会在更宽的频带范围内与原来分数阶算子的幅频特性和相频特性接近。

表 4-2 基于连分式展开近似的阶数为 0.5 的分数阶算子传递函数[22,33]

多项式次数	截断节数 k	$H(s)$
1	2	$s^{0.5} = \dfrac{3s+1}{s+3}$
2	4	$s^{0.5} = \dfrac{5s^2+10s+1}{s^2+10s+5}$
3	6	$s^{0.5} = \dfrac{7s^3+35s^2+21s+1}{s^3+21s^2+35s+7}$
4	8	$s^{0.5} = \dfrac{9s^4+84s^3+126s^2+36s+1}{s^4+36s^3+126s^2+84s+9}$
5	10	$s^{0.5} = \dfrac{11s^5+165s^4+462s^3+330s^2+55s+1}{s^5+55s^4+330s^3+462s^2+165s+11}$
4	8	$s^{-0.5} = \dfrac{s^4+36s^3+126s^2+84s+9}{9s^4+84s^3+126s^2+36s+1}$
5	10	$s^{-0.5} = \dfrac{s^5+55s^4+330s^3+462s^2+165s+11}{11s^5+165s^4+462s^3+330s^2+55s+1}$

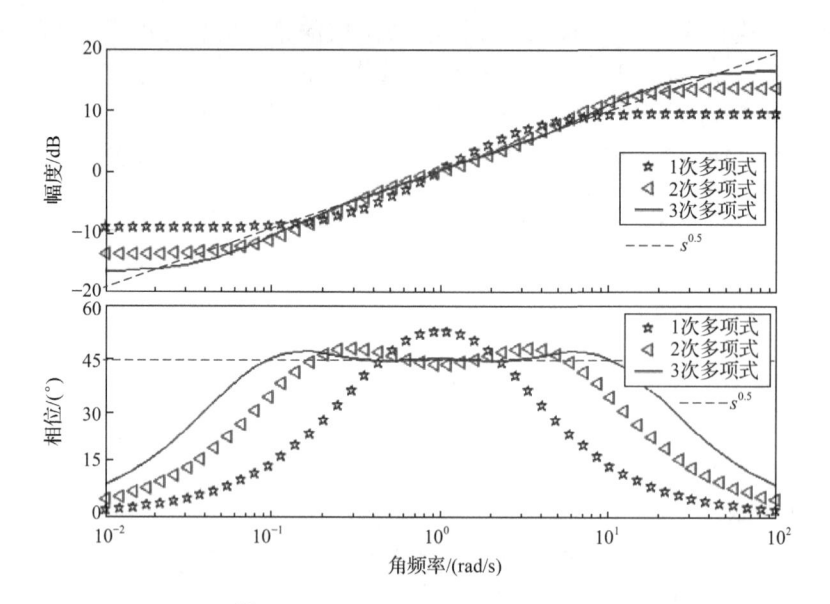

图 4-12　表 4-2 中 $s^{0.5}$ 的不同阶近似有理多项式的幅频特性和相频特性比较

根据式（4-29），当截断 2 节时，阶数为 1，即

$$s^\alpha = (1+x)^\alpha \big|_{x=s-1} \approx \left(\frac{1}{1-} \frac{\alpha x}{1+} \frac{(1+\alpha)x}{2} \right) \bigg|_{x=s-1} = \frac{(1+\alpha)s + 1 - \alpha}{(1-\alpha)s + 1 + \alpha}$$

当截断 4 节时，阶数为 2，即

$$s^\alpha = (1+x)^\alpha \big|_{x=s-1} \approx \left(\frac{1}{1-} \frac{\alpha x}{1+} \frac{(1+\alpha)x}{2+} \frac{(1-\alpha)x}{3+} \frac{(2+\alpha)x}{2} \right) \bigg|_{x=s-1}$$

$$= \frac{(1+\alpha)(2+\alpha)s^2 + 2(4-\alpha^2)s + (1-\alpha)(2-\alpha)}{(1-\alpha)(2-\alpha)s^2 + 2(4-\alpha^2)s + (1+\alpha)(2+\alpha)}$$

当截断 6 节时，阶数为 3，即

$$s^\alpha = (1+x)^\alpha \big|_{x=s-1} \approx \left(\frac{1}{1-} \frac{\alpha x}{1+} \frac{(1+\alpha)x}{2+} \frac{(1-\alpha)x}{3+} \frac{(2+\alpha)x}{2+} \frac{(2-\alpha)x}{5+} \frac{(3+\alpha)x}{2} \right) \bigg|_{x=s-1}$$

$$= \frac{\dfrac{(1+\alpha)(2+\alpha)(3+\alpha)}{(3-\alpha)(2-\alpha)(1-\alpha)}s^3 + \dfrac{3(2+\alpha)(3+\alpha)(3-\alpha)}{(3-\alpha)(2-\alpha)(1-\alpha)}s^2 + \dfrac{3(3+\alpha)(3-\alpha)(2-\alpha)}{(3-\alpha)(2-\alpha)(1-\alpha)}s + 1}{s^3 + \dfrac{3(3+\alpha)(3-\alpha)(2-\alpha)}{(3-\alpha)(2-\alpha)(1-\alpha)}s^2 + \dfrac{3(2+\alpha)(3+\alpha)(3-\alpha)}{(3-\alpha)(2-\alpha)(1-\alpha)}s + \dfrac{(1+\alpha)(2+\alpha)(3+\alpha)}{(3-\alpha)(2-\alpha)(1-\alpha)}}$$

第 4 章 分数阶电路阻抗的模拟实现

一般地，当截断 $2n$ 节时，阶数为 n，即

$$s^\alpha = (1+x)^\alpha\big|_{x=s-1} \approx \left(\cfrac{1}{1-}\cfrac{\alpha x}{1+}\cfrac{(1+\alpha)x}{2+}\cdots\cfrac{((n-1)-\alpha)x}{(2(n-1)+1)+}\cfrac{(n+\alpha)x}{2}\right)\bigg|_{x=s-1}$$

$$= \frac{\prod_{i=1}^{n}(i+\alpha)s^n + \sum_{k=1}^{n-1}C_n^k \prod_{i=0}^{k-1}(n-i+\alpha)\prod_{i=0}^{n-k-1}(n-i-\alpha)s^k + \prod_{i=1}^{n}(i-\alpha)}{\prod_{i=1}^{n}(i-\alpha)s^n + \sum_{k=1}^{n-1}C_n^{n-k}\prod_{i=0}^{n-k-1}(n-i+\alpha)\prod_{i=0}^{k-1}(n-i-\alpha)s^k + \prod_{i=1}^{n}(i+\alpha)s^n} \tag{4-30}$$

其中，$0<\alpha<1$，$C_n^k = \dfrac{n!}{k!(n-k)!}$。

根据式（4-30），可以得到不同阶数的分数阶算子的近似有理多项式形式，如表 4-3 所示。图 4-13 中绘制了 $s^{0.9}$ 的 1 次至 5 次近似有理多项式对应的波特图。随着近似有理多项式阶数的增加，对应的波特图将更加逼近原来分数阶算子的幅频特性和相频特性。

表 4-3 不同阶数对应的不同次数的连分式展开近似法近似分数阶算子

分数阶数	多项式次数	$H(s)$
0.6	1	$s^{0.6} = \dfrac{4s+1}{s+4}$, $\quad s^{-0.6} = \dfrac{s+4}{4s+1}$
0.6	2	$s^{0.6} = \dfrac{7.43s^2+13s+1}{s^2+13s+7.43}$, $\quad s^{-0.6} = \dfrac{s^2+13s+7.43}{7.43s^2+13s+1}$
0.6	3	$s^{0.6} = \dfrac{11.14s^3+50.14s^2+27s+1}{s^3+27s^2+50.14s+11.14}$
0.6	4	$s^{0.6} = \dfrac{15.1s^4+128.1s^3+177.4s^2+46s+1}{s^4+46s^3+177.4s^2+128.1s+15.1}$
0.6	5	$s^{0.6} = \dfrac{19.2s^5+263.8s^4+690s^3+460s^2+70s+1}{s^5+70s^4+460s^3+690s^2+263.8s+19.2}$
0.7	1	$s^{0.7} = \dfrac{5.667s+1}{s+5.667}$, $\quad s^{-0.7} = \dfrac{s+5.667}{5.667s+1}$
0.7	2	$s^{0.7} = \dfrac{11.7692s^2+18s+1}{s^2+18s+11.7692}$, $\quad s^{-0.7} = \dfrac{s^2+18s+11.7692}{11.7692s^2+18s+1}$
0.7	3	$s^{0.7} = \dfrac{18.93s^3+76.85s^2+37s+1}{s^3+37s^2+76.85s+18.93}$
0.7	4	$s^{0.7} = \dfrac{27s^4+209.4s^3+267.5s^2+62.7s+1}{s^4+62.7s^3+267.5s^2+209.4s+27}$
0.7	5	$s^{0.7} = \dfrac{35.7s^5+452.1s^4+1105.1s^3+686.9s^2+95s+1}{s^5+95s^4+686.9s^3+1105.1s^2+452.1s+35.7}$

续表

分数阶数	多项式次数	$H(s)$
0.8	1	$s^{0.8} = \dfrac{9s+1}{s+9}$, $s^{-0.8} = \dfrac{s+9}{9s+1}$
	2	$s^{0.8} = \dfrac{21s^2+28s+1}{s^2+28s+21}$, $s^{-0.8} = \dfrac{s^2+28s+21}{21s^2+28s+1}$
	3	$s^{0.8} = \dfrac{36.27s^3+133s^2+57s+1}{s^3+57s^2+133s+36.27}$
	4	$s^{0.8} = \dfrac{54.4s^4+386.9s^3+456s^2+96s+1}{s^4+96s^3+456s^2+386.9s+54.4}$
	5	$s^{0.8} = \dfrac{75.1s^5+876.6s^4+2003.6s^3+1160s^2+145s+1}{s^5+145s^4+1160s^3+2003.6s^2+876.6s+75.1}$
0.9	1	$s^{0.9} = \dfrac{19s+1}{s+19}$, $s^{-0.9} = \dfrac{s+19}{19s+1}$
	2	$s^{0.9} = \dfrac{50.09s^2+58s+1}{s^2+58s+50.09}$, $s^{-0.9} = \dfrac{s^2+58s+50.09}{50.09s^2+58s+1}$
	3	$s^{0.9} = \dfrac{93s^3+308.5s^2+117s+1}{s^3+117s^2+308.5s+93}$
	4	$s^{0.9} = \dfrac{147s^4+959.6s^3+1042.4s^2+196s+1}{s^4+196s^3+1042.4s^2+959.6s+147}$
	5	$s^{0.9} = \dfrac{211.6s^5+2283s^4+4880.9s^3+2628.2s^2+295s+1}{s^5+295s^4+2628.2s^3+4880.9s^2+2283s+211.6}$

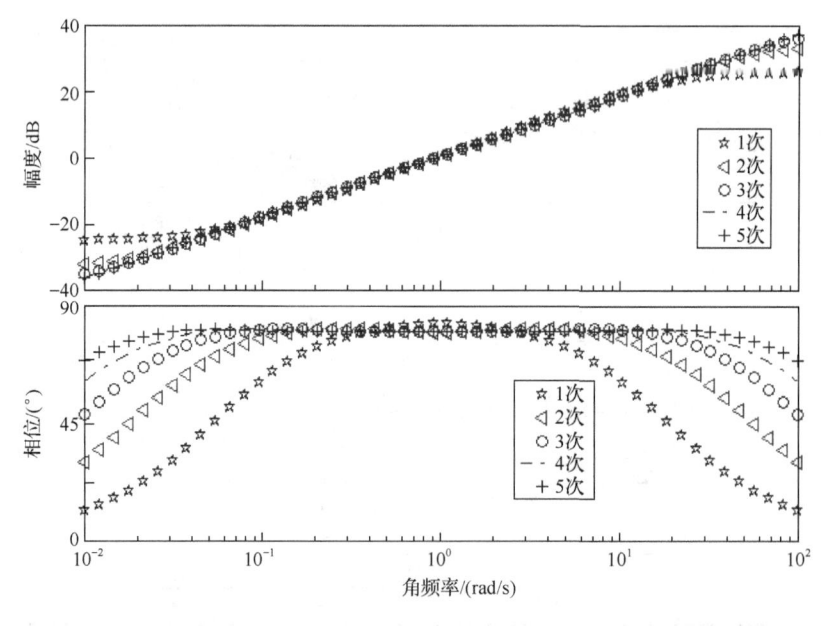

图 4-13 表 4-3 中 $s^{0.9}$ 不同近似有理多项式的波特图对比

表 4-3 的分数阶 $s^{0.9}$ 电感的 3 次连分式展开近似表达式如下：

$$s^{0.9} = \frac{93s^3 + 308.5s^2 + 117s + 1}{s^3 + 117s^2 + 308.5s + 93}$$

$$= \cfrac{1}{\cfrac{1}{93} + \cfrac{1}{0.8181s + \cfrac{1}{\cfrac{1}{0.5024} + \cfrac{1}{0.2529s + \cfrac{1}{\cfrac{1}{0.0793} + \cfrac{1}{0.2284s + 0.0128}}}}}} \quad (4-31)$$

根据式（4-31），模拟实现电路如图 4-14（a）所示。为进一步得到实际的电路参数，需要根据式（4-1）进行去归一化计算。假设归一化比例因子 $z_N = 10^3 \Omega$，$\omega_N = 20 \times 10^6 \text{rad/s}$，则 $R = R_N z_N$，$L = \cfrac{L_N z_N}{\omega_N}$，去归一化的电路参数如图 4-14（b）所示。

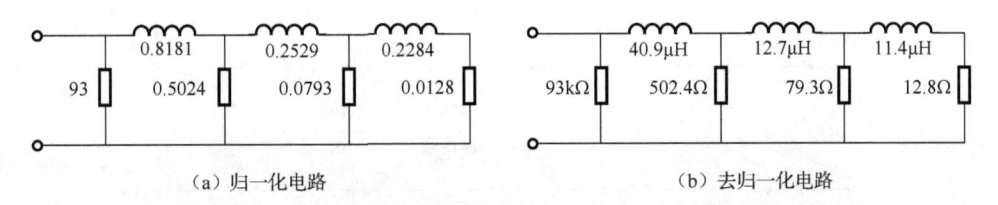

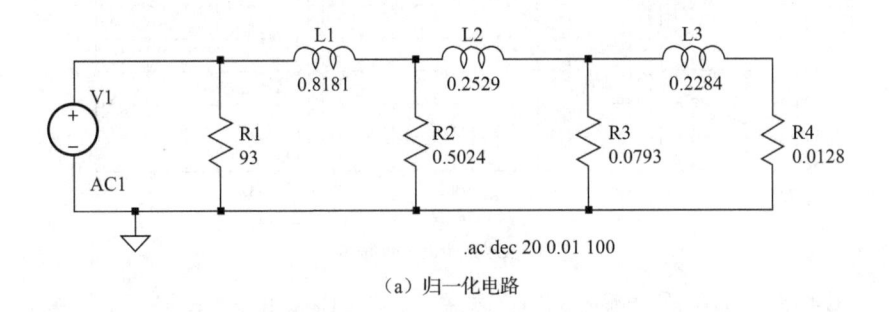

（a）归一化电路   （b）去归一化电路

图 4-14 分数阶 $s^{0.9}$ 电感的 3 次连分式展开近似式 Cauer II 型电路实现

利用 LTspice 对图 4-14 的两个电路进行电路仿真，电路原理图见图 4-15（a）和图 4-15（c），对应的波特图分别见图 4-15（b）和图 4-15（d）。

.ac dec 20 0.01 100

（a）归一化电路

（b）归一化电路波特图

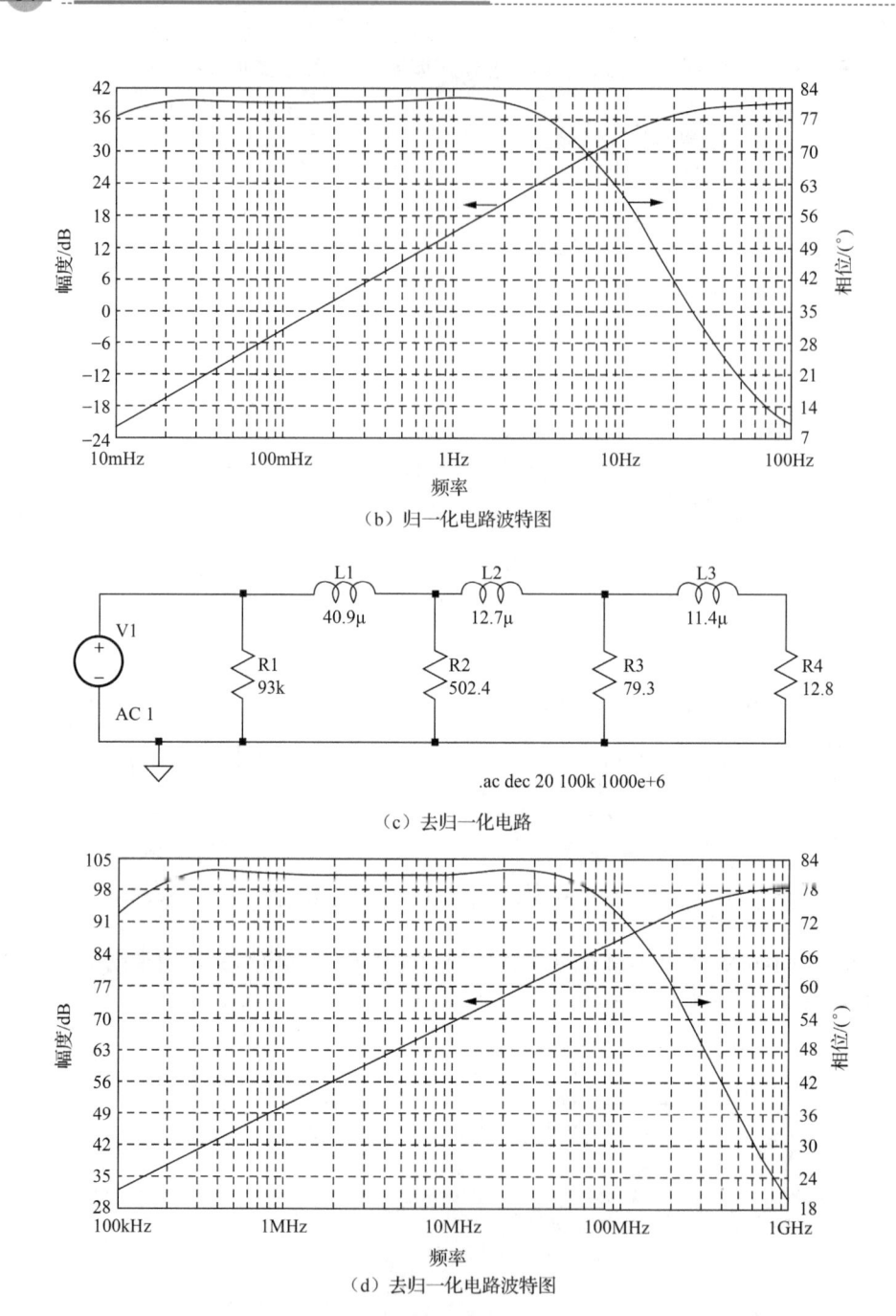

（c）去归一化电路

.ac dec 20 100k 1000e+6

（d）去归一化电路波特图

图 4-15　分数阶 $s^{0.9}$ 电感的 3 次连分式展开近似式 Cauer II 型仿真电路及波特图

4.4 分数阶电路阻抗的有源实现

4.4.1 基于运算放大器实现分数阶阻抗

文献[34]中提出了一种基于运算放大器实现分数阶阻抗的方案,如图 4-16(a)所示,其中分抗元件 F 可以根据 4.3 节的近似方案利用无源电路元件实现。

文献[35]中提出了基于运算放大器实现包含二次近似多项式的 ± 0.5 阶分数阶器件的方法,如图 4-16(b)所示。图中运用了 RC-RC 电路分解来实现 s^α 的近似。

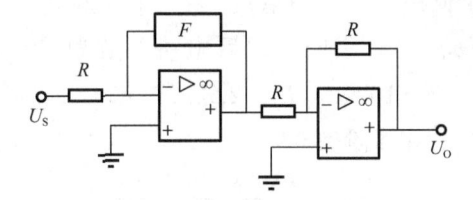

(a) 结合无源分抗元件F实现分数阶器件

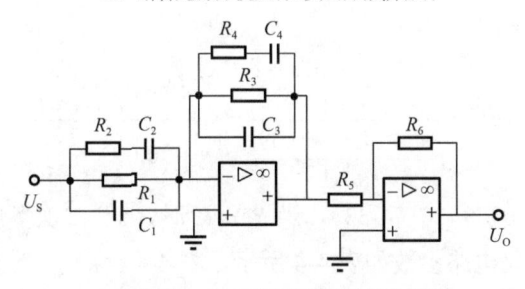

(b) 运用RC-RC电路近似实现分数阶器件

图 4-16 基于运算放大器实现分数阶器件

根据表 4-2,$s^{0.5}$ 的二次多项式近似表达式如下:

$$s^{0.5} = \frac{5s^2 + 10s + 1}{s^2 + 10s + 5}$$

利用文献[35]提出的 RC-RC 分解方法,分子分母同时除以多项式 $s+1$,得

$$s^{0.5} = \frac{\dfrac{5s^2 + 10s + 1}{s+1}}{\dfrac{s^2 + 10s + 5}{s+1}} = \frac{5s + 1 + \dfrac{4s}{s+1}}{s + 5 + \dfrac{4s}{s+1}} \qquad (4\text{-}32)$$

根据图 4-16（b），输出电压和输入电压之比的传递函数为

$$\frac{U_\mathrm{O}}{U_\mathrm{S}} = \frac{R_6}{R_5}\left[\frac{sC_1+\dfrac{1}{R_1}+\dfrac{1}{R_2+\dfrac{1}{sC_2}}}{sC_3+\dfrac{1}{R_3}+\dfrac{1}{R_4+\dfrac{1}{sC_4}}}\right] = \frac{R_6}{R_5}\left[\frac{sC_1+\dfrac{1}{R_1}+\dfrac{sC_2}{sR_2C_2+1}}{sC_3+\dfrac{1}{R_3}+\dfrac{sC_4}{sR_4C_4+1}}\right] \quad (4\text{-}33)$$

因此，对比式（4-32）和式（4-33），当 $R_5=R_6$ 时，$s^{0.5}$ 二次多项式的近似电路归一化参数如下：$C_{1N}=5$，$C_{2N}=4$，$C_{3N}=1$，$C_{4N}=4$，$R_{1N}=1$，$R_{2N}=1/4$，$R_{3N}=1/5$，$R_{4N}=1/4$。

如果设归一化比例因子 $z_N=10\mathrm{k}\Omega$，$\omega_N=100\mathrm{Mrad/s}$，根据式（4-1），则 $R=R_N z_N$，$C=C_N/(\omega_N z_N)$。去归一化后电路参数为：$C_1=5\mathrm{pF}$，$C_2=4\mathrm{pF}$，$C_3=1\mathrm{pF}$，$C_4=4\mathrm{pF}$，$R_1=10\mathrm{k}\Omega$，$R_2=2.5\mathrm{k}\Omega$，$R_3=2\mathrm{k}\Omega$，$R_4=2.5\mathrm{k}\Omega$。

类似地，表 4-3 中给出了阶数 0.9 的二次多项式近似表达式，即

$$s^{0.9} = \frac{50.09s^2+58s+1}{s^2+58s+50.09}$$

分子分母同时除以 $s+1$，则有

$$s^{0.9} = \frac{\dfrac{50.09s^2+58s+1}{s+1}}{\dfrac{s^2+58s+50.09}{s+1}} = \frac{50.09s+1+\dfrac{7s}{s+1}}{s+50.09+\dfrac{7s}{s+1}}$$

根据图 4-16（b）和式（4-33），当 $R_5=R_6$ 时，$s^{0.9}$ 二次多项式的近似归一化电路参数和去归一化电路参数如表 4-4 所示。表 4-4 给出了 $s^{0.7}$、$s^{0.8}$ 和 $s^{0.9}$ 分数阶阻抗对应的电路参数。

表 4-4　利用图 4-16（b）实现不同分数阶器件

分数阶阻抗	变形后的近似二次多项式	对应的归一化电路参数	去归一化电路参数，（当 $z_N=10\times10^3\Omega$，$\omega_N=100\times10^6\mathrm{rad/s}$）
$s^{0.9}$	$\dfrac{50.09s+1+\dfrac{7s}{s+1}}{s+50.09+\dfrac{7s}{s+1}}$	$C_1=50.09$，$C_2=7$，$C_3=1$，$C_4=7$，$R_1=1$，$R_2=1/7$，$R_3=1/50$，$R_4=1/7$	$C_1=50\mathrm{pF}$，$C_2=7\mathrm{pF}$，$C_3=1\mathrm{pF}$，$C_4=7\mathrm{pF}$，$R_1=10\mathrm{k}\Omega$，$R_2=10/7\mathrm{k}\Omega$，$R_3=200\Omega$，$R_4=10/7\mathrm{k}\Omega$
$s^{0.8}$	$\dfrac{21s+1+\dfrac{6s}{s+1}}{s+21+\dfrac{6s}{s+1}}$	$C_1=21$，$C_2=6$，$C_3=1$，$C_4=6$，$R_1=1$，$R_2=1/6$，$R_3=1/21$，$R_4=1/6$	$C_1=21\mathrm{pF}$，$C_2=6\mathrm{pF}$，$C_3=1\mathrm{pF}$，$C_4=6\mathrm{pF}$，$R_1=10\mathrm{k}\Omega$，$R_2=10/6\mathrm{k}\Omega$，$R_3=476\Omega$，$R_4=10/6\mathrm{k}\Omega$

第 4 章　分数阶电路阻抗的模拟实现

续表

分数阶阻抗	变形后的近似二次多项式	对应的归一化电路参数	去归一化电路参数，（当 $z_N = 10 \times 10^3 \Omega$，$\omega_N = 100 \times 10^6 \text{rad/s}$）
$s^{0.7}$	$\dfrac{11.77s + 1 + \dfrac{6.23s}{s+1}}{s + 11.77 + \dfrac{6.23s}{s+1}}$	$C_1 = 11.77$，$C_2 = 6.23$，$C_3 = 1$，$C_4 = 6.23$，$R_1 = 1$，$R_2 = 1/6.23$，$R_3 = 1/11.77$，$R_4 = 1/6.23$	$C_1 = 11.77\text{pF}$，$C_2 = 6.23\text{pF}$，$C_3 = 1\text{pF}$，$C_4 = 6.23\text{pF}$，$R_1 = 10\text{k}\Omega$，$R_2 = 1605\Omega$，$R_3 = 850\Omega$，$R_4 = 1605\Omega$

根据表 4-4 中的电路参数，利用 LTspice 软件对 $s^{0.9}$ 进行仿真，电路仿真原理图如图 4-17（a）所示。运算放大器选用 350MHz 低功耗运算放大器 AD8039。$s^{0.9}$ 对应的波特图如图 4-17（b）所示。对比图 4-13、图 4-15（b）、图 4-15（d）和图 4-17（b），图 4-17（a）的电路在 100kHz～40MHz 范围内可以近似实现 $s^{0.9}$ 分数阶传递函数。

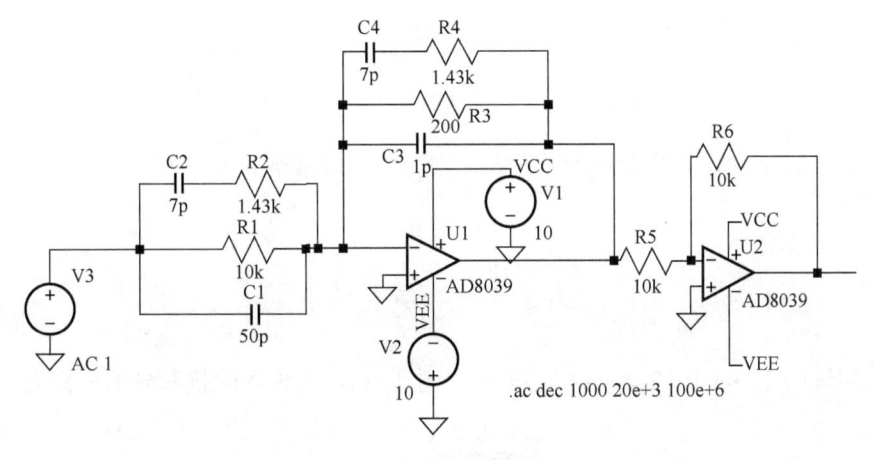

（a）电路仿真原理图

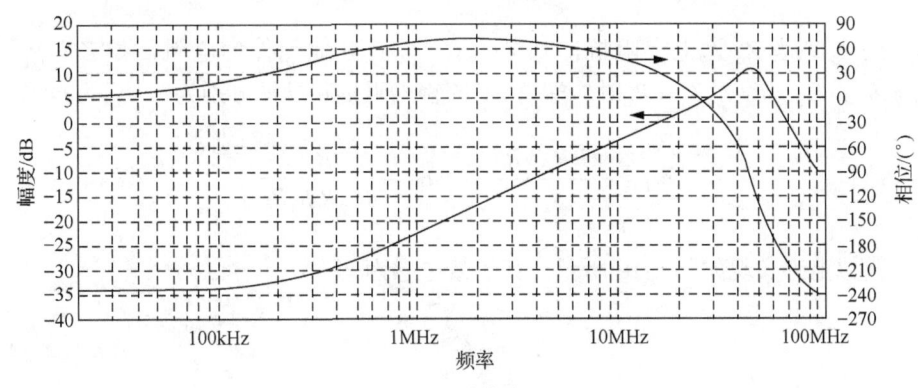

（b）波特图

图 4-17　基于运算放大器实现 $s^{0.9}$ 分数阶器件

4.4.2 基于回转器实现分数阶阻抗

回转器电路在有源 *RC* 滤波器中具有广泛应用，可以用来实现模拟电感和频变负电阻。由两个运算放大器组成的回转器如图 4-18 所示。

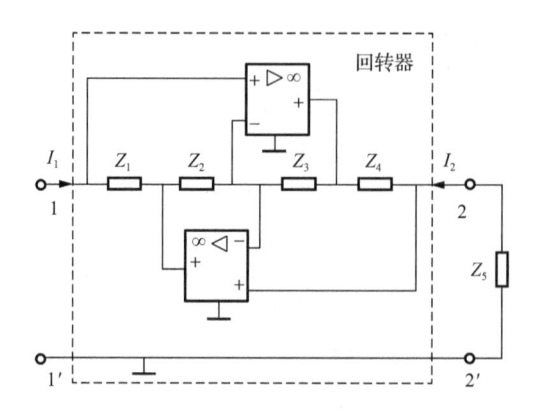

图 4-18 由运算放大器组成的回转器电路

假设运算放大器的增益为无穷大，则此二端口网络的方程为

$$\begin{bmatrix} U_1 \\ I_1 \end{bmatrix} = \begin{bmatrix} 1 & 0 \\ 0 & \dfrac{Z_2 Z_4}{Z_1 Z_3} \end{bmatrix} \begin{bmatrix} U_2 \\ -I_2 \end{bmatrix}$$

假设图 4-18 端口 2-2' 接入阻抗 Z_5，则端口 1-1' 的输入阻抗和导纳分别为

$$Z_{1d} = \frac{Z_1 Z_3 Z_5}{Z_2 Z_4}, \qquad Y_{1d} = \frac{Y_1 Y_3 Y_5}{Y_2 Y_4}$$

当 Z_2 或者 Z_4 为电容阻抗，如 $Z_2 = sC_2$，且其他元件为电阻，如 $Z_1 = R_1$、$Z_3 = R_3$、$Z_4 = R_4$、$Z_5 = R_5$ 时，端口 1-1' 的输入阻抗和导纳分别为

$$Z_{1d} = \frac{sC_2 R_1 R_3 R_5}{R_4}, \qquad Y_{1d} = \frac{R_4}{sC_2 R_1 R_3 R_5}$$

模拟电感实现如图 4-19 所示，其等效电感为

$$L_{eq} = \frac{C_2 R_1 R_3 R_5}{R_4} \tag{4-34}$$

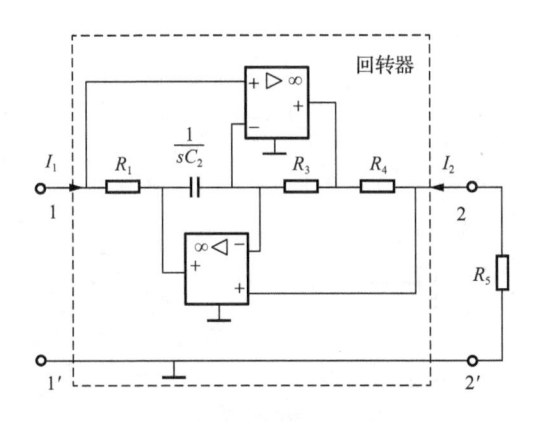

图 4-19 基于回转器电路实现模拟电感

根据 4.3.3 节的图 4-14（b），利用连分式展开近似，在实现 $s^{0.9}$ 时用到了三个电感，分别为 40.9μH、12.7μH 和 11.4μH。如果不想用电感元件，那么可以利用回转器模拟实现电感。但是应该注意到，这三个电感都是浮地电感。因此三个电感对应的三个回转器内部运算放大器的地是不相同的。利用回转器实现这三个电感对应的电路元件参数如表 4-5 所示。

表 4-5 利用图 4-19 回转器实现不同电感时对应的电路元件参数

L_{eq}	R_1	R_3	R_4	R_5	C_2
40.9μH	100Ω	100Ω	100kΩ	100Ω	4μF
12.7μH	100Ω	100Ω	10kΩ	10Ω	1.3μF
11.4μH	10Ω	10Ω	100Ω	10Ω	1.1μF

根据表 4-5 中的电路参数，基于图 4-19 的回转器电路实现模拟电感元件。图 4-20（a）和图 4-20（c）分别给出了基于回转器实现不同模拟电感的 RLC 电路仿真原理图，$L_{eq}=40.9μH$ 和 $L_{eq}=11.4μH$。其中运算放大器型号为 AD8039，电阻 $R=100Ω$，$C=10μF$，模拟电感对应的参数见表 4-5。

与理想电感 RLC 串联电路波特图进行对比发现，由回转器组成的模拟电感可以在一定频率范围内模拟实际电感特性。模拟电感对应的电阻值和运算放大器将会影响模拟电感的工作特性。例如，图 4-20（b）和图 4-20（d）分别给出了基于回转器模拟不同电感的 RLC 电路的波特图。由图 4-20（b）可见，回转器模拟电感电路的电流幅频特性在 100kHz 以内比较接近实际 RLC 电路特性，超过该频率后，会有较大衰减。在图 4-20（d）中，模拟电感 RLC 电路电流的幅频特性在 400kHz 以内比较接近实际 RLC 电路特性，超过该频率后，会有较大衰减。

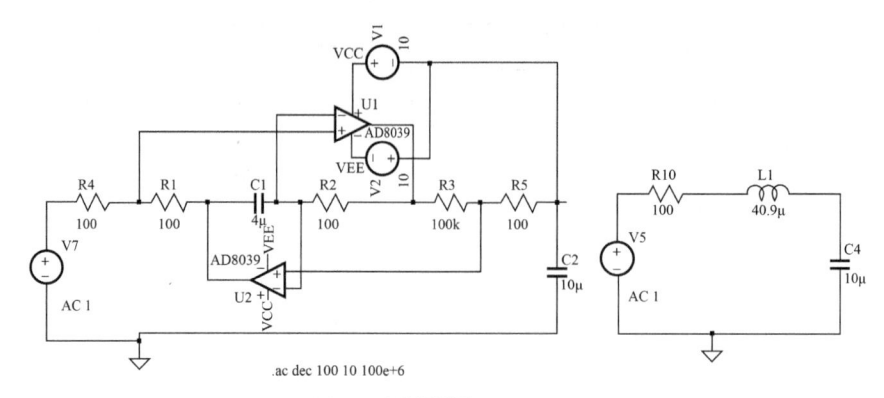

（a）RLC电路原理图（L_{eq}=40.9μH）

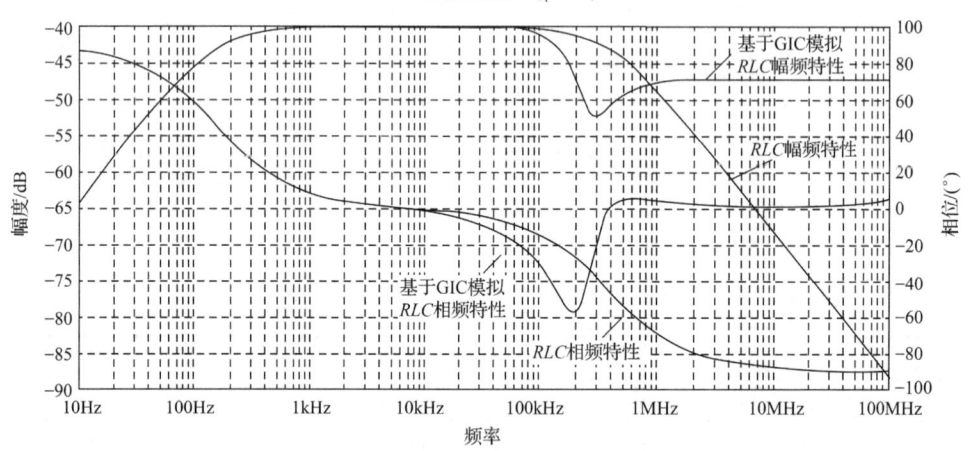

（b）RLC电路波特图（L_{eq}=40.9μH）

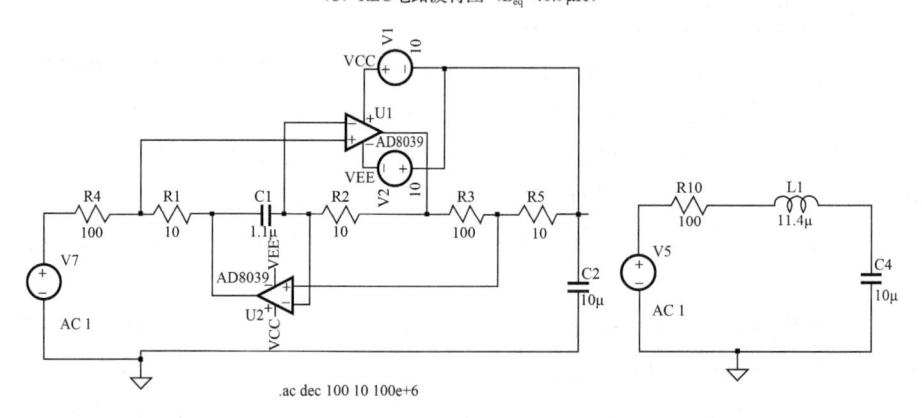

（c）RLC电路原理图（L_{eq}=11.4μH）

（d）RLC电路波特图（$L_{eq}=11.4\mu H$）

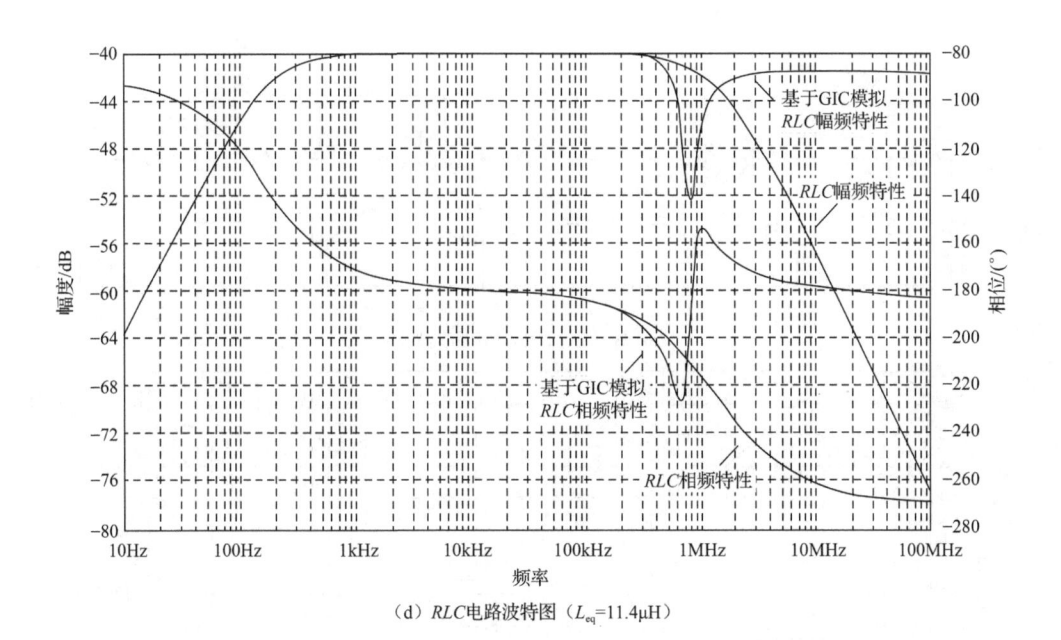

图 4-20 基于回转器模拟电感实现 RLC 电路的原理图和波特图

在 4.3.1 节中介绍了利用三阶牛顿近似法近似实现分数阶阻抗。$s^{-\frac{1}{3}}$ 分数阶阻抗二次迭代的近似实现电路如图 4-9（b）所示。该电路包含若干电阻和电容元件，以及一个电感元件（$L=0.1003H$）。因此，可以利用回转器实现该电感元件，从而得到相应的近似分数阶阻抗。

若利用回转器模拟实现该电感元件，如图 4-19 所示。根据式（4-34），得到相应的等效电感电路的参数，如 $R_1=100\Omega$，$R_3=100\Omega$，$R_4=10\Omega$，$R_5=100\Omega$，$C=1\mu F$。在此基础上，基于回转器的 $s^{-\frac{1}{3}}$ 分数阶阻抗的归一化近似实现电路如图 4-21（a）所示，相应的分数阶阻抗的波特图如图 4-21（b）所示。对比图 4-21（b）和图 4-9（d）的波特图，基于回转器模拟电感与直接利用电感都可以较好地近似实现分数阶阻抗。

如果需要调整电路工作频率，那么必须进行去归一化处理。假设归一化比例因子 $z_N=10^3\Omega$，$\omega_N=1\times10^6 rad/s$。根据式（4-1），$R=R_N z_N$，$C=C_N/(\omega_N z_N)$，$L=\dfrac{L_N z_N}{\omega_N}$。去归一化后的电路参数如图 4-21（c）所示，电感元件参数由 0.1003H 变化为 0.1mH。若利用回转器模拟实现该电感元件，根据式（4-34），模拟电感电路的各个电阻和电容参数如图 4-21（d）所示。此时分数阶阻抗 $s^{-\frac{1}{3}}$ 的波特图如图 4-21（e）所示。

（a）归一化近似分数阶阻抗电路图

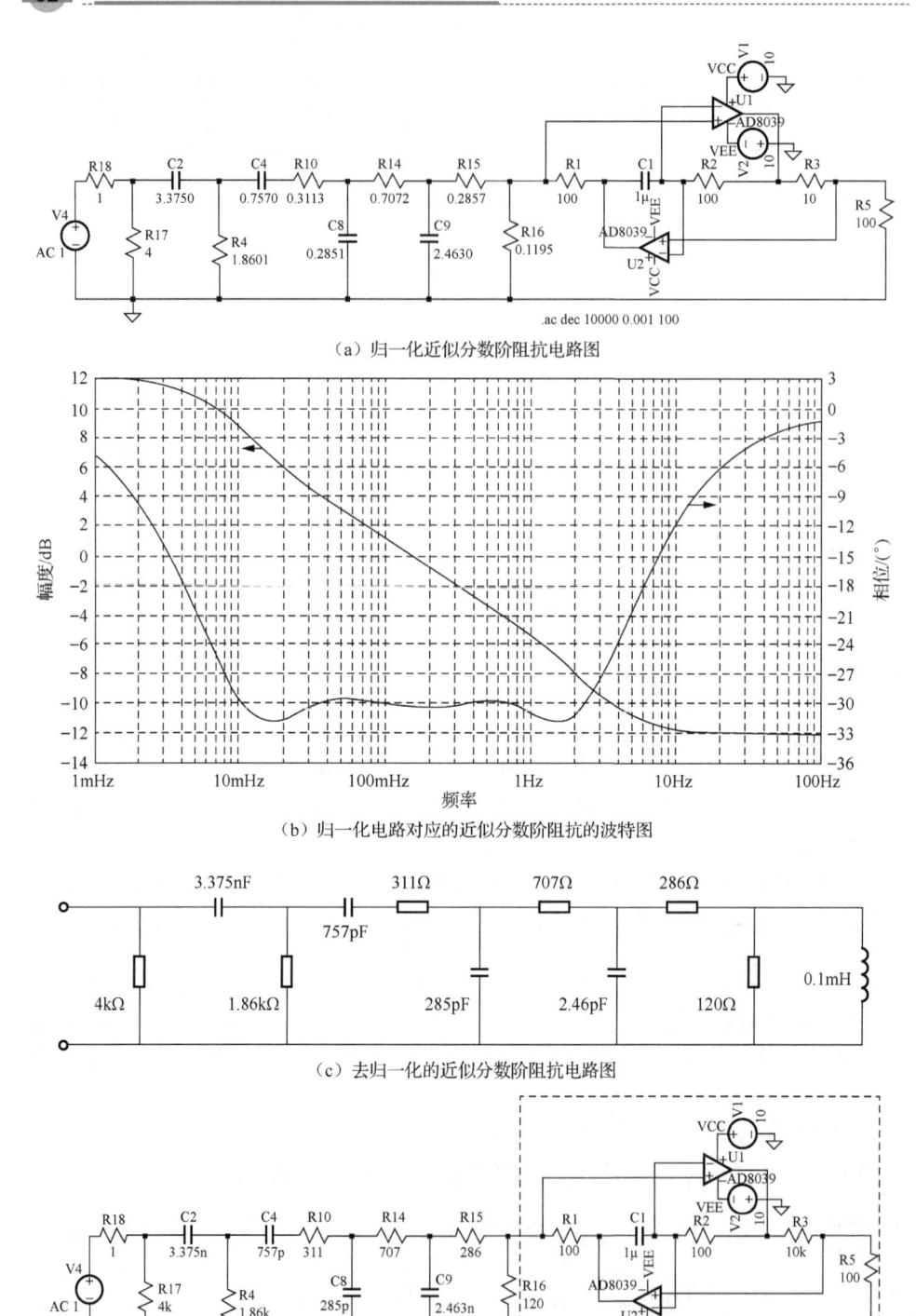

（b）归一化电路对应的近似分数阶阻抗的波特图

（c）去归一化的近似分数阶阻抗电路图

（d）基于回转器近似实现去归一化的分数阶阻抗的电路图

第 4 章　分数阶电路阻抗的模拟实现

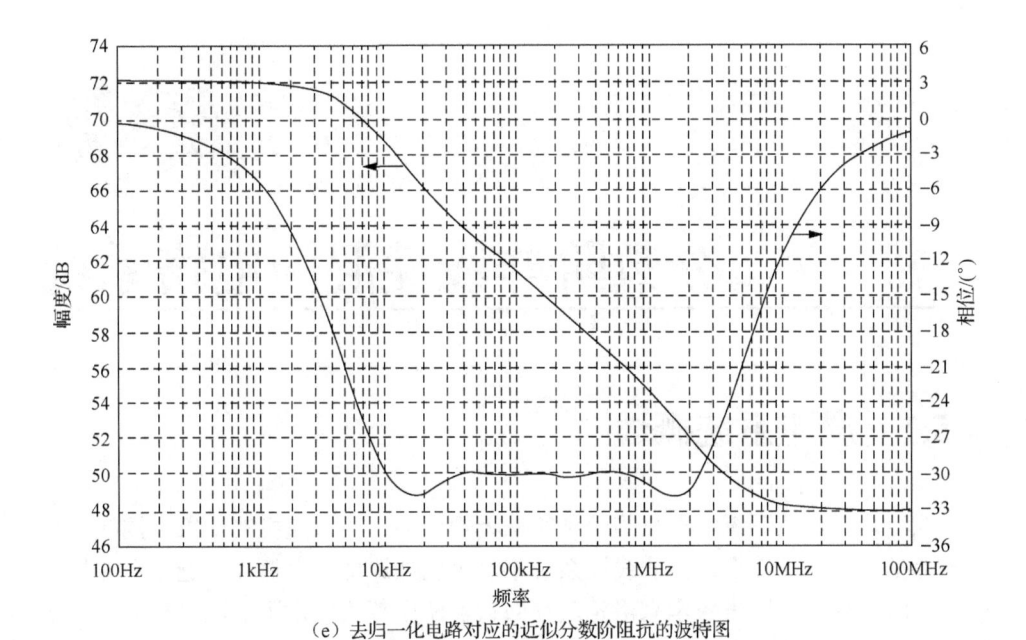

（e）去归一化电路对应的近似分数阶阻抗的波特图

图 4-21　基于回转器模拟电感实现 $s^{-\frac{1}{3}}$ 分数阶阻抗

第 5 章

分数阶非线性混沌电路系统

■ 5.1 混沌系统概述

　　混沌是确定性系统中存在的一种貌似无规则的、类似随机的现象。混沌系统本质上是一种非线性系统。非线性系统不满足叠加原理,自然界普遍存在非线性现象。1963 年,美国气象学家洛伦茨在数值实验中首次发现了混沌系统演化对初始状态的敏感依赖性,提出在确定性系统中有时会表现出随机行为,从而打破了拉普拉斯的决定论,揭开了混沌系统研究的序幕。

　　20 世纪 70 年代是混沌科学发展的辉煌时期。1975 年,Li 等[36]在著名论文《周期 3 意味着混沌》中给出了闭区间上连续映射的混沌定义,深刻揭示了从有序到混沌的演变过程,并在文中第一次提出"混沌"这个名词,为这一研究领域确立了 个核心概念。1976 年,May[37]在 *Nature*(《自然》)杂志上发表的文章表明,简单的确定性的模型逻辑斯谛映射(logistic map)可以产生类似随机的行为。Henon[38]通过简化洛伦茨方程(Lorenz equation),构造了在一次迭代中折叠、收缩和转向而得的含奇怪吸引子的埃农映射,发现埃农吸引子是一条无限长的不封闭的曲线,具有自相似性,这揭示了混沌几何结构的另一特性。1978 年,美国物理学家 Feigenbaum[39]在《统计物理杂志》上发表了关于普适性的文章《一类非线性变换的定量普适性》,通过数值实验揭示了一维映射的普适常数。普适性的研究确定了混沌科学的坚固地位。

　　20 世纪 80 年代,混沌系统的研究得到了进一步发展。人们研究了大量由微分方程描述的系统的混沌现象,揭示并验证了各种混沌特性。李雅普诺夫(Lyapunov)指数、分数维、吸引子等一系列刻画混沌的概念先后被确定下来。这一时期,人们开始通过实验来研究混沌问题,其中,由蔡绍棠(L. O. Chua)教授构造的"蔡氏电路"(Chua's circuit)成为混沌非线性电路研究的典范[40]。

　　20 世纪 90 年代以来,混沌系统研究与其他学科的发展相互渗透,并在通信、数据加密、信息处理等许多领域得到了广泛的应用。这些应用使得混沌研究从原来单一的对混沌系统的认识逐步拓展到关于混沌系统的产生、控制和利用[41]。混沌系统的控制与同步研究成为混沌系统应用研究的一个热点。同时，人们还通过各种数值仿真和实验相继发现了许多新颖的混沌系统[42-45]。这些系统的提出，一方面有利于理解非线性动力系统的复杂行为，另一方面也为混沌在信息处理、保密通信等工程技术领域的应用提供了支持，具有十分重要的意义。

混沌系统定义和判断方法有很多种[4]，如：①一个具有至少一个正的Lyapunov指数的系统是混沌的；②一个具有正的熵值的系统是混沌的；③若一个系统可以等效为双曲的或者阿诺索夫（Anosov）系统，该系统是混沌的。这些判断方法中的一个共同之处在于，在初始靠近的轨道中存在局部的不稳定和发散。同时，这些定义和判断方法并不是完全等效的[4]。

混沌系统一般可以用包含非线性关系的微分方程描述。如果用分数阶微分算子替换整数阶微分算子，就可以得到分数阶非线性混沌系统。例如，文献[4]介绍了分数阶蔡氏振荡、基于忆阻器的分数阶蔡氏振荡、分数阶达芬（Duffing）振荡、分数阶洛伦茨系统、分数阶陈（Chen）系统、分数阶勒斯勒（Rössler）系统、分数阶经济系统、分数阶细胞神经网络等具有混沌特征的动力学系统。在引入分数阶微积分算子后，这些混沌系统的动力学特性会更加丰富，因此引起了国内外学者的广泛关注[4,30-31]。

5.2 分数阶蔡氏电路

蔡氏电路在非线性电路理论以及混沌理论的研究中占有极为重要的地位。蔡氏电路结构非常简单，而且混沌现象十分丰富，因此常被用来作为混沌研究的范例。本节将以蔡氏电路为基础，研究分数阶蔡氏电路的动力学特性和电路实现方案。

5.2.1 经典蔡氏电路

蔡氏电路包含两个电容、一个电感、一个电阻，以及一个三分段奇对称非线性电阻（蔡氏二极管）。蔡氏电路如图5-1所示，其状态方程为

$$\begin{cases} \dfrac{\mathrm{d}u_1}{\mathrm{d}t} = \dfrac{1}{RC_1}(u_2 - u_1) - \dfrac{1}{C_1}i(u_1) \\ \dfrac{\mathrm{d}u_2}{\mathrm{d}t} = \dfrac{1}{RC_2}(u_1 - u_2) + \dfrac{1}{C_2}i_L \\ \dfrac{\mathrm{d}i_L}{\mathrm{d}t} = -\dfrac{1}{L}u_2 - \dfrac{R_0}{L}i_L \end{cases}$$

其中，u_1、u_2 和 i_L 分别为电容 C_1 和 C_2 两端电压和流过电感 L 的电流，$i(u_1)$ 为流过非线性电阻的电流，其表达形式如下：

$$i(u_1) = G_b u_1 + \frac{1}{2}(G_a - G_b)\left(|u_1 + E| - |u_1 - E|\right)$$

其中，G_a 和 G_b 为非线性特性曲线的斜率，E 为转折点的电压，如图 5-2 所示。

非线性电阻的电路实现如图 5-1（b）虚框内电路[46]，在具体电路实现中取 $L = 22.5\text{mH}$，$C_1 = 10\text{nF}$，$C_2 = 100\text{nF}$，R 为 0～2kΩ 可调电阻，$R_0 = 2\Omega$ 为实际电感的电阻值，$R_1 = 3\text{k}\Omega$，$R_2 = R_3 = 20\text{k}\Omega$，$R_4 = 1\text{k}\Omega$，$R_5 = R_6 = 100\Omega$。

（a）电路原理图

（b）非线性电阻的实现电路

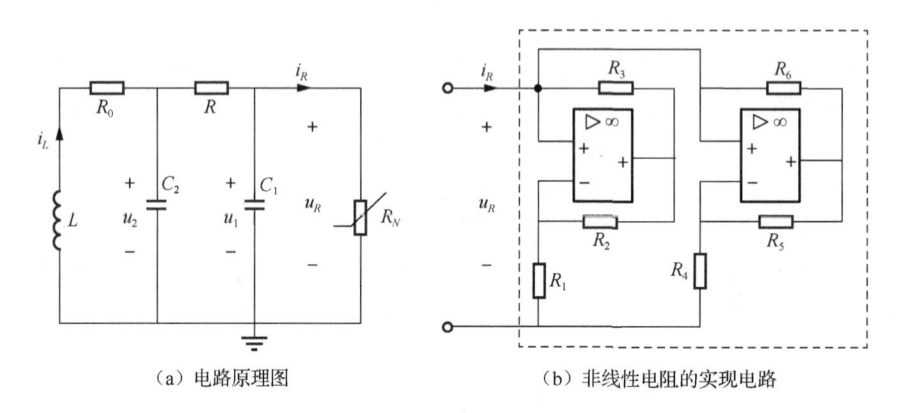

图 5-1 蔡氏电路

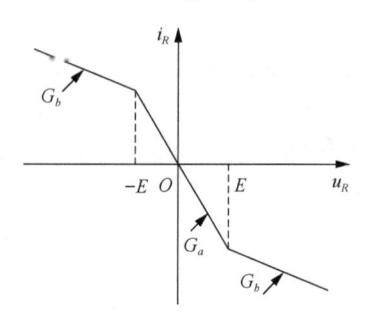

图 5-2 蔡氏电路非线性电阻特性曲线

根据图 5-1（b）给出的非线性电阻的实现形式，非线性特性中的参数可以按照如下公式计算：

$$E = \frac{R_1}{R_1 + R_2} U_{\text{sat}} \tag{5-1}$$

$$G_a = -\frac{1}{R_1} - \frac{1}{R_4} \tag{5-2}$$

$$G_b = \frac{1}{R_3} - \frac{1}{R_4} \tag{5-3}$$

其中，U_{sat} 为饱和电压。

调节参数 R 的值，蔡氏电路随参数 R 的变化发生霍普夫（Hopf）分岔，逐次出现直流平衡点、倍周期分岔、单螺旋吸引子、周期窗、双涡卷吸引子和边界破裂等[46]。蔡氏电路混沌吸引子如图 5-3 所示。

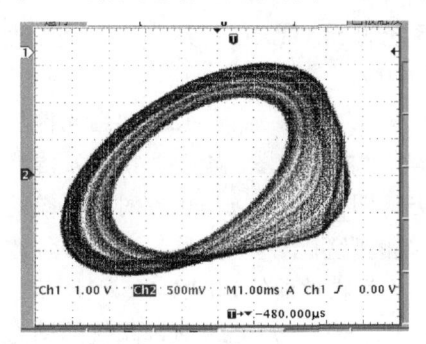

（a）单螺旋吸引子（$R=1755\Omega$）　　　　（b）双涡卷吸引子（$R=1550\Omega$）

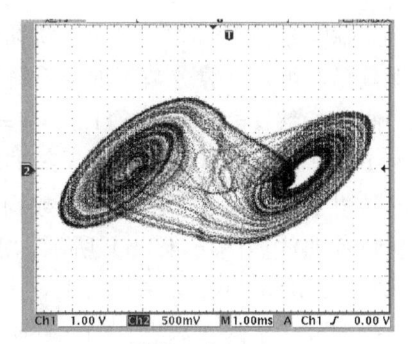

图 5-3　蔡氏电路混沌吸引子[47]

5.2.2　分数阶蔡氏电路分析

考虑电感和电容器件的分数阶特性，蔡氏电路模型可以利用分数阶微分方程组进行描述。假设图 5-1（a）中蔡氏电路的电容 C_1 的阶数为 q_1，$0 < q_1 \leqslant 1$；电容 C_2 的阶数为 q_2，$0 < q_2 \leqslant 1$；电感 L 的阶数为 q_3，$0 < q_3 \leqslant 1$。依据基尔霍夫定律，对图 5-1（a）电路列写状态方程如下：

$$\begin{cases} {}_0D_t^{q_1} u_1(t) = \dfrac{1}{RC_1}(u_2 - u_1) - \dfrac{1}{C_1} i(u_1) \\ {}_0D_t^{q_2} u_2(t) = \dfrac{1}{RC_2}(u_1 - u_2) + \dfrac{1}{C_2} i_L \\ {}_0D_t^{q_3} i_L(t) = -\dfrac{1}{L} u_2 - \dfrac{R_0}{L} i_L \end{cases} \tag{5-4}$$

其中，u_1、u_2 和 i_L 分别为图 5-1（a）中 C_1 和 C_2 两端电压和流过电感 L 的电流，$i(u_1)$ 为流过非线性电阻的电流，满足如下公式：

$$i(u_1) = G_b u_1 + \frac{1}{2}(G_a - G_b)(|u_1 + E| - |u_1 - E|) \tag{5-5}$$

通过进行归一化处理，即取 $x = u_1/E$，$y = u_2/E$，$z = i_L R/E$，$\alpha = C_2/C_1$，$\beta = C_2 R^2/L$，$\gamma = C_2 R R_0/L$，$m_1 = RG_b$，$m_0 = RG_a$，$\tau = t/|1/RC_2|$，式（5-4）可

以转化为如下形式[48]：

$$\begin{cases} {}_0D_t^{q_1}x(t) = \alpha(y(t)-x(t)-f(x)) \\ {}_0D_t^{q_2}y(t) = x(t)-y(t)+z(t) \\ {}_0D_t^{q_3}z(t) = -\beta y(t)-\gamma z(t) \end{cases} \quad (5\text{-}6)$$

其中，$f(x)=m_1 x(t)+\dfrac{1}{2}(m_0-m_1)\times(|x(t)+1|-|x(t)-1|)$。

文献[4]的附录提供了计算分数阶混沌系统的 MATLAB 工具箱。基于文献[4]的工具箱，可以计算分数阶混沌系统的动态响应。

假设参数 $\alpha=10$，$\beta=11.8$，$\gamma=0.2$，$m_1=-0.8$，$m_0=-1.23$。当元件阶数均为 1，即 $q_1=q_2=q_3=1$ 时，系统的动力学特性曲线如图 5-4（a）所示，混沌系统的吸引子为双涡卷。当元件阶数均为 0.95，即 $q_1=q_2=q_3=0.95$ 时，系统的动力学特性曲线如图 5-4（b）所示，混沌系统的吸引子为单涡卷。当元件阶数为 $q_1=0.85$、$q_2=0.9$、$q_3=0.95$ 时，系统的动力学特性曲线如图 5-4（c）所示，混沌系统的吸引子为双涡卷。当元件阶数为 $q_1=q_3=1$、$q_2=0.9$ 时，系统的动力学特性曲线如图 5-4（d）所示，混沌系统的吸引子为双涡卷。

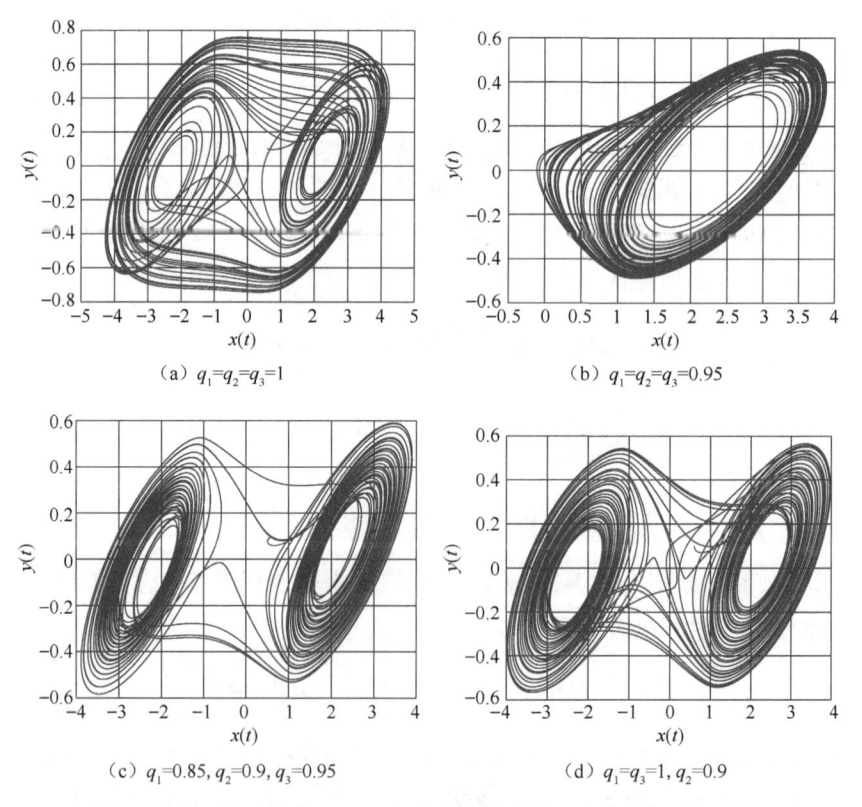

（a）$q_1=q_2=q_3=1$

（b）$q_1=q_2=q_3=0.95$

（c）$q_1=0.85, q_2=0.9, q_3=0.95$

（d）$q_1=q_3=1, q_2=0.9$

图 5-4　归一化系统式（5-6）对应的分数阶蔡氏电路的混沌吸引子

5.2.3 分数阶蔡氏电路的模拟实现

蔡氏电路的基本结构如图 5-1 所示。在进行整数阶蔡氏电路的模拟电路实现时，可选取图 5-1（a）中的电路参数如下：$L=18\text{mH}$，$C_1=10\text{nF}$，$C_2=75\text{nF}$，$R=1.5\text{k}\Omega$，$R_0=0.2\Omega$。为实现非线性电阻，根据式（5-1）~式（5-3），图 5-1（b）中元件参数如下：$R_1=3.3\text{k}\Omega$，$R_2=R_3=20\text{k}\Omega$，$R_4=2.4\text{k}\Omega$，$R_5=R_6=220\Omega$。

蔡氏电路原理图如图 5-5（a）所示，其仿真的混沌吸引子为单涡卷，如图 5-5（b）所示。在图 5-5（a）中，当电容 C_1 的值从 75nF 变化到 100nF 时，混沌吸引子由单涡卷变化为双涡卷，如图 5-5（c）所示。

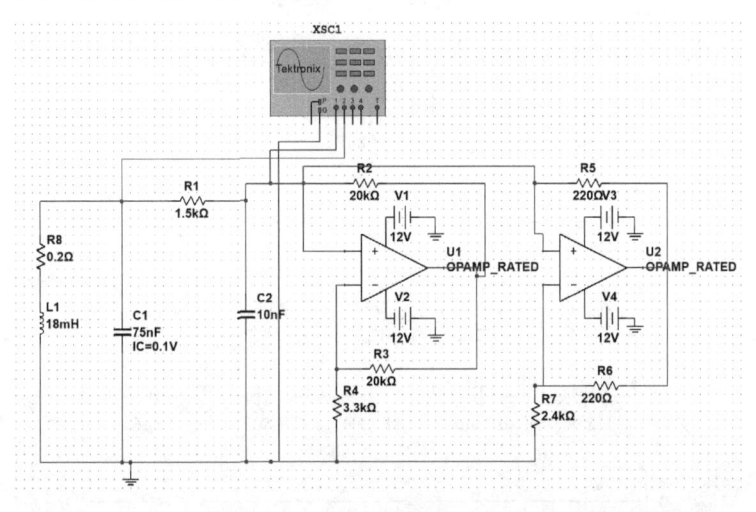

（a）电路原理图

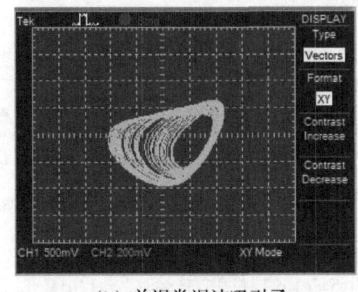

（b）单涡卷混沌吸引子 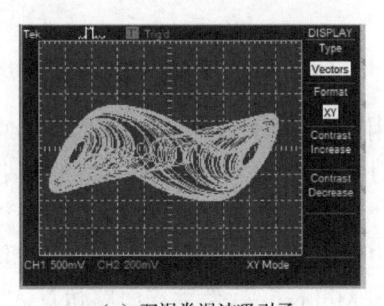　　　　　　　　（c）双涡卷混沌吸引子

图 5-5　蔡氏电路模拟实现

分数阶蔡氏电路的基本结构和整数阶蔡氏电路一致，如图 5-1 所示。在分数阶蔡氏电路中，存在分数阶电容或分数阶电感。假设图 5-1（a）中电容 C_2 为分数阶电容，其阶数为 0.9，电容系数 $C_{2,0.9}=1\mu\text{F}\cdot\text{s}^{0.9-1}$。根据 4.3.2 节奇异函数近似法，

近似实现 0.9 阶电容，最大误差为 1dB。由式（4-28），可以利用 Foster I 型来实现该分数阶阻抗，如图 5-6（a）所示。图 5-6（b）和图 5-6（c）分别给出了电容系数为 $C_{2,0.9}=75\text{nF}\cdot\text{s}^{0.9-1}$ 和 $C_{2,0.9}=100\text{nF}\cdot\text{s}^{0.9-1}$ 时 0.9 阶电容的近似电路。

（a）$C_{2,0.9}=1\mu\text{F}\cdot\text{s}^{0.9-1}$

（b）$C_{2,0.9}=75\text{nF}\cdot\text{s}^{0.9-1}$

（c）$C_{2,0.9}=100\text{nF}\cdot\text{s}^{0.9-1}$

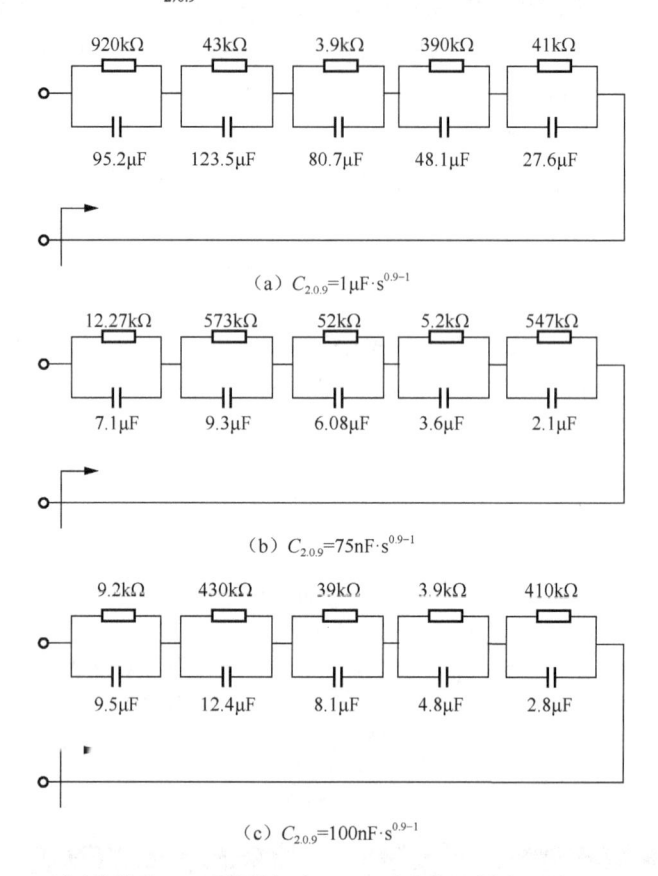

图 5-6　利用整数阶 RC 元件模拟实现 0.9 阶电容（最大误差 1dB，N=4）

利用图 5-6 中的 RC 网络模拟实现 0.9 阶分数阶电容 $C_{2,0.9}$。分数阶蔡氏电路可以分别利用图 5-7（a）和图 5-8（a）的电路进行模拟实现，其中，在图 5-7（a）中分数阶电容系数为 $C_{2,0.9}=100\text{nF}\cdot\text{s}^{0.9-1}$，在图 5-8（a）中该系数为 $C_{2,0.9}=75\text{nF}\cdot\text{s}^{0.9-1}$。分数阶电路中其他各元件的参数分别见图 5-7（a）和图 5-8（a）。

利用 Multisim 软件进行电路仿真。当图 5-7（a）中的电容 $C_1=16\text{nF}$ 时，u_{C1}-u_{C2} 相平面轨迹为单涡卷混沌吸引子；减小电容使 $C_1=10\text{nF}$ 时，u_{C1}-u_{C2} 相平面轨迹为双涡卷混沌吸引子。在图 5-8 中，当电容 $C_1=15\text{nF}$ 时，u_{C1}-u_{C2} 相平面轨迹为单涡卷混沌吸引子；减小 C_1 的值，当 $C_1=10\text{nF}$ 时，u_{C1}-u_{C2} 相平面轨迹为双涡卷混沌吸引子。

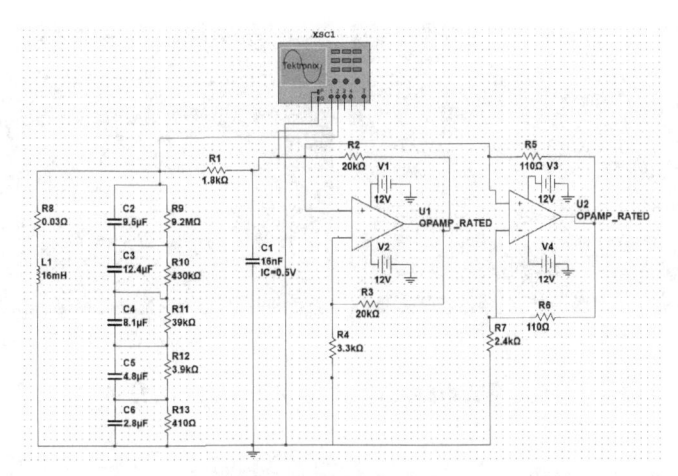

第 5 章　分数阶非线性混沌电路系统

（a）电路原理图

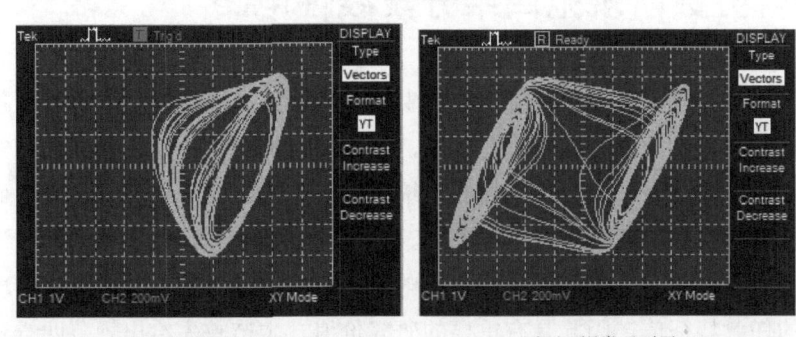

（b）u_{C_1}-u_{C_2} 平面单涡卷吸引子（C_1=16nF）　　（c）u_{C_1}-u_{C_2} 平面双涡卷吸引子（C_1=10nF）

图 5-7　分数阶蔡氏电路及其混沌吸引子（$C_{2,0.9}=100\text{nF}\cdot\text{s}^{0.9-1}$）

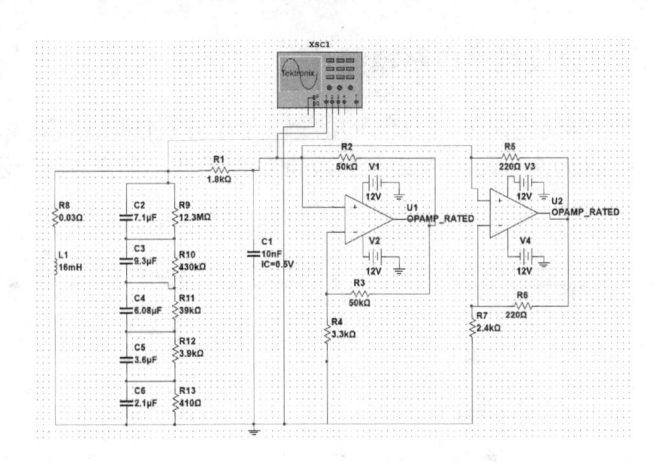

（a）电路原理图

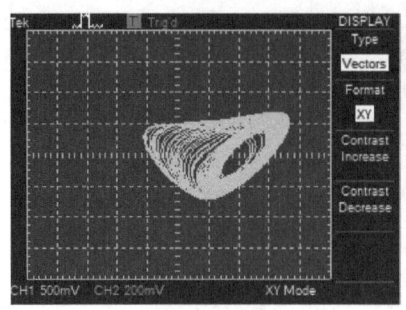

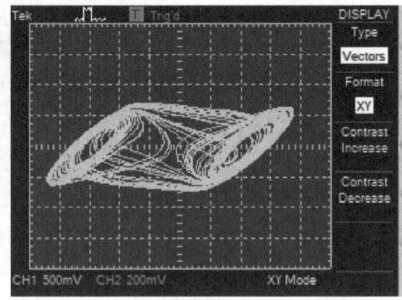

(b) u_{C_1}-u_{C_2} 平面单涡卷吸引子（C_1=15nF） (c) u_{C_1}-u_{C_2} 平面双涡卷吸引子（C_1=10nF）

图 5-8　分数阶蔡氏电路及其混沌吸引子（$C_{2,0.9} = 75\text{nF} \cdot \text{s}^{0.9-1}$）

■ 5.3　分数阶规范四维分段线性电路

一般而言，自治非线性系统能够产生混沌现象的最小阶数是 3 阶。而包含超混沌吸引子的相空间的维数至少是四维，因此超混沌现象一般在四维或四维以上系统中才能出现。包含分数阶元件的系统产生混沌的阶数可能小于 3 阶，而产生超混沌现象的系统阶数则可能小于 4 阶。

规范四维分段线性电路是高维蔡氏电路在四维的一个特例。它能够实现四维系统中的任意特征值，因此具有重要的研究价值。本节首先给出规范四维分段线性电路的形式和系统状态方程，以及电路元件参数和系统特征值之间的关系。在此基础上，整数阶电路元件参数可以根据系统的特征值参数来确定。

5.3.1　规范四维分段线性电路模型

规范四维分段线性电路采用一个分段线性元件与线性电路相连来实现，其中分段线性元件 N_R 可为两分段元件或三分段奇对称元件，如图 5-9 所示。

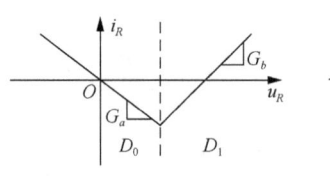

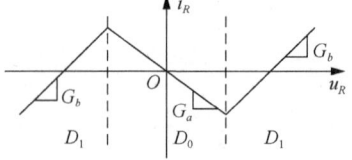

(a) 两分段元件特性　　　　(b) 三分段奇对称元件特性

图 5-9　分段线性元件 N_R 的特性

根据文献[19]，可以从该非线性元件中分离出一个值为 G_a 的线性电导，同时

第 5 章　分数阶非线性混沌电路系统

并入线性电路部分。此时的分段线性元件 N_R' 的特性如图 5-10 所示。在 D_0 区域内的电导值为 0，在 D_1 区域内的电导值为 $G_b' = G_b - G_a$，此值可正可负。

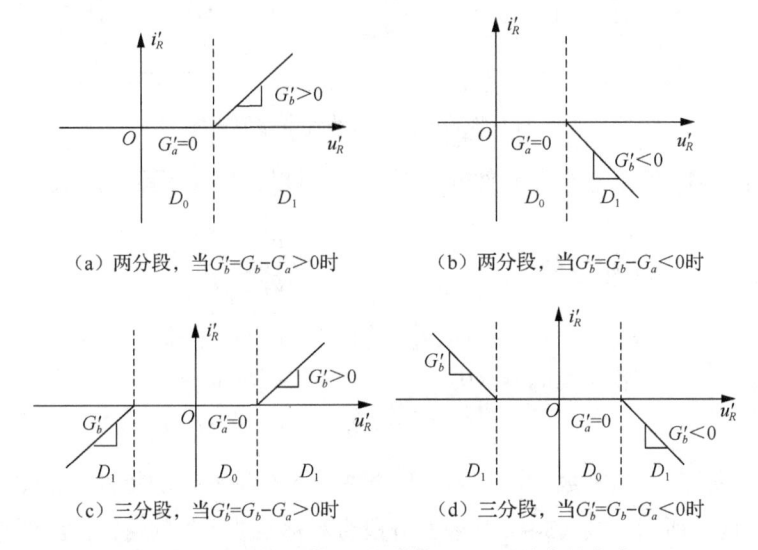

图 5-10　分段线性元件 N_R' 的特性（D_0 区域电导值为 0）

(a) 两分段，当 $G_b' = G_b - G_a > 0$ 时
(b) 两分段，当 $G_b' = G_b - G_a < 0$ 时
(c) 三分段，当 $G_b' = G_b - G_a > 0$ 时
(d) 三分段，当 $G_b' = G_b - G_a < 0$ 时

考虑到四维系统在 D_0 和 D_1 区域分别具有四个特征值，因此相应电路若要实现系统的任意特征值，则必须含有 8 个自由度。电路元件的参数至少有 9 个。四维系统含有 4 个储能元件，非线性元件含有 G_a 和 G_b 两个参数，因此电路中还需要有 3 个独立的电阻元件。

规范四维分段线性电路原理图如图 5-11 所示。电路包含两个电感和两个电容元件。根据图 5-11 列写系统状态方程如下：

$$\begin{cases} C_1 \dfrac{du_{C1}}{dt} = -G_a u_{C1} - i_{L1} - i_R' \\ C_2 \dfrac{du_{C2}}{dt} = -G_2 u_{C2} + i_{L1} - i_{L2} \\ L_1 \dfrac{di_{L1}}{dt} = u_{C1} - u_{C2} - R_1 i_{L1} \\ L_2 \dfrac{di_{L2}}{dt} = u_{C2} - i_{L2} R_2 \end{cases} \quad (5\text{-}7)$$

其中，u_{C1} 和 u_{C2} 分别为电容 C_1 和 C_2 上的电压，i_{L1} 和 i_{L2} 分别为流过电感 L_1 和 L_2 上的电流，i_R' 为非线性电阻 N_R' 上的电流。

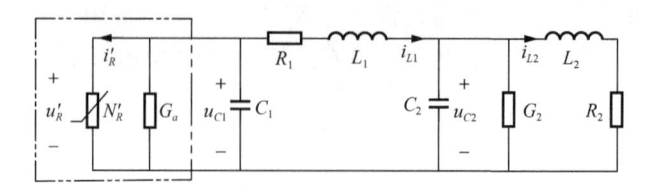

图 5-11 规范四维分段线性电路原理图

根据图 5-10 所示非线性元件 N'_R 的特性，可以得到如下两种形式：

$$i'_R = f(u'_R) = \begin{cases} 0, & u'_R < E \\ G'_b(u'_R - E), & u'_R \geqslant E \end{cases} \quad (5\text{-}8)$$

$$i'_R = f(u'_R) = \begin{cases} G'_b(u'_R - E), & u'_R \geqslant E \\ 0, & -E < u'_R < E \\ G'_b(u'_R + E), & u'_R \leqslant -E \end{cases} \quad (5\text{-}9)$$

其中，$u'_R = u_{C1}$，E 为常数。式（5-8）代表两分段线性元件的特性，如图 5-10（a）和图 5-10（b）所示。式（5-9）代表三分段奇对称线性元件的特性，如图 5-10（c）和图 5-10（d）所示。

为便于研究，对式（5-7）进行归一化处理，令 $x = \dfrac{u_{C1}}{E}$，$y = \dfrac{u_{C2}}{E}$，$z = \dfrac{\rho i_{L1}}{E}$，$v = \dfrac{\rho i_{L2}}{E}$，$t = \tau\theta$，$\tau = \sqrt{L_1 C_1}$，$\dot{u} = \dfrac{du}{d\theta}$，$\rho = \sqrt{\dfrac{L_1}{C_1}}$，$a = G_a\rho$，$b = G'_b\rho$，$c = G_2\rho$，$d = \dfrac{R_1}{\rho}$，$e = \dfrac{C_1}{C_2}$，$g = \dfrac{R_2}{\rho}$，$h = \dfrac{L_1}{L_2}$，则方程（5-7）可以写为如下形式：

$$\begin{cases} \dot{x} = -ax - z - f(x) \\ \dot{y} = e(-cy + z - v) \\ \dot{z} = x - y - dz \\ \dot{v} = h(y - gv) \end{cases} \quad (5\text{-}10)$$

其中，根据非线性函数的不同，$f(x)$ 可以分别写为如下两种形式：

$$f(x) = \begin{cases} 0, & x < 1 \\ b(x-1), & x \geqslant 1 \end{cases} \quad (5\text{-}11)$$

$$f(x) = \begin{cases} b(x-1), & x \geqslant 1 \\ 0, & -1 < x < 1 \\ b(x+1), & x \leqslant -1 \end{cases} \quad (5\text{-}12)$$

式（5-11）和式（5-12）为相应的分段线性函数。

假设图 5-11 中电容 C_1 的阶数为 q_1，$0 < q_1 \leqslant 1$；电容 C_2 的阶数为 q_2，$0 < q_2 \leqslant 1$；电感 L_1 的阶数为 q_3，$0 < q_3 \leqslant 1$；电感 L_2 的阶数为 q_4，$0 < q_4 \leqslant 1$。分数阶规范四维分段线性电路对应的系统状态方程可以写为如下形式：

$$\begin{cases} {}_0\mathrm{D}_t^{q_1} x(t) = -ax(t) - z(t) - f(x(t)) \\ {}_0\mathrm{D}_t^{q_2} y(t) = e(-cy(t) + z(t) - v(t)) \\ {}_0\mathrm{D}_t^{q_3} z(t) = x(t) - y(t) - dz(t) \\ {}_0\mathrm{D}_t^{q_4} v(t) = h(y(t) - gv(t)) \end{cases}$$

其中，$f(x)$ 如式（5-11）和式（5-12）所示。

5.3.2 电路参数与特征值的关系

混沌振荡可以由一个非线性元件与线性电路相连而得到。根据文献[49]，含有一个三分段奇对称非线性电阻元件的混沌电路可以分解为图 5-12(a)所示结构，其中 Y_A 为线性导纳，非线性电阻元件 N_R 的特性如图 5-12(b) 所示。

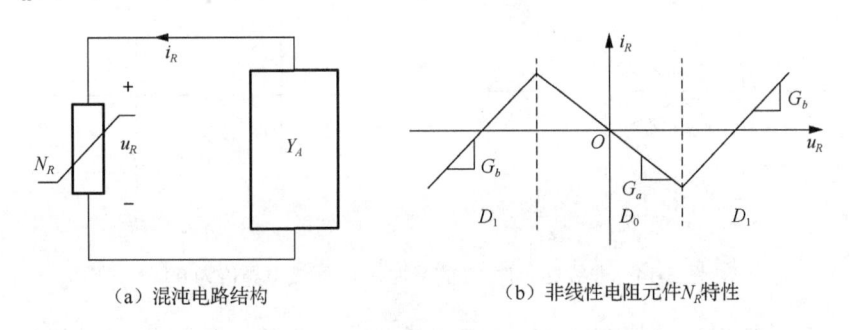

（a）混沌电路结构　　　　　　（b）非线性电阻元件N_R特性

图 5-12　含单一非线性电阻元件的混沌电路

假定采用非线性电阻元件 N_R，其特性如图 5-12（b）所示。在复频域内，对相应的小信号等效电路应用基尔霍夫电流定律。

在 D_0 区域有

$$Y_A(s) + G_a = 0 \tag{5-13}$$

在 D_1 区域有

$$Y_A(s) + G_b = 0 \tag{5-14}$$

其中，G_a 和 G_b 分别表示 D_0 和 D_1 区域内的小信号电导值，即特性曲线的斜率，s 为复频率，$Y_A(s)$ 为线性一端口的复频域导纳函数。

根据文献[50]，混沌电路中的非线性元件不一定要具有负的斜率。若从非线性电阻元件 N_R 中分离出一个值为 G_a 的线性电导，并将其并入线性电路部分，此

时的线性导纳记为 Y_A'，相应的非线性元件 N_R' 的特性如图 5-13 所示。在 D_0 区域内的电导值为 0，即 $G_a' = 0$；在 D_1 区域内的电导值为 $G_b' = G_b - G_a$。同理，若从非线性电阻元件 N_R 中分离出一个值为 G_b 的线性电导，并将其并入线性电路部分，此时的线性导纳记为 Y_A''，相应非线性元件 N_R'' 的特性如图 5-14 所示，在 D_1 区域内的电导值为 0，而在 D_0 区域内的电导值为 $G_a' = G_a - G_b$。

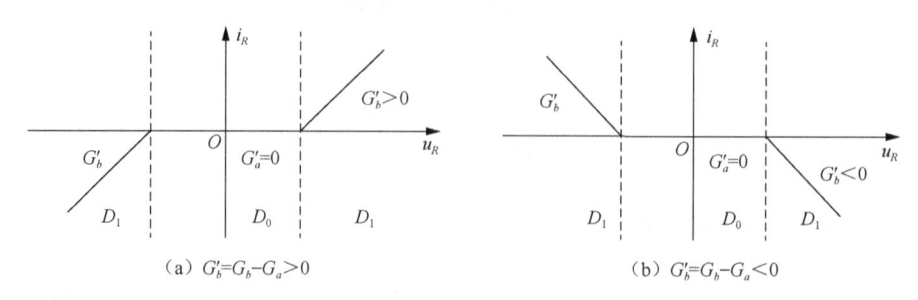

图 5-13 非线性元件 N_R' 的特性（D_0 区域电导值为 0）

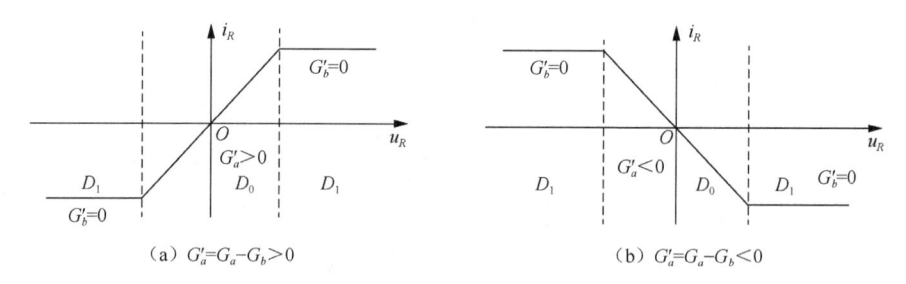

图 5-14 非线性元件 N_R'' 的特性（D_1 区域电导值为 0）

当 $G_a < G_b$ 时，若将 N_R 分解为 N_R' 与线性导纳 G_a 的并联形式，则相应的非线性元件 N_R' 不含有负的斜率；当 $G_a > G_b$ 时，若将 N_R 分解为 N_R'' 与线性导纳 G_b 的并联形式，相应的非线性元件 N_R'' 不含有负的斜率。由此可见，电路中的非线性元件不一定要具有负的斜率[47,50]。

含有一个非线性元件的混沌电路可以分解为非线性元件与线性一端口电路相连的形式。在非线性元件确定的情况下，相应混沌系统的电路综合问题可以转化为满足一定特征值要求的线性一端口电路的综合问题[47,49-50]。

假设非线性电路的结构如图 5-12（a）所示，并且相应的非线性元件的特性如图 5-13 所示，非线性元件在 D_0 区域的电导值 $G_a' = 0$，在 D_1 区域的电导值 G_b' 可正可负。

设 $Y_A(s) = \dfrac{N(s)}{D(s)}$，根据式（5-13）和式（5-14），得

$$N(s) = 0 \qquad (5\text{-}15)$$

$$N(s) + G_b'D(s) = 0 \tag{5-16}$$

式（5-15）和式（5-16）分别对应电路在 D_0 区域和 D_1 区域的特征多项式[50]。各区域特征多项式可以由各区域的特征值确定。假定在 D_0 区域和 D_1 区域的特征值分别为 μ_i 和 ν_i（$i=1,2,\cdots,n$），根据韦达（Vieta）公式[49]，可以得到整数阶系统对应的特征多项式 $F_0(s)$ 和 $F_1(s)$：

$$F_0(s) = s^n + \sum_{i=0}^{n-1} \alpha_i s^i = 0 \tag{5-17}$$

$$F_1(s) = s^n + \sum_{i=0}^{n-1} \beta_i s^i = 0 \tag{5-18}$$

其中，n 为正整数，$\alpha_{n-1} = -\sum_{i=1}^{n}\mu_i$，$\alpha_{n-2} = \sum_{\substack{i=1,j=2 \\ (i<j)}}^{n}\mu_i\mu_j$，$\alpha_{n-3} = -\sum_{\substack{i=1,j=2,k=3 \\ (i<j<k)}}^{n}\mu_i\mu_j\mu_k$，$\cdots$，

$\alpha_0 = (-1)^n\prod_{i=1}^{n}\mu_i$，$\beta_{n-1} = -\sum_{i=1}^{n}\nu_i$，$\beta_{n-2} = \sum_{\substack{i=1,j=2 \\ (i<j)}}^{n}\nu_i\nu_j$，$\beta_{n-3} = -\sum_{\substack{i=1,j=2,k=3 \\ (i<j<k)}}^{n}\nu_i\nu_j\nu_k$，$\cdots$，

$\beta_0 = (-1)^n\prod_{i=1}^{n}\nu_i$。

如果电路系统中包含分数阶元件，那么特征多项式为关于 s^α（$0<\alpha<1$）的函数 $F_0(s^\alpha)$ 和 $F_1(s^\alpha)$。关于分数阶系统网络函数的极点在 3.3.3 节有相关论述。

$$F_0(s^\alpha) = s^{\alpha n} + \sum_{i=0}^{n-1}\alpha_i(s^\alpha)^i = 0$$

$$F_0(s^\alpha) = s^{\alpha n} + \sum_{i=0}^{n-1}\beta_i(s^\alpha)^i = 0$$

其中，n 为正整数，系统各参数可以由式（5-17）、式（5-18）以及分数阶系统的特征值来确定。

式（5-15）和式（5-16）分别对应电路在 D_0 区域和 D_1 区域的特征多项式 $F_0(s)$ 和 $F_1(s)$[50]，即

$$N(s^\alpha) = F_0(s^\alpha) = s^{\alpha n} + \sum_{i=0}^{n-1}\alpha_i s^{\alpha i} \tag{5-19}$$

$$N(s^\alpha) + G_b'D(s^\alpha) = F_1(s^\alpha) = s^{\alpha n} + \sum_{i=0}^{n-1}\beta_i s^{\alpha i} \tag{5-20}$$

其中，$0<\alpha\leqslant 1$。根据式（5-19）和式（5-20），得到对应的一端口导纳函数如下：

$$Y_A(s^\alpha) = \frac{N(s^\alpha)}{D(s^\alpha)} = \frac{G'_b F_0(s^\alpha)}{F_1(s^\alpha) - F_0(s^\alpha)} = \frac{G'_b \left(s^{\alpha n} + \sum_{i=0}^{n-1} \alpha_i s^{\alpha i} \right)}{\sum_{i=0}^{n-1} (\beta_i - \alpha_i) s^{\alpha i}} \tag{5-21}$$

假设图 5-11 中电容 C_1 的阶数为 q_1，$0<q_1\leqslant 1$，电容值为 $C_{1,q1}$；电容 C_2 的阶数为 q_2，$0<q_2\leqslant 1$，电容值为 $C_{2,q2}$；电感 L_1 的阶数为 q_3，$0<q_3\leqslant 1$，电感值为 $L_{1,q3}$；电感 L_2 的阶数为 q_4，$0<q_4\leqslant 1$，电感值为 $L_{2,q4}$。根据图 5-11，分数阶规范四维分段线性电路的线性一端口导纳函数表达式为

$$Y(s) = G_a + C_{1,q1}s^{q_1} + \cfrac{1}{R_1 + L_{1,q3}s^{q_3} + \cfrac{1}{C_{2,q2}s^{q_2} + G_2 + \cfrac{1}{L_{2,q4}s^{q_4} + R_2}}} \tag{5-22}$$

根据式（5-21）和式（5-22）便可建立电路元件参数和特征值之间的关系。文献[47]给出了整数阶电路参数和特征值之间的关系。当 $q_1 = q_2 = q_3 = q_4 = 1$ 时，经整理、比较得

$$\frac{G'_b}{\beta_3 - \alpha_3} - C_1 = 0 \tag{5-23}$$

$$\frac{G'_b}{\beta_3 - \alpha_3}\alpha_3 - G_a - C_1\frac{\beta_2 - \alpha_2}{\beta_3 - \alpha_3} = 0 \tag{5-24}$$

$$\frac{G'_b}{\beta_3 - \alpha_3}\alpha_2 - G_a\frac{\beta_2 - \alpha_2}{\beta_3 - \alpha_3} - C_1\frac{\beta_1 - \alpha_1}{\beta_3 - \alpha_3} = \frac{1}{L_1} \tag{5-25}$$

$$\frac{G'_b}{\beta_3 - \alpha_3}\alpha_1 - G_a\frac{\beta_1 - \alpha_1}{\beta_3 - \alpha_3} - C_1\frac{\beta_0 - \alpha_0}{\beta_3 - \alpha_3} = \frac{1}{L_1}\left(\frac{R_2}{L_2} + \frac{G_2}{C_2}\right) \tag{5-26}$$

$$\frac{G'_b}{\beta_3 - \alpha_3}\alpha_0 - G_a\frac{\beta_0 - \alpha_0}{\beta_3 - \alpha_3} = \frac{G_2 R_2 + 1}{C_2 L_2 L_1} \tag{5-27}$$

$$\frac{\beta_2 - \alpha_2}{\beta_3 - \alpha_3} = \frac{R_1}{L_1} + \frac{R_2}{L_2} + \frac{G_2}{C_2} \tag{5-28}$$

$$\frac{\beta_1 - \alpha_1}{\beta_3 - \alpha_3} = \frac{R_1}{L_1}\left(\frac{R_2}{L_2} + \frac{G_2}{C_2}\right) + \frac{R_2 G_2}{L_2 C_2} + \frac{1}{L_2 C_2} + \frac{1}{L_1 C_2} \tag{5-29}$$

$$\frac{\beta_0 - \alpha_0}{\beta_3 - \alpha_3} = \frac{R_1 + R_2}{L_1 L_2 C_2} + \frac{R_1 R_2 G_2}{L_1 L_2 C_2} \tag{5-30}$$

因为系统参数有 9 个变量，受 8 个方程的约束，因此可以任意指定一个参数值，例如取 C_1 为已知，且令

$$C_1 = 1 \tag{5-31}$$

根据式（5-23）得

$$G_b' = C_1(\beta_3 - \alpha_3) \tag{5-32}$$

将式（5-32）代入式（5-24）得

$$G_a = C_1\left(\alpha_3 - \frac{\beta_2 - \alpha_2}{\beta_3 - \alpha_3}\right) \tag{5-33}$$

由式（5-25）得

$$L_1 = \frac{1}{C_1\alpha_2 - G_a\dfrac{\beta_2 - \alpha_2}{\beta_3 - \alpha_3} - C_1\dfrac{\beta_1 - \alpha_1}{\beta_3 - \alpha_3}} \tag{5-34}$$

根据式（5-26）和式（5-27），令

$$\frac{R_2}{L_2} + \frac{G_2}{C_2} = L_1\left(C_1\alpha_1 - G_a\frac{\beta_1 - \alpha_1}{\beta_3 - \alpha_3} - C_1\frac{\beta_0 - \alpha_0}{\beta_3 - \alpha_3}\right) = k \tag{5-35}$$

$$\frac{G_2 R_2}{C_2 L_2} + \frac{1}{L_2 C_2} = L_1\left(C_1\alpha_0 - G_a\frac{\beta_0 - \alpha_0}{\beta_3 - \alpha_3}\right) = p \tag{5-36}$$

由式（5-28）得

$$R_1 = L_1\left(\frac{\beta_2 - \alpha_2}{\beta_3 - \alpha_3} - k\right) \tag{5-37}$$

由式（5-29）得

$$C_2 = \frac{1}{L_1\left(\dfrac{\beta_1 - \alpha_1}{\beta_3 - \alpha_3} - \dfrac{R_1}{L_1}k - p\right)} \tag{5-38}$$

根据式（5-30）和式（5-36），令

$$\frac{R_2}{L_2} = \left(\frac{\beta_0 - \alpha_0}{\beta_3 - \alpha_3} - \frac{R_1}{L_1}p\right)L_1 C_2 = m \tag{5-39}$$

将式（5-39）代入式（5-35），得

$$G_2 = C_2(k - m) \tag{5-40}$$

由式（5-36）、式（5-38）和式（5-39），得

$$L_2 = \frac{1}{C_2(p-(k-m)m)} \tag{5-41}$$

$$R_2 = mL_2 \tag{5-42}$$

综上，式（5-31）～式（5-42）给出了由给定特征值来计算整数阶电路元件参数的表达式。为了不使电路参数趋于无穷，要求 $\beta_3 \neq \alpha_3$。但是当 $\beta_3 = \alpha_3$ 时，对于一组给定的特征值，在不改变系统动态特性的情况下，可以研究其某一个特征值有小的扰动时的情况。对于分数阶电路，可以根据式（5-21）和式（5-22）建立电路元件参数和分数阶系统特征值之间的关系。

5.3.3 电路不同特征值对应的混沌吸引子

不同特征值参数对应了不同类型的混沌吸引子。文献[47]根据特征值空间参数给出了整数阶规范四维分段线性电路的参数和归一化系统参数，见表 5-1 和表 5-2。表 5-1 和表 5-2 分别给出了元件为三分段时（图 5-13 和图 5-14）和两分段时 [图 5-10（a）和图 5-10（b）] 的参数及对应相图。图 5-15～图 5-24 分别给出了规范四维分段线性电路系统中非线性元件为三分段和两分段非线性元件时，对应不同特征值的超混沌/混沌吸引子相图。

表 5-1　整数阶规范四维分段线性电路系统（三分段元件）对应不同特征值时的参数及相图

组	三分段元件对应的特征值 区域	规范四维分段线性电路的参数值（$C_1=1$）	归一化系统式（5-10）的参数值	Lyapunov 指数值	相图
1	D_0：$0.5 \pm 0.08j$, $-0.05 \pm 10j$	$G_a = 2.6629$, $G'_b = 49.07$, $L_1 = 0.0111$, $R_1 = -0.0210$, $C_2 = 5.7493$, $G_2 = -9.6549$, $L_2 = 0.5508$, $R_2 = 0.0072$	$a = 0.2800$, $b = 5.1593$, $c = -1.0151$, $e = 0.1739$, $d = -0.1994$, $g = 0.0687$, $h = 0.0201$	0.055, 0.007, 0.000, -2.403	图 5-15
	D_1：$-50, -0.01$, $0.92 \pm 4j$				
2	D_0：$0.1 \pm 5j$, $0.85 \pm 0.5j$	$G_a = -0.7675$, $G'_b = 58.94$, $L_1 = 0.1027$, $R_1 = -0.1914$, $C_2 = 0.5264$, $G_2 = -1.2579$, $L_2 = -1.5072$, $R_2 = -0.6127$	$b = 10.6704$, $c = -0.7509$, $c = -0.4031$, $e = 1.8999$, $g = -0.0181$, $g = -1.9120$, $h = 0.0681$	0.081, 0.032, 0.000, -8.929	图 5-16
	D_1：$-58, 0.2$, $0.28 \pm 3.86j$				
3	D_0：$0.5 \pm 0.2j$, $-0.05 \pm 10j$	$G_a = -0.7469$, $G'_b = 17.70$, $L_1 = 0.0178$, $R_1 = 0.1201$, $C_2 = 0.6549$, $G_2 = -6.6997$, $L_2 = 0.0391$, $R_2 = 0.1310$	$a = -0.0998$, $b = 2.3644$, $c = -0.8949$, $e = 1.5269$, $d = 0.8949$, $g = 0.9810$, $h = 0.4559$	0.170, 0.000, -0.296, -0.952	图 5-17
	D_1：$1.6 \pm 7j$, $-10 \pm 3.15j$				

续表

组	三分段元件对应的特征值 区域	规范四维分段线性电路的参数值（$C_1=1$）	归一化系统式（5-10）的参数值	Lyapunov指数值	相图
4	D_0： 0.8, 0.8, $0.55\pm10.1\text{j}$	$G_a=0.8467$, $G'_b=50.85$, $L_1=0.0114$, $R_1=-0.0171$, $C_2=5.4999$, $G_2=-11.1372$, $L_2=0.2528$, $R_2=-0.0050$	$a=0.0903$, $b=5.4236$, $c=-1.1879$, $e=0.1818$, $d=-0.1602$, $g=-0.0465$, $h=0.4500$	0.069, 0.017, 0.000, -3.045	图 5-18
	D_1： -50, 0.01, $0.92\pm4\text{j}$				
5	D_0： -50, 0.1, $0.92\pm4\text{j}$	$G_a=51.6601$, $G'_b=-52.76$, $L_1=0.0115$, $R_1=-0.0222$, $C_2=5.6307$, $G_2=-8.8767$, $L_2=0.3301$, $R_2=-0.0313$	$a=5.5480$, $b=-5.6661$, $c=-0.9533$, $e=0.1776$, $d=-0.2072$, $g=-0.2911$, $h=0.0349$	0.086, 0.019, 0.000, -3.685	图 5-19
	D_1： 1.0, 0.6, $1.55\pm10\text{j}$				
6	D_0： -0.8, 0.8, $0.15\pm10.1\text{j}$	$G_a=2.2322$, $G'_b=49.50$, $L_1=0.0110$, $R_1=-0.0230$, $C_2=5.6130$, $G_2=-3.5143$, $L_2=-0.2469$, $R_2=-0.0438$	$a=0.2343$, $b=5.1956$, $c=-0.3689$, $e=0.1782$, $d=-0.2187$, $g=-0.4170$, $h=-0.0446$	0.041, 0.000, -0.045, -4.596	图 5-20
	D_1： -50, -0.2, $0.5\pm4\text{j}$				
7	D_0： -30, 0.05, $0.18\pm4\text{j}$	$G_a=30.3790$, $G'_b=-33.79$, $L_1=0.0963$, $R_1=0.3057$, $C_2=0.5632$, $G_2=-0.9756$, $L_2=0.2333$, $R_2=-0.5206$	$a=9.4270$, $b=-10.4854$, $c=-0.3027$, $e=1.7757$, $d=0.9851$, $g=-1.6776$, $h=0.4127$	0.118, 0.098, 0.000, -6.556	图 5-21
	D_1： $2.1\pm1\text{j}$, $\pm5\text{j}$				

表 5-2 整数阶规范四维分段线性电路系统（两分段元件）对应不同特征值时的参数及相图

组	两分段元件对应的特征值 区域	规范四维分段线性电路的参数值（$C_1=1$）	归一化系统式（5-10）的参数值	Lyapunov指数值	相图
1	D_0： $0.1\pm5\text{j}$, $0.2\pm0.8\text{j}$	$G_a=0.2390$, $G'_b=50.2$, $L_1=0.0452$, $R_1=-0.0160$, $C_2=7.6490$, $G_2=-3.5327$, $L_2=0.1716$, $R_2=-0.0038$	$a=0.0508$, $b=10.6704$, $c=-0.7509$, $e=0.1307$, $d=-0.0754$, $g=-0.0181$, $h=0.2632$	0.0244, 0.0189, 0.0000, -3.5961	图 5-22
	D_1： -50, 0, $0.2\pm1.9\text{j}$				
2	D_0： $0.65\pm5\text{j}$, $0.2\pm0.8\text{j}$	$G_a=0.3476$, $G'_b=11.4$, $L_1=0.0478$, $R_1=-0.0723$, $C_2=4.4008$, $G_2=-1.6533$, $L_2=0.2838$, $R_2=-0.0457$	$a=0.0760$, $b=2.4930$, $c=-0.3615$, $e=0.2272$, $d=-0.3304$, $g=-0.2088$, $h=0.1685$	0.0200, 0.0149, 0.0000, -1.0266	图 5-23
	D_1： -10, 0.1, $0.1\pm2.5\text{j}$				
3	D_0： 1.0, -10.8, $1\pm10.8\text{j}$	$G_a=0.5000$, $G'_b=56.2$, $L_1=0.0100$, $R_1=-0.0310$, $C_2=3.3944$, $G_2=23.3637$, $L_2=-0.0078$, $R_2=-0.0275$	$a=0.0500$, $b=5.6251$, $c=2.3385$, $e=0.2946$, $d=-0.3098$, $g=-0.2747$, $h=-1.2797$	0.0480, 0.0000, -0.9000, -4.6200	图 5-24
	D_1： -55, -10, $0.5\pm3.5\text{j}$				

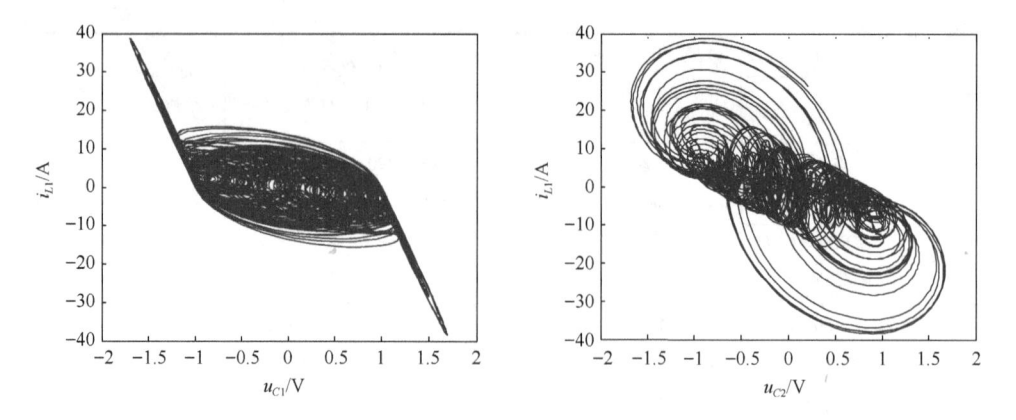

图 5-15 三分段元件的特征值组 1 对应的超混沌吸引子

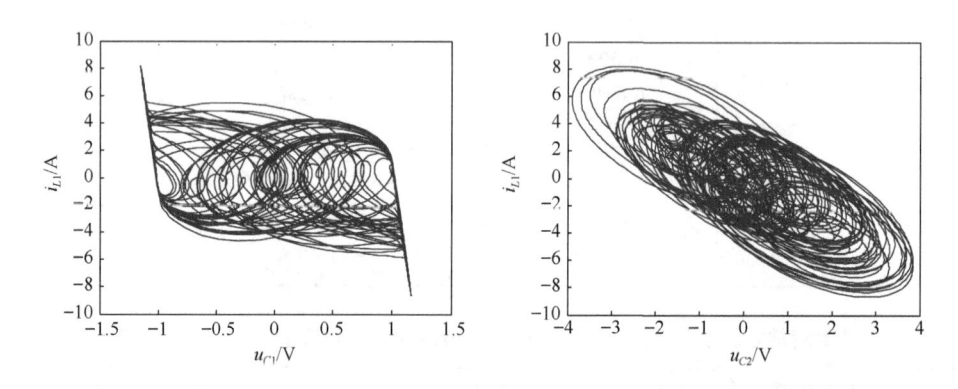

图 5-16 三分段元件的特征值组 2 对应的超混沌吸引子

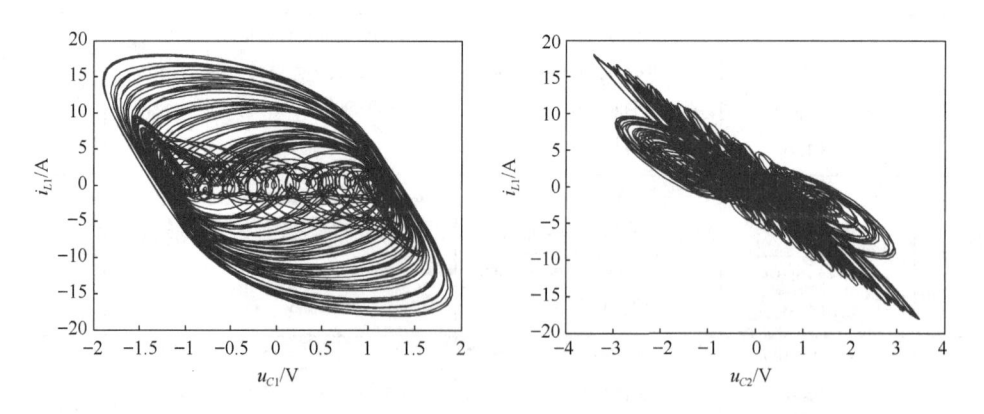

图 5-17 三分段元件的特征值组 3 对应的混沌吸引子

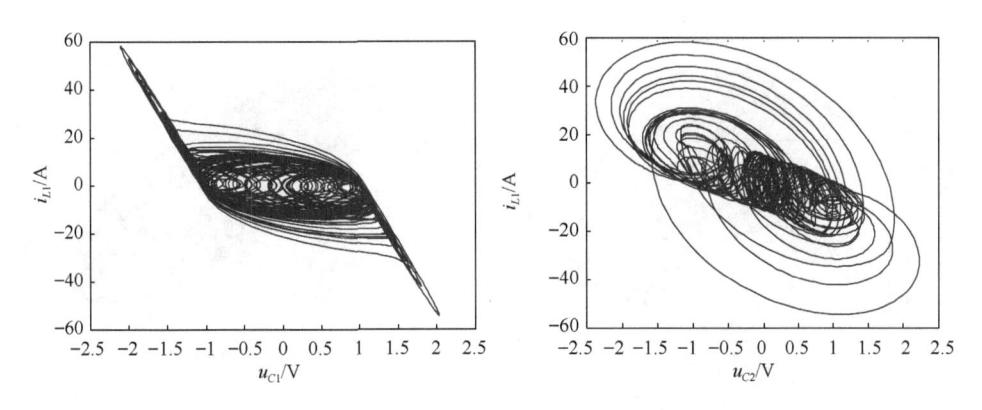

图 5-18 三分段元件的特征值组 4 对应的超混沌吸引子

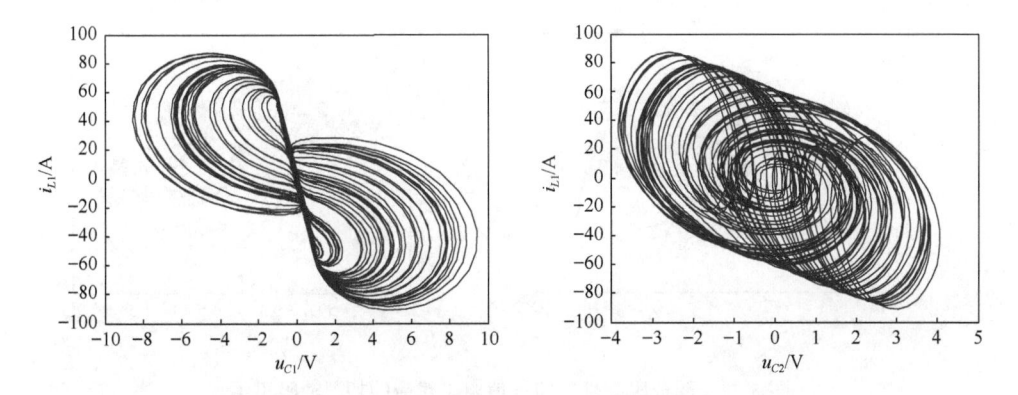

图 5-19 三分段元件的特征值组 5 对应的超混沌吸引子

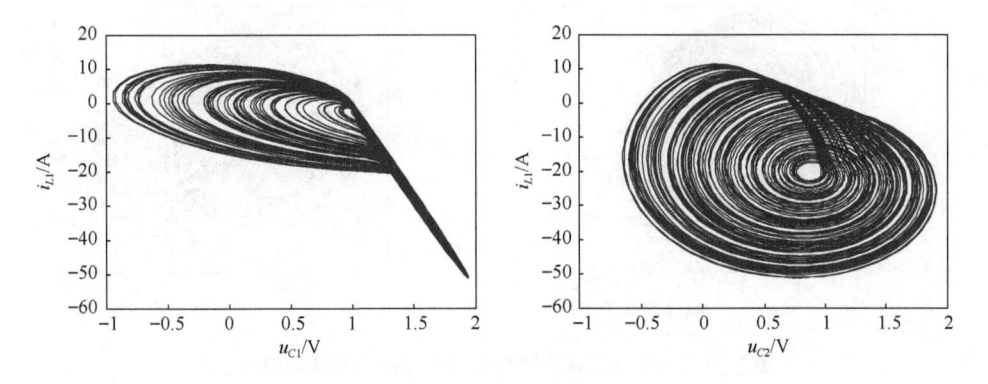

图 5-20 三分段元件的特征值组 6 对应的混沌吸引子

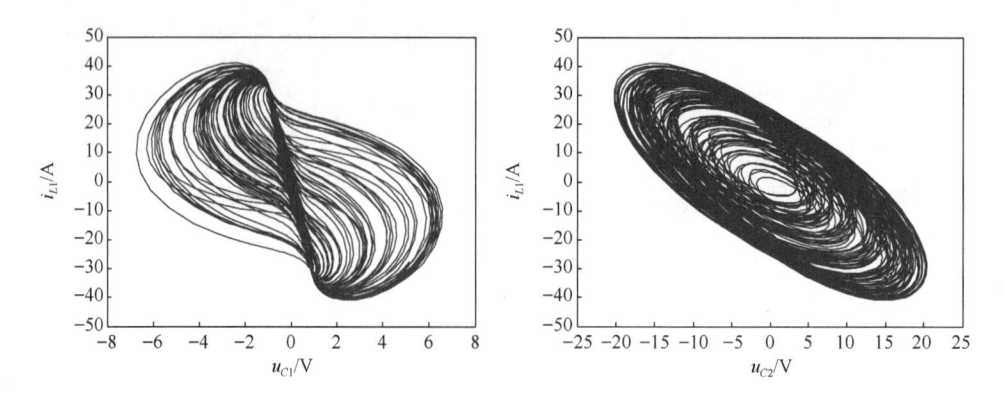

图 5-21 三分段元件的特征值组 7 对应的超混沌吸引子

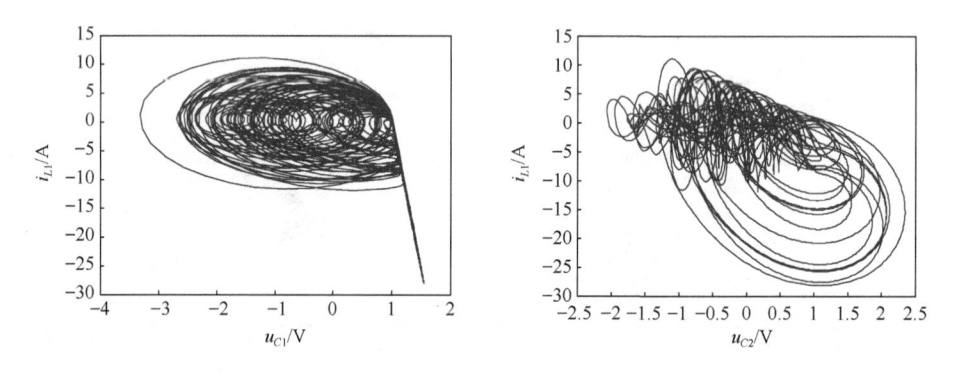

图 5-22 两分段元件的特征值组 1 对应的超混沌吸引子

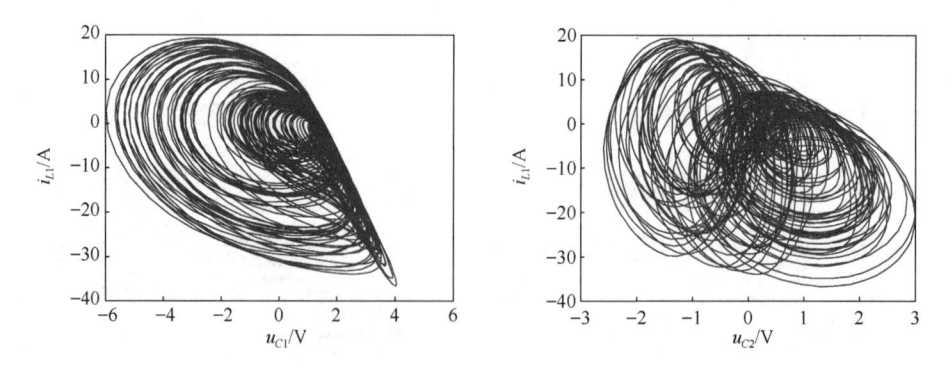

图 5-23 两分段元件的特征值组 2 对应的超混沌吸引子

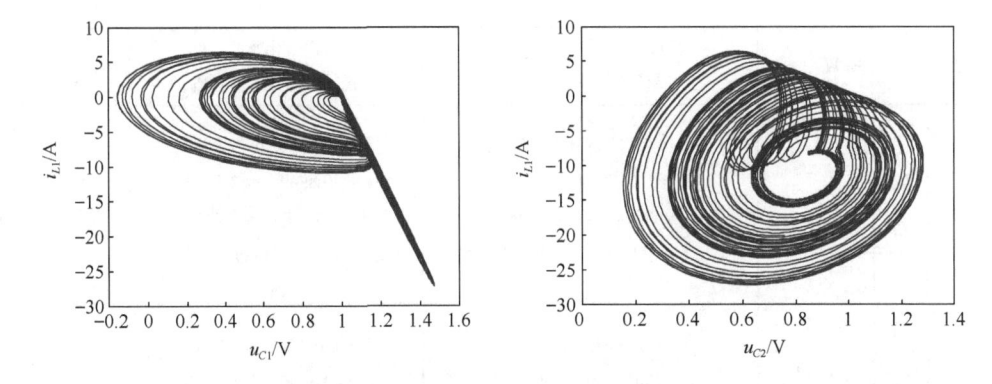

图 5-24 两分段元件的特征值组 3 对应的混沌吸引子

四阶电路系统有四个 Lyapunov 指数。当有一个 Lyapunov 指数值大于零时，该系统为混沌系统；当有两个 Lyapunov 指数值大于零时，该系统为超混沌系统。根据表 5-1 中的 Lyapunov 指数值的情况，组 1、2、4、5 和 7 这五组特征值所对应的系统含有两个正的 Lyapunov 指数值，因此与这些特征值相对应的系统为超混沌系统。表 5-1 中的特征值组 3 和 6 所对应系统含有一个正的 Lyapunov 指数值，因此对应系统为混沌系统。

表 5-1 和表 5-2 给出了整数阶规范四维分段线性电路的特征值和电路系统参数之间的关系。如若上述电路存在分数阶元件，则需要调整相应的参数以产生混沌现象。例如表 5-1 中组 1 电路参数，若电感 L_1 为 0.9 阶分数阶元件，则调整部分电路参数，得到表 5-3 组 1 参数。此时，电路系统对应的混沌吸引子如图 5-25 所示。表 5-3 给出了三分段分数阶规范四维分段线性电路参数。图 5-25～图 5-30 为各分数阶电路系统对应的相图。

表 5-3 分数阶规范四维分段线性电路系统（三分段元件）不同参数及相图

组	阶数		规范四维分段线性电路的参数值（$C_1 = 1$）	归一化系统式（5-10）的参数值	相图
1	C_1	$q_1 = 1$	$G_a = 2.6629$, $G_b' = 49.07$, $L_1 = 0.0111$, $C_2 = 5.7493$, $G_2 = -9.6549$, $L_2 = 0.5508$, $R_2 = 0.0072$, $R_1 = -0.0320$	$a = 0.2800$, $b = 5.1593$, $c = -1.0151$, $e = 0.1739$, $g = 0.0687$, $h = 0.0201$, $d = -0.3000$	图 5-25
	C_2	$q_2 = 1$			
	L_1	$q_3 = 0.9$			
	L_2	$q_4 = 1$			
2	C_1	$q_1 = 1$	$G_a = -0.7675$, $G_b' = 58.94$, $L_1 = 0.1027$, $R_1 = 0.1914$, $C_2 = 0.5264$, $L_2 = 1.5072$, $R_2 = -0.6127$, $G_2 = -1.5724$	$a = -0.2460$, $b = 18.8883$, $e = 1.8999$, $d = 0.5973$, $g = -1.9120$, $h = 0.0681$, $c = -0.5000$	图 5-26
	C_2	$q_2 = 1$			
	L_1	$q_3 = 0.9$			
	L_2	$q_4 = 1$			

续表

组	阶数		规范四维分段线性电路的参数值（$C_1=1$）	归一化系统式（5-10）的参数值	相图
3	C_1	$q_1=0.9$	$G_a=-1.1226$, $G_b'=17.70$, $L_1=0.0178$, $R_1=0.1201$, $C_2=0.6549$, $G_2=-6.6997$, $L_2=0.0391$, $R_2=0.1310$	$a=-0.1500$, $b=2.3644$, $c=-0.8949$, $e=1.5269$, $d=0.8987$, $g=0.9810$, $h=0.4559$	图 5-27
	C_2	$q_2=1$			
	L_1	$q_3=1$			
	L_2	$q_4=1$			
4	C_1	$q_1=0.9$	$G_a=0.8467$, $G_b'=50.85$, $L_1=0.0114$, $R_1=-0.0171$, $C_2=5.4999$, $G_2=-5.6253$, $L_2=0.2528$, $R_2=-0.0050$	$a=0.0903$, $b=5.4236$, $c=-0.6000$, $e=0.1818$, $d=-0.1602$, $g=-0.0465$, $h=0.0450$	图 5-28
	C_2	$q_2=1$			
	L_1	$q_3=1$			
	L_2	$q_4=1$			
5	C_1	$q_1=1$	$G_a=51.6601$, $G_b'=-52.76$, $L_1=0.0115$, $R_1=-0.0268$, $C_2=5.6307$, $G_2=-9.3115$, $L_2=0.3301$, $R_2=-0.0313$	$a=5.5480$, $b=-5.6661$, $c=-1.0000$, $e=0.1776$, $d=-0.2500$, $g=-0.2911$, $h=0.0349$	图 5-29
	C_2	$q_2=1$			
	L_1	$q_3=0.9$			
	L_2	$q_4=1$			
6	C_1	$q_1=1$	$G_a=2.2322$, $G_b'=49.50$, $L_1=0.0110$, $R_1=-0.0230$, $C_2=5.6130$, $G_2=-3.5143$, $L_2=0.1101$, $R_2=-0.0438$	$a=0.2343$, $b=5.1956$, $c=-0.3689$, $e=0.1782$, $d=-0.2187$, $g=-0.4171$, $h=0.1000$	图 5-30
	C_2	$q_2=0.9$			
	L_1	$q_3=1$			
	L_2	$q_4=1$			

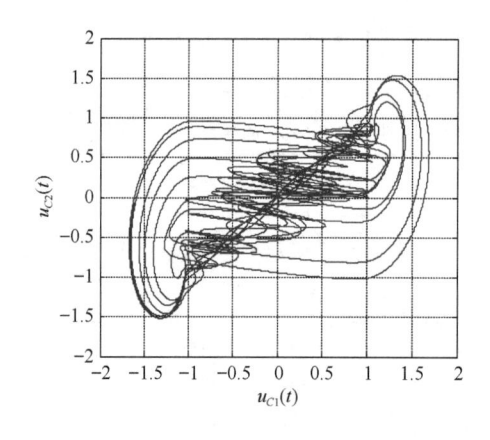

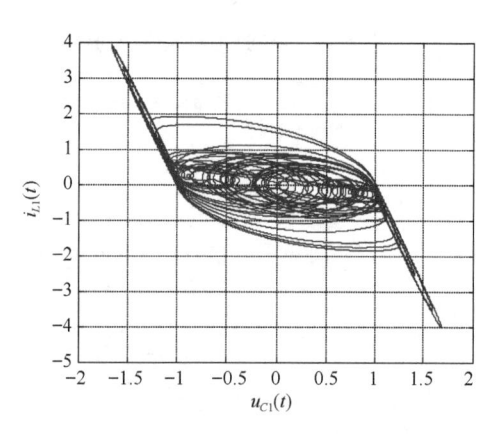

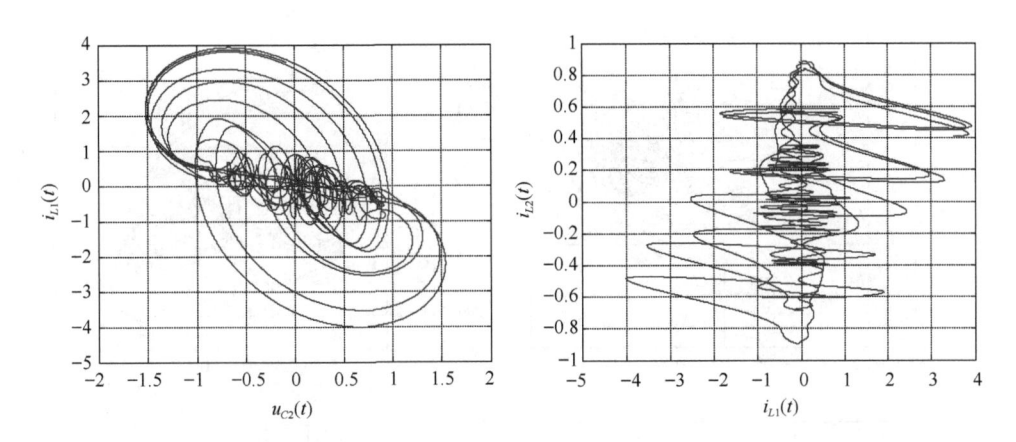

图 5-25　含三分段元件的分数阶四维分段线性电路（表 5-3 组 1）的混沌吸引子

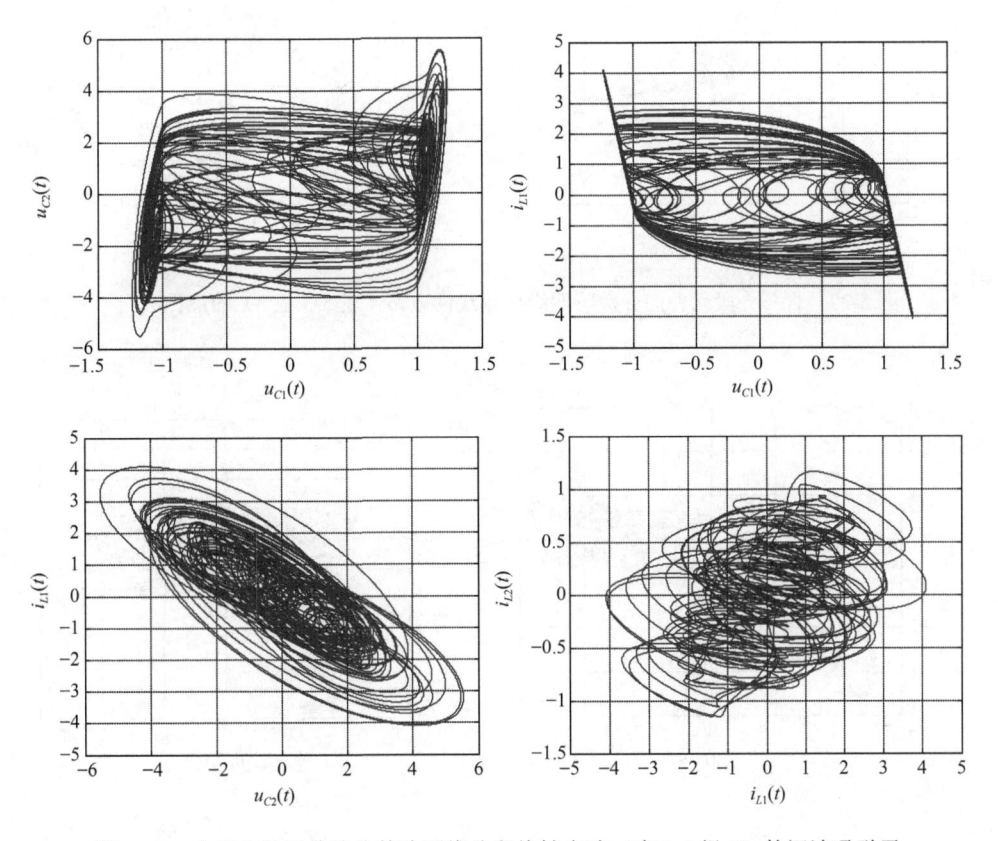

图 5-26　含三分段元件的分数阶四维分段线性电路（表 5-3 组 2）的混沌吸引子

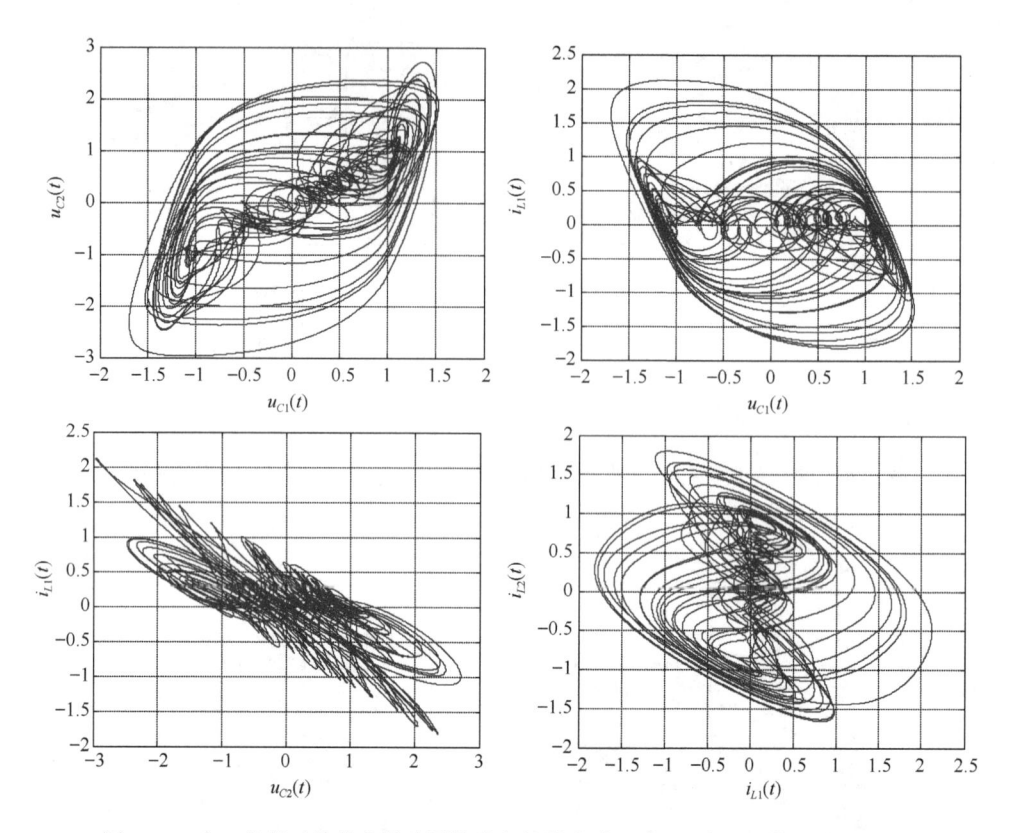

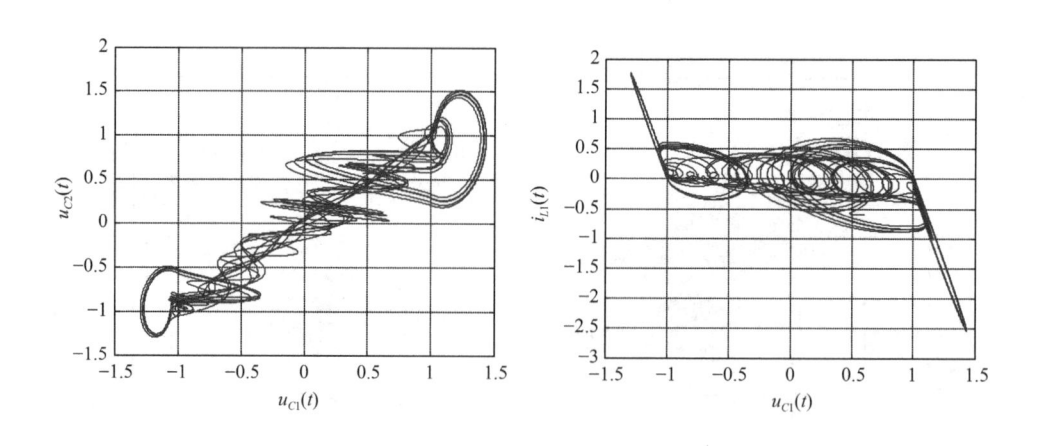

图 5-27 含三分段元件的分数阶四维分段线性电路（表 5-3 组 3）的混沌吸引子

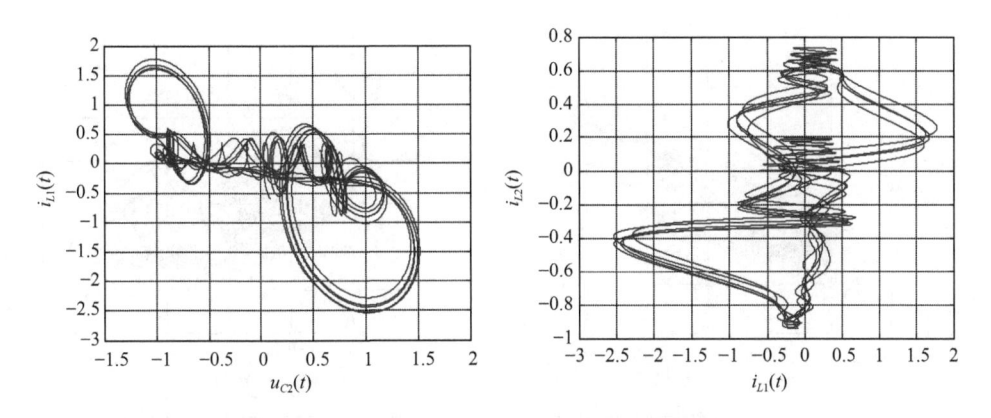

图 5-28 含三分段元件的分数阶四维分段线性电路（表 5-3 组 4）的吸引子

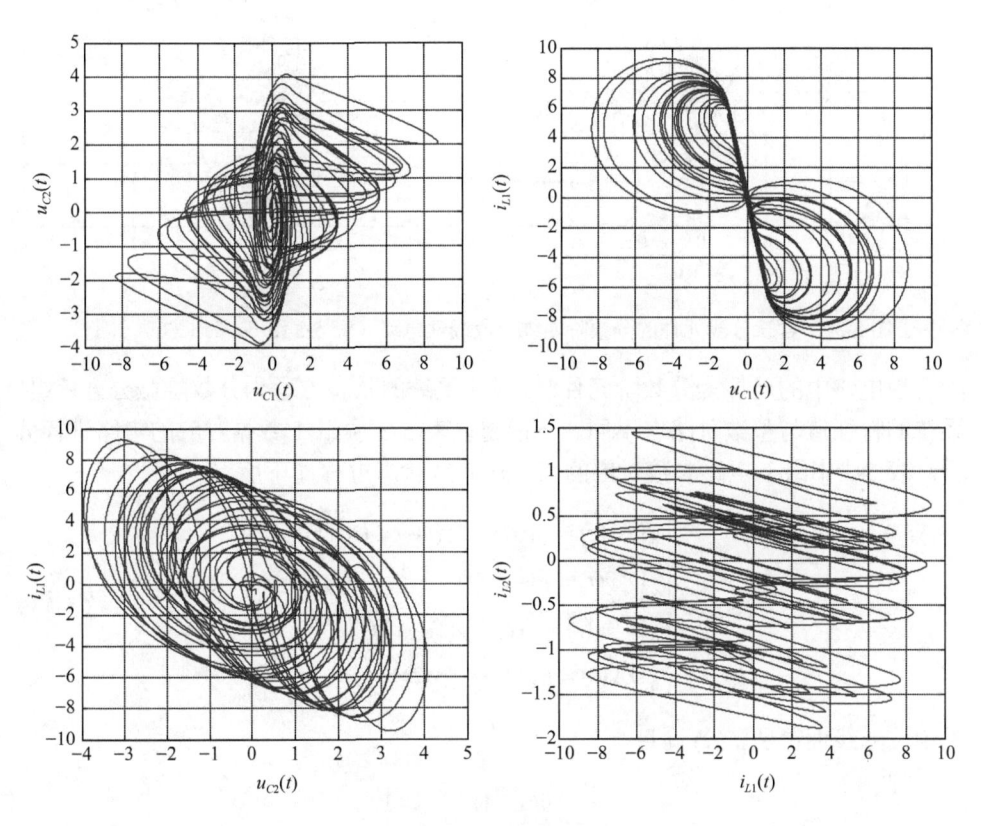

图 5-29 含三分段元件的分数阶四维分段线性电路（表 5-3 组 5）的混沌吸引子

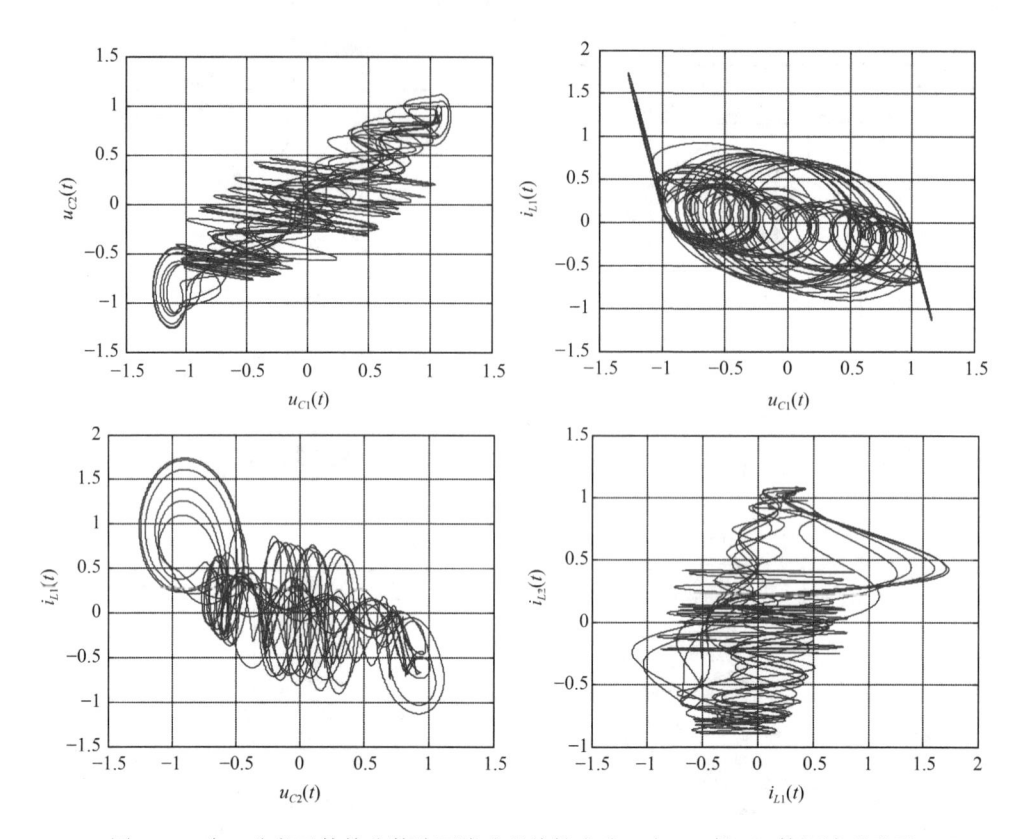

图 5-30 含三分段元件的分数阶四维分段线性电路（表 5-3 组 6）的混沌吸引子

当电路中的元件为分数阶元件时，对应系统的状态方程为分数阶微分方程组。系统的特征值与整数阶略有不同。下面将以表 5-3 中组 1 数据对应的电路进行分析。表 5-3 中组 1 电路参数对应的归一化系统状态方程如下所示：

$$\begin{cases} {}_0\mathrm{D}_t^1 x(t) = -ax(t) - z(t) - f(x(t)) \\ {}_0\mathrm{D}_t^1 y(t) = e(-cy(t) + z(t) - v(t)) \\ {}_0\mathrm{D}_t^{0.9} z(t) = x(t) - y(t) - dz(t) \\ {}_0\mathrm{D}_t^1 v(t) = h(y(t) - gv(t)) \end{cases} \quad (5\text{-}43)$$

其中，非线性特性 $f(x)$ 满足

$$f(x) = \begin{cases} b(x-1), & x \geqslant 1 \\ 0, & -1 < x < 1 \\ b(x+1), & x \leqslant -1 \end{cases}$$

第 5 章 分数阶非线性混沌电路系统

因此，在 D_0 区域特征值满足

$$\begin{vmatrix} \lambda+a & 0 & 1 & 0 \\ 0 & \lambda+ce & -e & e \\ -1 & 1 & \lambda^{0.9}+d & 0 \\ 0 & -h & 0 & \lambda+gh \end{vmatrix} = 0 \qquad (5\text{-}44)$$

根据式（5-44），在 D_0 区域的特征多项式如下：

$$\lambda^{3.9} - 0.3\lambda^3 + 0.1049\lambda^{2.9} + 1.1424\lambda^2 - 0.0458\lambda^{1.9}$$
$$- 0.1125\lambda + 9.1\times10^{-4}\lambda^{0.9} + 0.003 = 0$$

假设 $w = \lambda^{\frac{1}{10}}$，则特征多项式转化为如下形式：

$$w^{39} - 0.3w^{30} + 0.1049w^{29} + 1.1424w^{20} - 0.0458w^{19}$$
$$- 0.1125w^{10} + 9.1\times10^{-4}w^9 + 0.003 = 0$$

根据 3.3.3.2 节关于网络函数极点的计算，该特征多项式在黎曼平面内具有 39 个特征值，因此可以利用 MATLAB 的符号函数计算特征多项式对应的特征值，具体如下：

```
syms w %% 设置符号变量w
solve('solve('w^39-0.3*w^30+0.1049*w^29+1.1424*w^20-0.0458*w^19
-0.1125*w^10+9.1*10^-4*w^9+0.003=0'=0')  %% 求解特征值
```

根据上述程序，在 MATLAB 中获得 39 个特征值。这些特征值在 w 平面的分布情况如图 5-31（a）所示。由图可见，此时的系统是不稳定的，某些特征值的幅角绝对值小于 $\pi/20$。根据 3.3.3.2 节网络函数极点稳定条件式（3-54），这样的系统不满足稳定条件，此时系统处于混沌状态。

同理，式（5-43）在 D_1 区域特征值满足下式：

$$\begin{vmatrix} \lambda+a+b & 0 & 1 & 0 \\ 0 & \lambda+ce & -e & e \\ -1 & 1 & \lambda^{0.9}+d & 0 \\ 0 & -h & 0 & \lambda+gh \end{vmatrix} = 0 \qquad (5\text{-}45)$$

根据式（5-45），在 D_1 区域的特征多项式为

$$\lambda^{3.9} + 0.597\lambda^3 + 17.562\lambda^{2.9} + 13.3898\lambda^2 - 19.8835\lambda^{1.9} + 22.215\lambda + 4.72\lambda^{0.9} - 1.54 = 0$$

假设 $w = \lambda^{\frac{1}{10}}$，则特征多项式转化为如下形式：

$$w^{39} + 0.597w^{30} + 17.562w^{29} + 13.39w^{20} - 19.8835w^{19} + 22.215w^{10} + 4.72w^9 - 1.54 = 0$$

该特征多项式在黎曼平面内具有 39 个特征值。这些特征值在 w 平面的分布情况如图 5-31（b）所示。由图可见，某些特征值的幅角绝对值小于 $\pi/20$，根据 3.3.3.2 节网络函数极点稳定条件式（3-54），这样的系统不满足稳定条件。

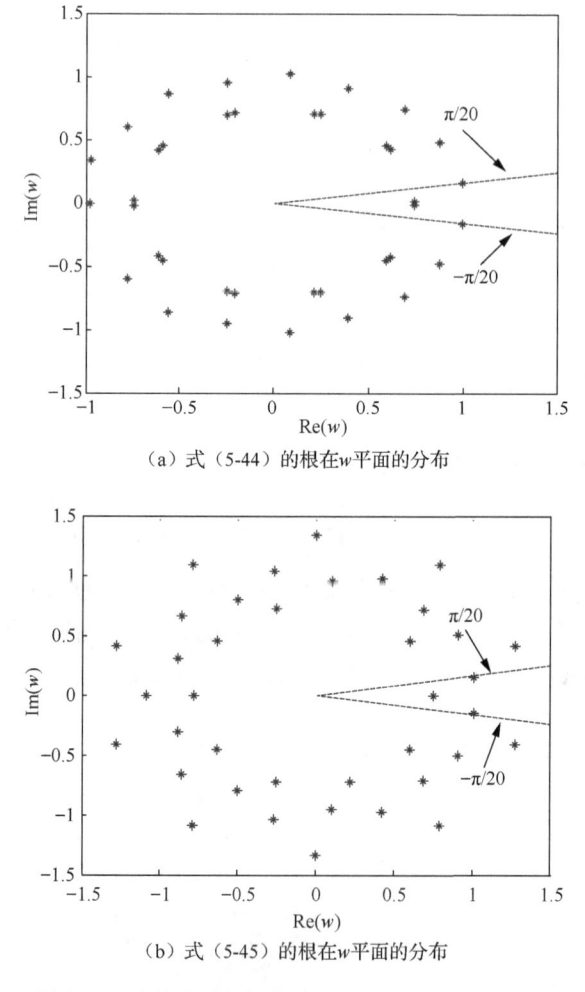

（a）式（5-44）的根在 w 平面的分布

（b）式（5-45）的根在 w 平面的分布

图 5-31 分数阶系统的特征值在 w 平面的分布情况

5.3.4 分数阶规范四维分段线性电路的模拟实现

文献[51]利用二极管元件实现了四维超混沌电路，如图 5-32 所示。该电路是规范四维分段线性电路的特例。对比图 5-11 可知，当图 5-11 中的电阻 $R_1 = R_2 = 0\Omega$

且电导值 $G_a = 0\text{S}$ 时，即可以简化为图 5-32 所示电路，此时系统的状态方程如下：

$$\begin{cases} C_1 \dfrac{du_{C1}}{dt} = -i_{L1} - \dfrac{u_{C1} - U_0}{R_2} H(u_{C1} - E) \\ C_2 \dfrac{du_{C2}}{dt} = \dfrac{u_{C2}}{R_1} + i_{L1} - i_{L2} \\ L_1 \dfrac{di_{L1}}{dt} = u_{C1} - u_{C2} \\ L_2 \dfrac{di_{L2}}{dt} = u_{C2} \end{cases} \quad (5\text{-}46)$$

其中，E 是二极管的前向导通电压，H 是单位阶跃函数，且满足如下关系：

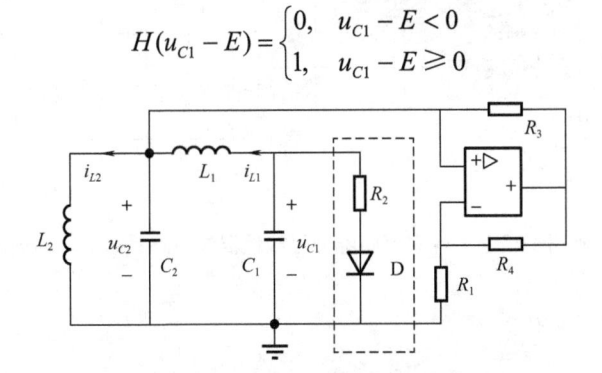

$$H(u_{C1} - E) = \begin{cases} 0, & u_{C1} - E < 0 \\ 1, & u_{C1} - E \geqslant 0 \end{cases}$$

图 5-32 利用二极管实现规范四维超混沌电路

根据 5.3.1 节的归一化处理方式，令 $x = \dfrac{u_{C1}}{E}$，$y = \dfrac{u_{C2}}{E}$，$z = \dfrac{\rho i_{L1}}{E}$，$v = \dfrac{\rho i_{L2}}{E}$，$t = \tau\theta$，$\tau = \sqrt{L_1 C_1}$，$\dot{u} = \dfrac{du}{d\theta}$，$\rho = \sqrt{\dfrac{L_1}{C_1}}$，$a = G_a \rho = 0$，$b = G_b' \rho = \dfrac{\rho}{R_2}$，$c = G_2 \rho = \dfrac{\rho}{-R_1}$，$d = 0$，$e = \dfrac{C_1}{C_2}$，$g = 0$，$h = \dfrac{L_1}{L_2}$，则式（5-46）可以写为如下形式：

$$\begin{cases} \dot{x} = -z - f(x) \\ \dot{y} = e(-cy + z - v) \\ \dot{z} = x - y \\ \dot{v} = hy \end{cases} \quad (5\text{-}47)$$

其中，

$$f(x) = \begin{cases} 0, & x < 1 \\ b(x-1), & x \geqslant 1 \end{cases}$$

当 $c = -0.7$、$b = 10$、$h = e = \dfrac{1}{3}$ 时，混沌系统的吸引子如图 5-33 所示。取

$C_1 = 33\text{nF}$ ，则 $C_2 = 100\text{nF}$ 。取 $\rho = \sqrt{\dfrac{L_1}{C_1}} = 426.4$ ，则 $L_1 = 6\text{mH}$ ， $L_2 = 18\text{mH}$ ，

$R_1 = \dfrac{\rho}{-c} = 609\Omega$ ， $R_2 = \dfrac{\rho}{b} = 42.6\Omega$ 。利用 Multisim 进行电路仿真，电路原理图如图 5-34（a）所示，电容电压 u_{C1}-u_{C2} 的相图见图 5-34（b）。

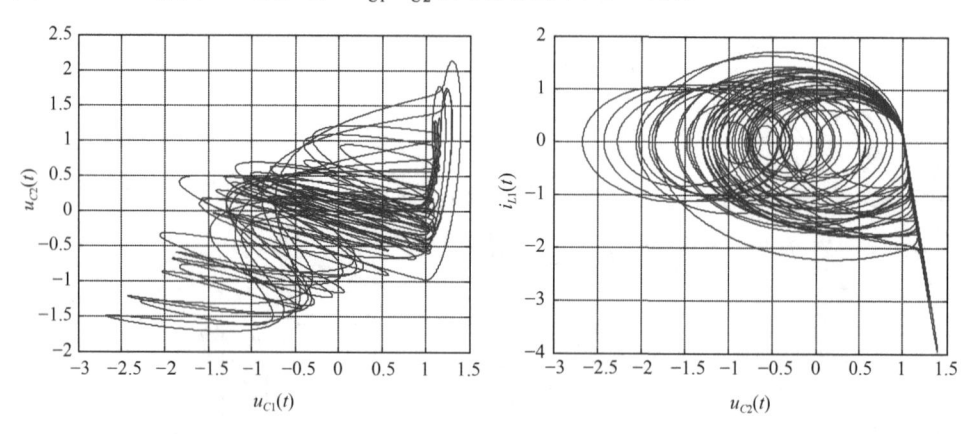

图 5-33　利用二极管实现规范四维分段线性混沌电路系统对应的混沌吸引子

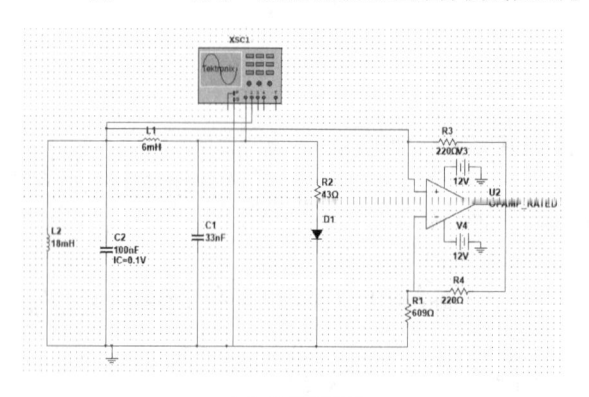

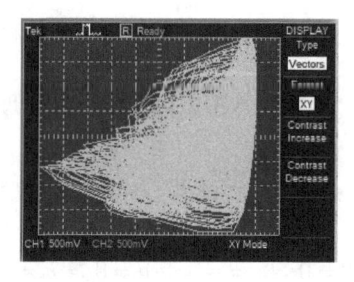

（a）电路原理图　　　　　　　　　　　　（b）混沌吸引子

图 5-34　利用二极管实现四维超混沌电路系统的仿真

当图 5-32 电路中包含分数阶元件时，假设 $q_1 \sim q_4$ 分别为电容 C_1、C_2 和电感 L_1、L_2 的阶数，且 $0 < q_i \leqslant 1$。式（5-47）可以写为如下形式：

$$\begin{cases} {}_0\mathrm{D}_t^{q_1} x(t) = -z - f(x) \\ {}_0\mathrm{D}_t^{q_2} y(t) = e(-cy + z - v) \\ {}_0\mathrm{D}_t^{q_3} x(t) = x - y \\ {}_0\mathrm{D}_t^{q_4} x(t) = hy \end{cases} \qquad (5\text{-}48)$$

其中，

$$f(x) = \begin{cases} 0, & x < 1 \\ b(x-1), & x \geq 1 \end{cases}$$

当 $q_1 = q_2 = 0.9$、$q_3 = q_4 = 1$、$c = -0.7$、$b = 15$、$h = e = \dfrac{1}{3}$ 时，分数阶系统式（5-48）对应的混沌吸引子如图 5-35 所示。此时，该系统对应的电路参数为 $L_1 = 6\text{mH}$、$L_2 = 18\text{mH}$、$R_1 = \dfrac{\rho}{-c} = 609\Omega$、$R_2 = \dfrac{\rho}{b} = 28.4\Omega$。电容 C_1 和 C_2 为 0.9 阶元件，$C_{1,0.9} = 33\text{nF} \cdot \text{s}^{0.9-1}$，$C_{2,0.9} = 100\text{nF} \cdot \text{s}^{0.9-1}$。

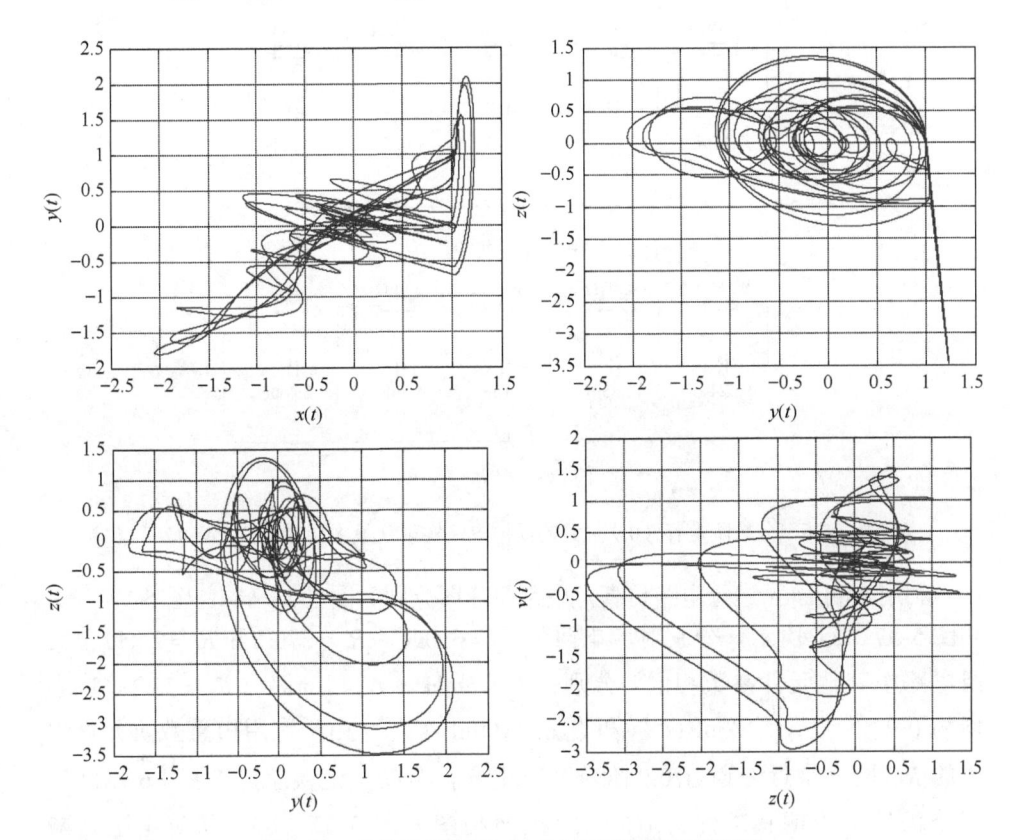

图 5-35 分数阶系统式（5-48）对应的混沌吸引子

根据表 4-1，最大误差 1dB 的 $1/s^{0.9}$ 可以写为式（4-28）。0.9 阶电容 C_1（$C_{1,0.9} = 33\text{nF} \cdot \text{s}^{0.9-1}$）和 0.9 阶电容 C_2（$C_{2,0.9} = 100\text{nF} \cdot \text{s}^{0.9-1}$）的近似表达式可以写为如下形式：

$$\frac{1}{C_{i,0.9}s^{0.9}} \approx \frac{1}{C_{i,0.9}95.24s + \dfrac{C_{i,0.9}}{0.92}} + \frac{1}{C_{i,0.9}123.46s + \dfrac{C_{i,0.9}}{0.043}} + \frac{1}{C_{i,0.9}80.65s + \dfrac{C_{i,0.9}}{3.9\times10^{-3}}}$$

$$+ \frac{1}{C_{i,0.9}48.08s + \dfrac{C_{i,0.9}}{3.9\times10^{-4}}} + \frac{1}{C_{i,0.9}27.62s + \dfrac{C_{i,0.9}}{4.11\times10^{-5}}}$$

根据上式，0.9 阶分数阶电容 $C_{1,0.9}=33\text{nF}\cdot\text{s}^{0.9-1}$ 和 $C_{2,0.9}=100\text{nF}\cdot\text{s}^{0.9-1}$ 分别可以由图 5-36（a）和图 5-36（b）中的 RC 电路近似实现。

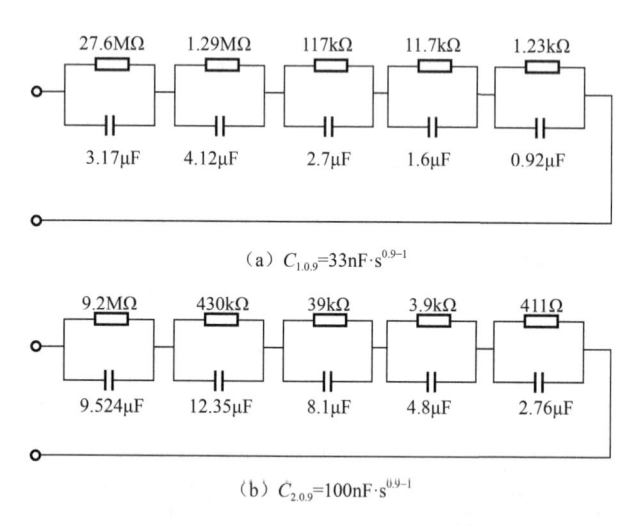

图 5-36　分数阶电容（0.9 阶）的模拟电路实现（最大误差 1dB，$N=4$）

利用 Multisim 进行电路仿真，电路原理图分别如图 5-37（a）、图 5-37（c）和图 5-37（e）所示，分别对应电阻值 $R_1=610\Omega$、$R_1=270\Omega$ 和 $R_1=240\Omega$，三组电路中其他元件参数相同，分别为 $L_1=6\text{mH}$、$L_2=18\text{mH}$、$R_2=28\Omega$，电容均为 0.9 阶，$C_{1,0.9}=33\text{nF}\cdot\text{s}^{0.9-1}$ 和 $C_{2,0.9}=100\text{nF}\cdot\text{s}^{0.9-1}$。由于利用由整数阶元件组成的 RC 网络来近似逼近 0.9 阶分数阶电容，存在一定误差，在 $R_1=610\Omega$ 时，系统仍处于周期状态，$u_{C1}(t)$-$u_{C2}(t)$ 平面相图见图 5-37（b）。随着电阻 R_1 减小，直到 $R_1=270\Omega$ 附近，$u_{C1}(t)$-$u_{C2}(t)$ 平面相图见图 5-37（d），电路出现倍周期分岔现象。当 $R_1=240\Omega$，电路处于混沌状态，$u_{C1}(t)$-$u_{C2}(t)$ 平面相图见图 5-37（f）。

第 5 章　分数阶非线性混沌电路系统

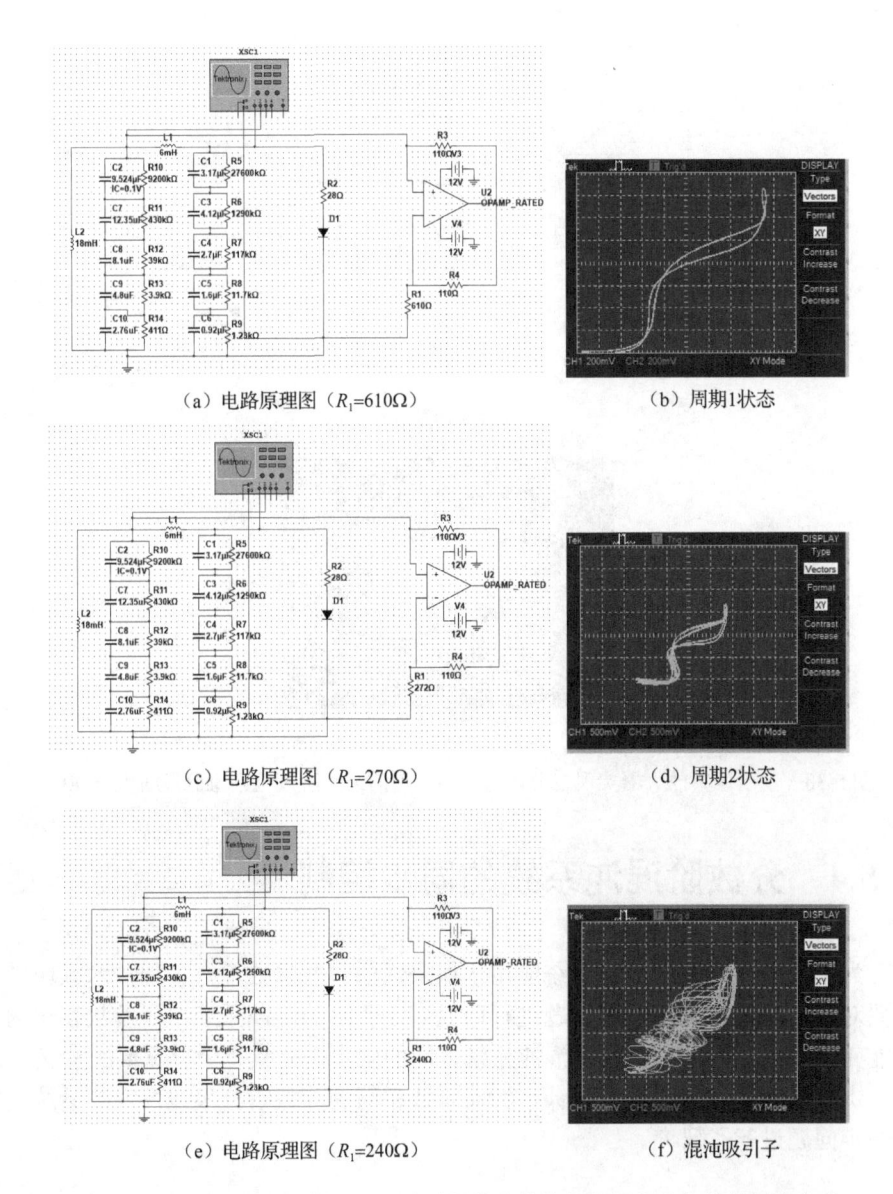

(a) 电路原理图（$R_1=610\Omega$）

(b) 周期 1 状态

(c) 电路原理图（$R_1=270\Omega$）

(d) 周期 2 状态

(e) 电路原理图（$R_1=240\Omega$）

(f) 混沌吸引子

图 5-37　利用二极管实现的两分段非线性的分数阶规范四维分段线性混沌电路

根据表 5-3 的组 3 特征值，电容 C_1 为 0.9 阶电容，$C_{1,0.9} = 33\text{nF} \cdot \text{s}^{0.9-1}$，利用运算放大器实现三分段的非线性特性，$C_2 = 3\text{nF}$，$L_1 = 10\text{mH}$，$L_2 = 10\text{mH}$。电路原理图如图 5-38（a）所示。0.9 阶电容 C_1 采用图 5-36（a）的 RC 网络近似实现，图 5-38（b）为对应电路在 $u_{C1}(t)$-$u_{C2}(t)$ 平面产生的混沌吸引子。

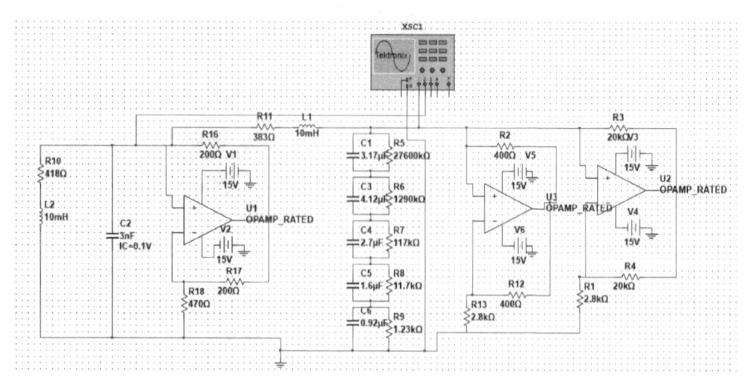

(a) 电路原理图

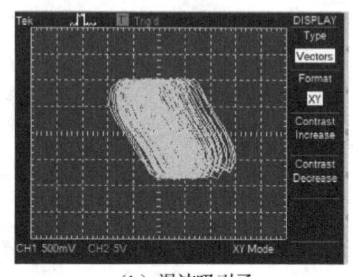

(b) 混沌吸引子

图 5-38 基于运算放大器实现三分段非线性特性的分数阶规范四维分段线性混沌电路

5.4 分数阶混沌系统的同步控制

为了能够更好地将混沌系统应用于保密通信、信息处理等工程技术领域中，需要对混沌系统的同步控制问题进行研究。在实际的混沌系统中，参数和结构不可能完全一致。因此，对不同混沌系统之间的同步研究具有十分重要的意义。

本节基于状态观测器的设计，针对阶数相同的分数阶分段线性混沌系统之间的同步问题进行了研究。

5.4.1 基于状态观测器的混沌同步方法

控制理论中的"观测器"是指那些能够用来估计另一个动力系统状态的系统。1996 年，Morgül 等[52]首先将线性观测器理论引入混沌同步问题的研究。基于观测器的同步方法，不需要计算条件 Lyapunov 指数，同时同步系统的初始状态也不需要处于同一吸引域中，因此受到了广泛的关注。

第 5 章 分数阶非线性混沌电路系统

考虑如下非线性系统为主动系统:

$$_{t_0}^{C}D_t^{\alpha}x(t) = Ax + BF(x) + C \tag{5-49}$$

其中, $\alpha = [q_1, q_2, q_3, \cdots, q_n] (0 < q_i \leq 1, i = 1, 2, \cdots, n)$, $A \in \mathbf{R}^{n \times n}$ 和 $B \in \mathbf{R}^{n \times m} (m \leq n)$ 是系数矩阵, $F: \mathbf{R}^n \to \mathbf{R}^m$ 是非线性函数, $C \in \mathbf{R}^{n \times 1}$ 是常数矢量。

令系统式 (5-49) 的输出为

$$y = Kx + F(x) \tag{5-50}$$

其中, K 为待定系数矩阵。

由式 (5-49) 和式 (5-50), 混沌同步问题转化为式 (5-49) 的状态观测器的设计问题。根据自动控制理论中的观测器理论, 构造主动系统的状态观测器形式:

$$_{t_0}^{C}D_t^{\alpha}\hat{x} = A\hat{x} + BF(\hat{x}) + C + L(y - \hat{y}) \tag{5-51}$$

$$\hat{y} = K\hat{x} + F(\hat{x})$$

其中, $\hat{x}$ 为状态观测器的状态, $\hat{y}$ 为状态观测器的输出。

定义系统的同步误差矢量为

$$e = \hat{x} - x$$

令 $L = B$, 由式 (5-49) 和式 (5-51), 得误差系统如下:

$$_{t_0}^{C}D_t^{\alpha}e = (A - BK)e \tag{5-52}$$

若 $e = 0$ 是系统式 (5-52) 的一个平衡点, $D \subset \mathbf{R}^n$ 为包含原点的域, $V(t, e(t)) : [0, \infty) \times D \to \mathbf{R}$ 是连续可微函数, 且对 e 满足局部 Lipschitz (利普希茨) 条件, 有

$$\alpha_1 \|e\|^a \leq V(t, e(t)) \leq \alpha_2 \|e\|^{ab} \quad _0^C D_t^{\alpha}V(t, e(t)) \leq -\alpha_3 \|e\|^{ab}$$

其中, $t \geq 0$, $x \in D$, $\alpha \in (0, 1)$, $\alpha_1, \alpha_2, \alpha_3, a, b$ 是任意的正数。那么 $e = 0$ 是 Mittag-Leffler 稳定的。如果假定在 $\mathbf{R}^n$ 内满足 Lipschitz 条件, 那么 $e = 0$ 是全局 Mittag-Leffler 稳定的。

综上, 误差系统式 (5-52) 为自治系统。根据式 (3-61), 只要适当选择 K, 使得行列式 $\det(\lambda^{m\alpha}I - A + BK) = 0$ 的所有特征值 λ_i 的幅角能够满足 $|\arg(\lambda_i)| > \gamma\pi/2$, 对于 $i = 1, 2, \cdots, n$, 那么, 误差矢量 e 将渐近收敛到原点, 从而实现两个混沌系统的同步, 即 $\hat{x} \to x$。

上述方法只是基于观测器的同步方法的一种, 还有很多其他形式的状态观测

器的设计方案用于混沌系统的同步。这些方法有一个共同之处，那就是状态观测器是在主动系统的基础上构造的，如式（5-51）所示。事实上，从观测器设计出发，观测器形式不必与主动系统一致，这也为基于观测器实现不同混沌系统之间的同步提供了可能。

5.4.2 阶数相同的分数阶混沌系统的同步

本节将基于状态观测器设计，研究分段线性混沌系统之间的同步问题。考察两个混沌系统，一个称为主动系统，另外一个称为被动系统。主动系统的方程如下：

$$_aD_t^\alpha x = Ax + F(x) \tag{5-53}$$

其中，$x \in \mathbf{R}^m$ 是主动系统的状态矢量，$\alpha = [q_1, q_2, q_3, \cdots, q_m]$（$0 < q_i \leqslant 1$，$i = 1, 2, \cdots, n$），$A \in \mathbf{R}^{m \times m}$ 是系数矩阵，$F: \mathbf{R}^m \rightarrow \mathbf{R}^m$ 是包含非线性项的矢量函数。

被动系统的方程如下：

$$_aD_t^\beta z = Pz + G(z) \tag{5-54}$$

其中，$z \in \mathbf{R}^n$ 是被动系统的状态矢量，$\beta = [p_1, p_2, p_3, \cdots, p_n]$（$0 < q_i \leqslant 1$，$i = 1, 2, \cdots, n$），$P \in \mathbf{R}^{n \times n}$ 是系数矩阵，$G: \mathbf{R}^n \rightarrow \mathbf{R}^n$ 是包含非线性项的矢量函数。$m = n + k$（$k \geqslant 0$）。

当 $k = 0$ 时，有 $m = n$，即主动系统式（5-53）和被动系统式（5-54）的状态变量个数相同。当 $\alpha = \beta$ 时，两个系统的分数阶阶数相同。

混沌同步的目的是使被动系统状态与主动系统状态同步。在系统式（5-54）的基础上构造一个观测器用于观测系统式（5-53）的状态，如图 5-39 所示。观测器定义为如下形式：

$$\hat{x} = Tz \tag{5-55}$$

$$_aD_t^\beta z = Pz + G(z) + K(y_x - y_z) \tag{5-56}$$

其中，$T \in \mathbf{R}^{n \times n}$ 和 $K \in \mathbf{R}^{n \times n}$ 均为可逆矩阵，$y_x \in \mathbf{R}^n$ 和 $y_z \in \mathbf{R}^n$ 分别为主动系统和被动系统的输出，设计为如下形式：

$$y_x = M_o(x) = C_x x + K^{-1}T^{-1}F(x) \tag{5-57}$$

$$y_z = S_o(z) = C_z z + K^{-1}G(z) \tag{5-58}$$

其中，M_o 和 S_o 为矢量函数，C_x 和 C_z 为待定系数矩阵。

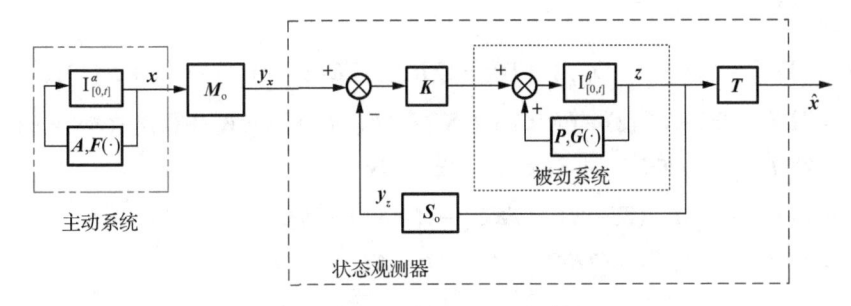

图 5-39 基于观测器实现不同混沌系统的同步

如果对于任意的初始值，随时间 $t \to \infty$，有 $\hat{x} \to x$，那么此观测器为系统式（5-53）的全局观测器。同时，若满足如下关系：

$$\lim_{t \to \infty} \|\hat{x} - x\| = \lim_{t \to \infty} \|Tz - x\| = 0$$

则称被动系统状态 z 与主动系统状态 x 同步。若满足

$$\lim_{t \to \infty} \|\hat{x} - x\| = \lim_{t \to \infty} \|Tz - x\| < M$$

其中，$M > 0$，说明被动系统状态 z 与主动系统状态 x 之间的误差有界，那么也可以认为被动系统状态 z 与主动系统状态 x 同步。

定理 5-1 主动系统式（5-53）与被动系统式（5-54）的状态变量个数相同，并且 $\alpha = \beta$，给定状态观测器如式（5-55）和式（5-56）所示，主动系统和被动系统的输出分别由式（5-57）和式（5-58）给定。假定 m 是 q_i 的分母多项式 u_i 的最小公倍数，$q_i = \dfrac{v_i}{u_i}$，v_i 和 u_i 是正整数，$i = 1, 2, \cdots, n$。令 $\gamma = \dfrac{1}{m}$。如果观测器同时满足如下条件：①

$$C_x = K^{-1}T^{-1}A + C_z T^{-1} - K^{-1}PT^{-1} \tag{5-59}$$

② 行列式 $\det(\lambda^{m\alpha} I - T(P - KC_z)T^{-1}) = 0$ 的所有特征值 λ_i 的幅角（$\arg(\cdot)$）能够满足

$$|\arg(\lambda_i)| > \gamma \pi / 2, \quad i = 1, 2, \cdots, n$$

那么，被动系统状态 z 可以实现与主动系统状态 x 的同步。

证明：误差矢量为 $e = \hat{x} - x$，那么有

$$_{t_0}^{C}D_t^\alpha e = {}_{t_0}^{C}D_t^\alpha \hat{x} - {}_{t_0}^{C}D_t^\alpha x = {}_{t_0}^{C}D_t^\alpha I_{t_0}^\beta {}_{t_0}^{C}D_t^\beta \hat{x} - {}_{t_0}^{C}D_t^\alpha x$$

将式（5-53）～式（5-58）代入上式，得

$$\begin{aligned}
{}_{t_0}^C D_t^\alpha e &= {}_{t_0}^C D_t^\alpha \hat{x} - {}_{t_0}^C D_t^\alpha x = {}_{t_0}^C D_t^\alpha I_{t_0}^\beta \left(TPz + TG(z) + TK(y_x - y_z)\right) - (Ax + F(x)) \\
&= TPT^{-1}(Tz) + TG(z) + TK(C_x x + K^{-1}T^{-1}F(x) - C_z z - K^{-1}G(z)) - (Ax + F(x)) \\
&= TPT^{-1}(Tz) + TKC_x x - TKC_z T^{-1}(Tz) - Ax \\
&= T(P - KC_z)T^{-1}(Tz - x) + (TKC_x - A + T(P - KC_z)T^{-1})x \\
&= T(P - KC_z)T^{-1}e + (TKC_x - A + T(P - KC_z)T^{-1})x
\end{aligned}$$

(5-60)

当条件①满足时，式（5-60）中的 $(TKC_x - A + T(P - KC_z)T^{-1})$ 项为 $n \times n$ 零矩阵，误差系统式（5-60）可以表示为

$$ {}_{t_0}^C D_t^\alpha e = T(P - KC_z)T^{-1}e \tag{5-61}$$

由式（5-61）可知，若行列式 $\det(\lambda^{m\alpha} I - T(P - KC_z)T^{-1}) = 0$ 的所有特征值 λ_i 的幅角（arg(·)）能够满足

$$|\arg(\lambda_i)| > \gamma \pi/2, \quad i = 1, 2, \cdots, n \tag{5-62}$$

那么，误差系统将是稳定的，因此误差是有界的，即存在正数 M，使得

$$\lim_{t \to \infty} \|e\| = \lim_{t \to \infty} \|\hat{x} - x\| = \lim_{t \to \infty} \|Tz - x\| < M$$

从而实现被动系统和主动系统的同步。

证毕。

注 5-1 根据定理 5-1 可以设计出满足要求的观测器，用于实现 $\alpha = \beta$ 阶数相同时的主动系统和被动系统状态之间的同步。其中，待定矩阵 C_x 由式（5-59）确定，而待定矩阵 C_z 可根据定理 5-1 中的条件②设计。

为使行列式 $\det(\lambda^{m\alpha} I - T(P - KC_z)T^{-1}) = 0$ 的所有特征值 λ_i 的幅角（arg(·)）满足式（5-62），可以令其所有特征值的实部均为负数，C_z 满足如下形式：

$$C_z = K^{-1}(P + hI_{n \times n}) \tag{5-63}$$

其中，$I_{n \times n} \in \mathbf{R}^{n \times n}$ 为单位矩阵，h 为一常数，且 $h > 0$。$T(P - KC_z)T^{-1} = -hI_{n \times n}$，行列式 $\det(\lambda^{m\alpha} I - T(P - KC_z)T^{-1}) = \det(\lambda^{m\alpha} I + hI) = 0$ 的所有特征值的实部均为负数。根据式（5-59），矩阵 C_x 为如下形式：

$$C_x = K^{-1}T^{-1}(A + hI_{n \times n})$$

第 5 章　分数阶非线性混沌电路系统

注 5-2　根据式（5-55），改变观测器中的矩阵 T 可以实现主动系统和被动系统之间的多种同步形式。当 $T=I$、$z \to x$，可以实现两个不同系统的完全同步；当 $T=-I$、$z \to -x$，可以实现两个不同系统的反相同步；当 $T=\alpha I$（$\alpha \neq 0$）、$z \to \dfrac{1}{\alpha} x$，可以实现不同系统的投影同步。更一般地，当 T 为一般的可逆矩阵时，某些不同系统之间的广义同步也可以得到实现。所谓广义同步，指在两个同步系统的状态之间存在一个函数关系 ϕ。由于 T 为常数矩阵，此时的 ϕ 为线性函数。

5.4.3　分数阶蔡氏电路的同步

5.2.2 节给出了分数阶蔡氏电路的归一化系统模型和对应的混沌吸引子。假设分数阶蔡氏电路中电容 C_2 的阶数为 0.9，电容 C_1 和电感的 L 的阶数均为 1。那么相应系统的阶数为 $q_1=1$、$q_2=0.9$、$q_3=1$。式（5-6）对应的分数阶蔡氏电路的归一化方程为

$$\begin{cases} {_0}D_t^1 x(t) = \alpha(y(t) - x(t) - f(x)) \\ {_0}D_t^{0.9} y(t) = x(t) - y(t) + z(t) \\ {_0}D_t^1 z(t) = -\beta y(t) - \gamma z(t) \end{cases} \quad (5\text{-}64)$$

其中，$f(x) = m_1 x(t) + \dfrac{1}{2}(m_0 - m_1) \times (|x(t)+1| - |x(t)-1|)$。

当参数 $q_1=1$、$q_2=0.9$、$q_3=1$、$\alpha=10$、$\beta=11.8$、$\gamma=0.2$、$m_1=-0.8$、$m_0=-1.23$ 时，系统的轨迹如图 5-40（a）所示，为双涡卷吸引子。改变参数 α，其他参数保持不变，当 $\alpha=9.6$ 时，此系统的轨迹如图 5-40（b）所示，为单涡卷吸引子。

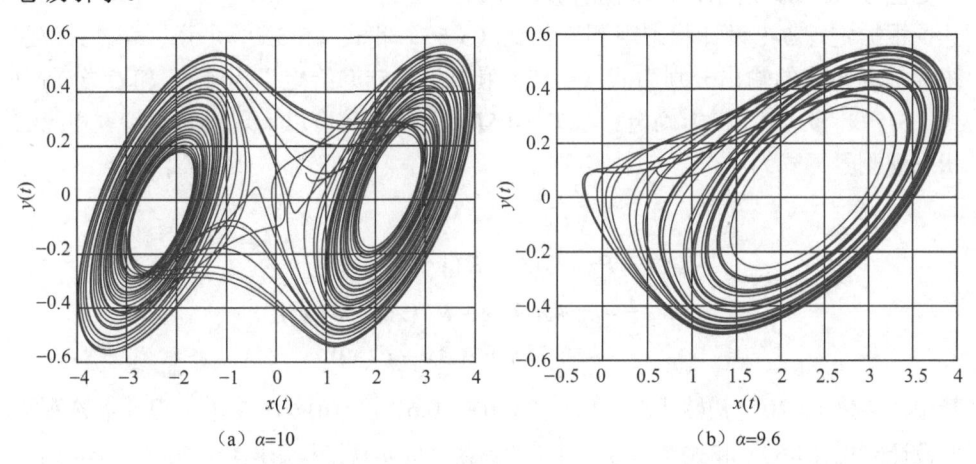

(a) $\alpha=10$

(b) $\alpha=9.6$

图 5-40　系统式（5-64）在不同参数下的混沌吸引子

根据 5.4.2 节的论述，可以通过设计状态观测器来实现这两个阶数相同但是参数不同的系统同步。主动系统参数方程如下：

$$_aD_t^\alpha x = Ax + F(x) \tag{5-65}$$

其中，$x \in \mathbf{R}^3$ 是主动系统的状态矢量，$x = [x_1, x_2, x_3]^T$，$\alpha = [1, 0.9, 1]$，系数矩阵 A 和矢量函数 F 分别为

$$A = \begin{bmatrix} -10 & 10 & 0 \\ 1 & -1 & 1 \\ 0 & -11.8 & -0.2 \end{bmatrix}, \quad F(x) = \begin{bmatrix} -10 f_1(x_1) \\ 0 \\ 0 \end{bmatrix}$$

其中，$f_1(x_1) = -0.8 x_1(t) - 0.215(|x_1(t)+1| - |x_1(t)-1|)$。主动系统式（5-65）的吸引子如图 5-40（a）所示，是双涡卷吸引子。

被动系统的方程如下：

$$_aD_t^\beta z = Pz + G(z) \tag{5-66}$$

其中，$z \in \mathbf{R}^3$ 是被动系统的状态矢量，$z = [z_1, z_2, z_3]^T$，$\beta = [1, 0.9, 1]$，系数矩阵 P 和矢量函数 G 分别为

$$P = \begin{bmatrix} -9.6 & 9.6 & 0 \\ 1 & -1 & 1 \\ 0 & -11.8 & -0.2 \end{bmatrix}, \quad G(z) = \begin{bmatrix} -9.6 f_2(z_1) \\ 0 \\ 0 \end{bmatrix}$$

其中，$f_2(z_1) = -0.8 z_1(t) - 0.215(|z_1(t)+1| - |z_1(t)-1|)$。被动系统式（5-66）的吸引子如图 5-40（b）所示，是单涡卷吸引子。

根据定理 5-1 设计状态观测器如式（5-55）和式（5-56）所示，其中主动系统和被动系统的输出分别由式（5-57）和式（5-58）给定。矩阵 C_x 和 C_z 分别由式（5-59）和式（5-63）确定。取 $T = 0.5 I_{3\times 3}$，两系统可以实现投影同步。相应的状态观测器形式为

$$\hat{x}_n = Tz = 0.5z$$

$$\begin{aligned} _aD_t^\beta z &= Pz + G(z) + K(y_x - y_z) \\ &= -hz + hT^{-1}x + T^{-1}(Ax + F(x)) \\ &= -hz + 2hx + 2(Ax + F(x)) \end{aligned}$$

其中，参数 $h = 20$。初始状态 $x(0) = [0.6, 0.1, -0.6]^T$，$z(0) = [1, 2, 3]^T$。基于状态观测器设计，式（5-65）和式（5-66）对应的系统之间实现了投影同步，如图 5-41（a）所示。由图 5-41（b）可见，两分数阶系统的状态误差是有界的。

第 5 章 分数阶非线性混沌电路系统

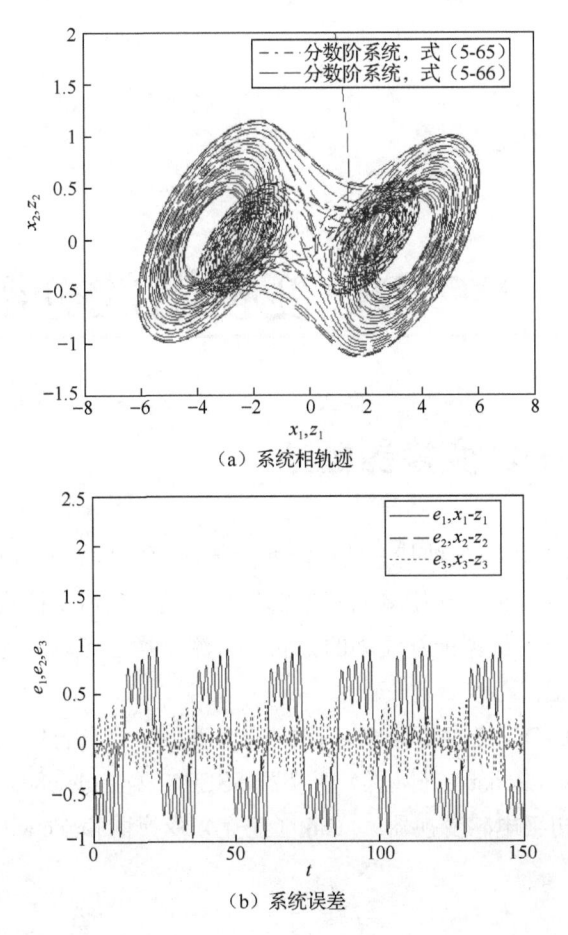

(a) 系统相轨迹

(b) 系统误差

图 5-41 系统式 (5-65) 和式 (5-66) 的投影同步

第 6 章

DC-DC 变换器的分数阶建模

■ 6.1　DC-DC 变换器概述

　　DC-DC 变换器作为一种基本的电能变换装置，能够将一种电压的直流电转换为另一种电压的直流电。根据输入和输出是否隔离，直流变换器又可以分为隔离型和非隔离型两类。根据能量流动的方向，直流变换器可以分为双向直流变换器和单向直流变换器。

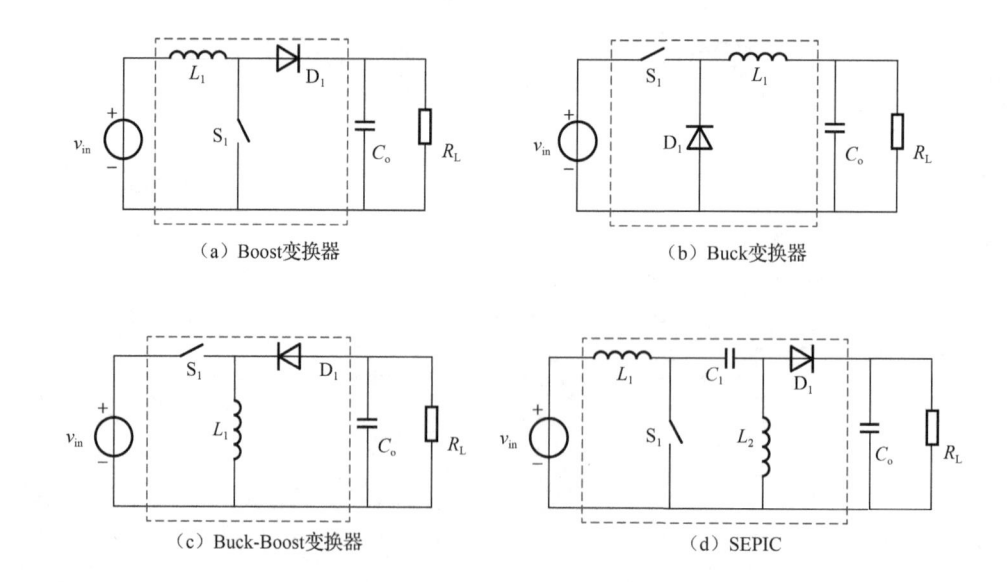

　　非隔离型 DC-DC 变换器有 6 种基本拓扑，即 Boost（升压）变换器、Buck（降压）变换器、Buck-Boost（升降压）变换器、SEPIC（single ended primary inductor converter，单端初级电感变换器）、Cuk（丘克）变换器和 Zeta（泽塔）变换器，如图 6-1 所示。

（a）Boost 变换器

（b）Buck 变换器

（c）Buck-Boost 变换器

（d）SEPIC

（e）Cuk变换器　　　　　　　　　　　（f）Zeta变换器

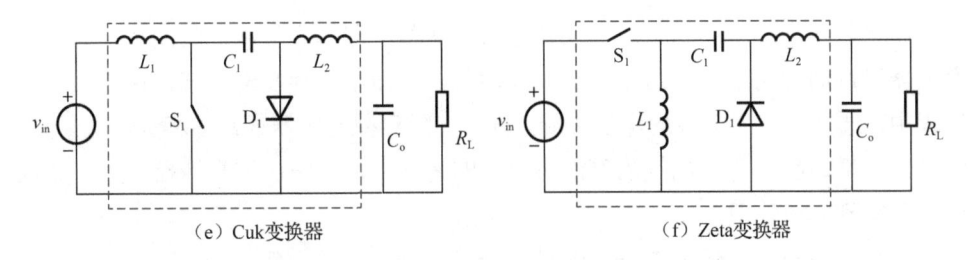

图 6-1　非隔离型 DC-DC 变换器 6 种基本拓扑

隔离型直流变换器一般采用耦合电感或者变压器实现输出与输入端的隔离。双向变换器一般采用全控开关实现能量的双向流动。几种常见的隔离型直流变换器基本拓扑如图 6-2 所示。图 6-2（a）为基本的单输出反激式变换器。基于反激式变换器可以产生一个或者多个输出，在需要将某个电池电压高效率转换为多个电压时（如+5V、+12V 和-12V），可以考虑采用多输出的反激式变换器。图 6-2（b）为正激式变换器，广泛应用于中低功率场合，负载功率通常小于 500W。图 6-2（c）为半桥式变换器，这种拓扑适合较大功率设计，在负载功率范围为 500～1500W 时，可以考虑半桥式直流变换器。图 6-2（d）为全桥式变换器，相比于半桥式需要多两个全控开关，负载功率范围为 1～3kW。

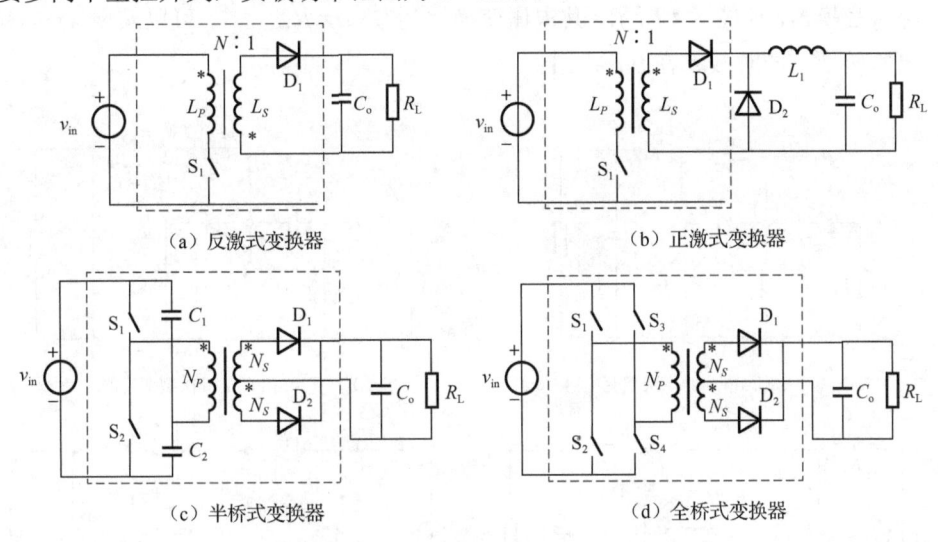

（a）反激式变换器　　　　　　　　　　（b）正激式变换器

（c）半桥式变换器　　　　　　　　　　（d）全桥式变换器

图 6-2　隔离型 DC-DC 变换器基本拓扑

近年来，高增益和高降压比直流变换器的研究受到广泛关注。光伏或燃料电池的电压通常比较低，利用直流变换器可以将较低电压转换为较高电压，如从 20～50V 转换到 400V 甚至 800V[53-54]。另外，在数据中心供电系统中，需要将 48V 或者 12V 直流电转换为 1V 左右的电压[55-56]，这类高降压比直流变换器的研究也日益受到重视。

高增益和高降压比的直流变换器通常有两类，即隔离型和非隔离型。隔离型变换器可以通过调整变压器变比实现高增益，然而由于存在漏电感，在开关变换过程中，通常会产生很大的电压尖峰。同时，隔离型变压器通常体积大、重量大，而且比较贵，因此在对电气隔离没有要求的情况下，非隔离型高增益和高降压比变换器得到广泛使用。

利用开关电容、开关电感和泵式电路（pump circuit）等与已有的电路结合，可以实现更高的增益或者更高的降压比[53-58]。文献[59]系统地给出了一种二次型直流变换器的构造方法。所谓二次型变换器，即其电压增益与占空比 D 的平方有关的一种直流变换器。当电压变换比为 $G=1/(1-D)^2$ 时，是二次型升压变换器；当 $G=D^2$ 时，为二次型降压变换器。文献[57]将一个三端四元件的开关网络分别插入传统的 Buck-Boost 变换器、SEPIC、Cuk 变换器和 Zeta 变换器，得到了一种二次型升降压变换器，如图 6-3 所示。这些拓扑对应的电压变换比为 $|G|=\dfrac{D(2-D)}{(1-D)^2}$，但是图 6-3（a）和图 6-3（c）的变换器输出为负，图 6-3（b）和图 6-3（d）的变换器输出为正。文献[58]提出了一种高降压比的串联电容式二次型降压变换器，如图 6-4 所示，其电压变换比为 $G=D^2/(2-D)$，可以实现 48V-1V 的电压转换，同时效率在 90%以上。

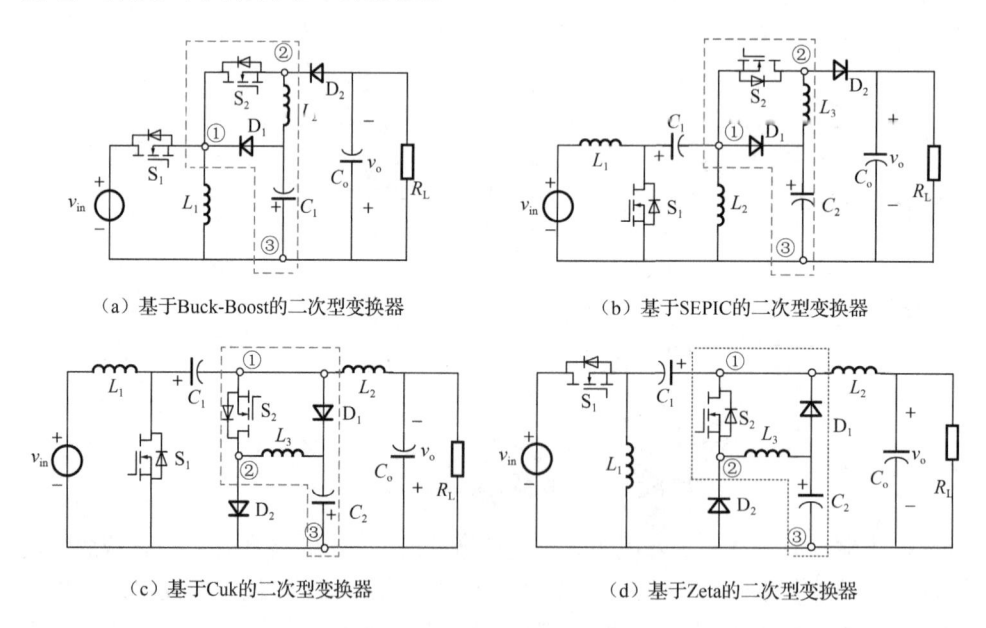

（a）基于Buck-Boost的二次型变换器　　　　（b）基于SEPIC的二次型变换器

（c）基于Cuk的二次型变换器　　　　（d）基于Zeta的二次型变换器

图 6-3　二次型升降压变换器

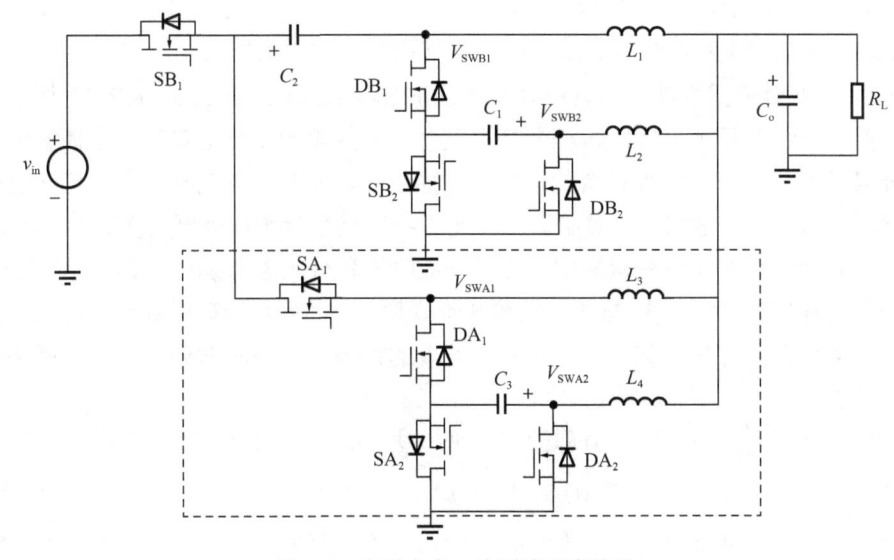

图 6-4 串联电容二次型降压变换器

各种不同拓扑的直流变换器在分析过程中需要进行建模分析，状态平均法建模就是比较常用的一种建模方法。由于 DC-DC 变换器中普遍采用开关和二极管等非线性元件，因此这类变换器中蕴含着大量的非线性现象[60]。当 DC-DC 变换器中包含分数阶元件时，其对应的分数阶非线性系统的建模和动力学特性会受到分数阶元件阶数的影响，因此，本章后面将对这些问题进行研究。

6.2 分数阶系统的状态平均法

状态平均法是非自治常微分方程的重要分析方法，并且已经在很多科学和工程领域得到应用。很多文献研究了针对常微分方程组和泛函微分方程组的状态平均法[61-66]。对于常微分方程组，状态平均法的主要思想如下。对于系统

$$\dot{x}(t) = \varepsilon F(x(t), t) \tag{6-1}$$

其中，ε 是非常小的正数，$x \in \mathbf{R}^n$，$F: \mathbf{R}^n \times \mathbf{R} \to \mathbf{R}^n$ 是连续函数。显式时间的影响很小，因此可以通过在一定的时间间隔上对 $F(x,t)$ 进行平均来消除影响，从而得到其平均系统：

$$\dot{y}(t) = \varepsilon F_0(y(t)) \tag{6-2}$$

其中，F_0 是式（6-1）中函数 F 的平均函数，其定义如下：

$$F_0(y) = \lim_{T \to \infty} \frac{1}{T} \int_0^T F(y, t) \mathrm{d}t$$

如果 ε 足够小，并且式（6-1）和式（6-2）的初始条件足够接近，那么 $x(t)$ 和 $y(t)$ 这两个解在 $1/\varepsilon$ 时间内的差值很小。常微分方程组的状态平均法也称为克雷洛夫-博戈柳博夫平均法（Krylov-Bogolyubov method of averaging，KBM）[61]。

前面已经介绍了分数阶微积分基本概念，分数阶微积分运算可以是任意阶的微分或者积分。在对各种材料的特性进行描述时，尤其是对某些具有记忆和遗传特性的材料进行描述时，分数阶微积分比传统的整数阶微积分更具优势[9]。因此，在很多领域的系统和过程建模中用到了分数阶微积分，这些领域涉及物理、化学、生物和工程等领域[4,67-78]。与传统的整数阶模型相比，分数阶模型更加接近实际情况。分数阶微分方程引起了越来越多研究者的兴趣，分数阶微分方程的分析和应用在过去十年中得到了广泛的研究[79-87]。

本节将研究分数阶微分方程的状态平均法。分数阶微分方程如下：

$$ {}_0^C D_t^\alpha x(t) = \varepsilon F(x(t),t), \qquad x(0) = x_0 \qquad (6\text{-}3)$$

其中，${}_0^C D_t^\alpha$ 表示从 0 到 t 的阶数为 α 的 Caputo 分数阶微分，ε 是一个非常小的参数，$\varepsilon \geq 0$，$x \in \mathbf{R}^n$，$F: \mathbf{R}^n \times \mathbf{R} \to \mathbf{R}^n$ 是连续的函数。当 $\alpha = 1$ 时，式（6-3）就是一个常微分方程。这里假设 $0 < \alpha < 1$。本节研究的目的在于说明式（6-3）的分数阶微分方程能够利用式（6-4）的状态平均系统进行近似，

$$ {}_0^C D_t^\alpha y(t) = \varepsilon F_0(y(t)), \qquad y(0) = y_0 \qquad (6\text{-}4)$$

其中，$F_0(y) = \lim\limits_{T \to \infty} \dfrac{1}{T} \int_0^T F(y,t) \mathrm{d}t$。

如果已知系统的初始值，那么式（6-3）存在一个唯一解的条件是式（6-3）等号右侧的函数 F 是连续的，并且能够满足 Lipschitz 条件[9]。假定函数 F 是连续的，并且对 x 满足 Lipschitz 条件。那么，式（6-3）和式（6-4）的唯一解可以表示为如下形式：

$$ x(t, x_0) = x_0 + \frac{\varepsilon}{\Gamma(\alpha)} \int_0^t (t-\tau)^{\alpha-1} F(x,\tau) \mathrm{d}\tau $$

$$ y(t, y_0) = y_0 + \frac{\varepsilon}{\Gamma(\alpha)} \int_0^t (t-\tau)^{\alpha-1} F_0(y) \mathrm{d}\tau $$

当 $t = t_1$ 时，$x(t_1, x_0) = x_0 + \dfrac{\varepsilon}{\Gamma(\alpha)} \int_0^{t_1} (t_1-\tau)^{\alpha-1} F(x,\tau) \mathrm{d}\tau$。值得注意的是，当 $t > t_1$ 时，$x(t, x_0) \neq x(t_1, x_0) + \dfrac{\varepsilon}{\Gamma(\alpha)} \int_{t_1}^t (t-\tau)^{\alpha-1} F(x,\tau) \mathrm{d}\tau$。这一点和常微分方程是不同的，并且将会影响后面对两个解 $x(t, x_0)$ 和 $y(t, y_0)$ 之间关系的证明。

在接下来的内容中，首先给出与分数阶微积分和分数阶系统稳定性相关的定义和引理。然后，证明式（6-3）的解 $x(t, x_0)$ 和式（6-4）的解 $y(t, y_0)$ 在时间段 $[0, L/\varepsilon]$

上足够靠近，其中 $L>0$，ε 是任意小的正数。特别地，证明当满足 $x_0=y_0$ 时，$\|x(t,x_0)-y(t,y_0)\|=O(\varepsilon^{1-\alpha})$。

进一步，假定式（6-4）对应的状态平均系统具有一个 Mittag-Leffler 稳定平衡点，并且假设初始条件处于 Mittag-Leffler 稳定区域内，继而将有限时间段的状态平均结果推广到无限时间。这个结果的证明利用了反证法，即首先假定不存在任意小的 ε 使得 $\|x(t,x_0)-y(t,y_0)\|$ 任意小，然后在此假设下逐步给出矛盾。

6.2.1 状态平均法相关定义和定理

为方便分析，本节集中给出和分数阶状态平均法证明相关的定义、引理和定理。

定义 6-1[9] 分数阶 Riemann-Liouville 积分的定义如下：

$$I_{[0,t]}^{\alpha}f(t)={}_0D_t^{-\alpha}f(t)=\frac{1}{\Gamma(\alpha)}\int_0^t(t-\tau)^{\alpha-1}f(\tau)d\tau$$

其中，$\Gamma(\cdot)$ 是伽马函数，非整数 $\alpha>0$，积分从 0 到 t。

定义 6-2[9] Caputo 的分数阶导数的定义如下：

$$_aD_t^{\alpha}f(t)=\frac{1}{\Gamma(n-\alpha)}\int_a^t(t-\tau)^{n-\alpha-1}f^{(n)}(\tau)d\tau$$

其中，$n=\lceil\alpha\rceil$（$\lceil\cdot\rceil$ 是顶函数，n 是大于 α 的最小的整数），$\alpha>0$，$n-1<\alpha<n$。

定义 6-3[9] 伽马函数由下面的积分定义：

$$\Gamma(z)=\int_0^{\infty}e^{-t}t^{z-1}dt$$

在 $\text{Re}(z)>0$ 复平面的右半平面内收敛，$z\in\mathbf{C}$。

定义 6-4[12] 假设 $\alpha>0$、$z\in\mathbf{C}$。函数 E_{α} 定义如下：

$$E_{\alpha}(z)=\sum_{k=0}^{\infty}\frac{z^k}{\Gamma(\alpha k+1)}$$

当级数收敛时称为 Mittag-Leffler 函数。

假设 $\alpha>0$、$\beta>0$、$z\in\mathbf{C}$。函数 $E_{\alpha,\beta}$ 定义如下：

$$E_{\alpha,\beta}(z)=\sum_{k=0}^{\infty}\frac{z^k}{\Gamma(\alpha k+\beta)}$$

当级数收敛时称为双参数 Mittag-Leffler 函数。

当 $\alpha=1$、$\beta=1$ 时，$E_1(z)=E_{1,1}(z)=\sum_{k=0}^{\infty}\frac{z^k}{\Gamma(k+1)}=\sum_{k=0}^{\infty}\frac{z^k}{k!}=e^z$。Mittag-Leffler 函数就是一般的指数函数。

引理 6-1[12]　假设 $\alpha > 0$、$n = \lceil \alpha \rceil$、$\lambda \in \mathbf{R}$。给定初始值的分数阶微分方程

$$^C_0\mathrm{D}^\alpha_t y(t) = \lambda y(t), \quad y(0) = y_0, \quad y^{(k)}(0) = 0, \quad k = 1, 2, \cdots, n-1$$

其解的形式为

$$y(t) = y_0 E_\alpha(\lambda t^\alpha), \quad t \geqslant 0$$

引理 6-2[12]　假设 $\alpha, L, \varepsilon_1, \varepsilon_2 \in \mathbf{R}^+$，且假定函数 $\delta:[0,L] \to \mathbf{R}$ 是连续函数，并且满足如下不等式：

$$|\delta(t)| \leqslant \varepsilon_1 + \frac{\varepsilon_2}{\Gamma(\alpha)} \int_0^t (t-\tau)^{\alpha-1} |\delta(\tau)| \mathrm{d}\tau$$

对于所有的 $t \in [0,L]$ 成立。那么，

$$|\delta(t)| \leqslant \varepsilon_1 E_\alpha(\varepsilon_2 t^\alpha)$$

对于 $t \in [0,L]$ 成立。

考虑一个 Caputo 或者 Riemann-Liouville 分数阶非自治系统[80]

$$_{t_0}\mathrm{D}^\alpha_t x(t) = f(x,t) \tag{6-5}$$

其初始值为 $x(t_0)$，D 可以表示 Caputo 或者 Riemann-Liouville 分数阶算子，$0 < \alpha < 1$，$f: \Omega \times [t_0, \infty) \to \mathbf{R}^n$ 是分段连续的，并且在 $\Omega \times [t_0, \infty)$ 上对 x 满足局部的 Lipschitz 条件，Ω 是包含原点 $x = 0$ 的域。分数阶系统式（6-5）的平衡点定义如下。

定义 6-5[80]　常数 x_e 是分数阶系统式（6-5）的平衡点，当且仅当 $f(x_e, t) = {_{t_0}}\mathrm{D}^\alpha_t x_e$。

定义 6-6[81]　常数 x_e 是 Caputo 分数阶系统式（6-5）的平衡点，当且仅当 $f(x_e, t) = 0$。

定义 6-7（Mittag-Leffler 稳定性）[80]　系统式（6-5）的解被称为 Mittag-Leffler 稳定，如果满足下式：

$$\|x(t)\| \leqslant \{m[x(t_0)]E_\alpha[-\lambda(t-t_0)^\alpha]\}^b$$

其中，t_0 是初始时间，$0 < \alpha < 1$，$\lambda > 0$，$b > 0$，$m(0) = 0$，$m(x) \geqslant 0$，并且 $m(x)$ 在 $x \in B \subset \mathbf{R}^n$ 上满足局部 Lipschitz 条件。

定理 6-1[80]　假定 $x = 0$ 是系统式（6-5）的一个平衡点，并且 $\Omega \subset \mathbf{R}^n$ 为包含原点的域。若 $V(t, x(t)):[0,\infty) \times \Omega \to \mathbf{R}$ 是连续可微函数，且对 x 满足局部 Lipschitz 条件，则

$$\alpha_1 \|x\|^a \leqslant V(t, x(t)) \leqslant \alpha_2 \|x\|^{ab}, \quad {^C_0}\mathrm{D}^\beta_t V(t, x(t)) \leqslant -\alpha_3 \|x\|^{ab}$$

其中，$t \geqslant 0$，$x \in \Omega$，$\beta \in (0,1)$，$\alpha_1, \alpha_2, \alpha_3, a, b$ 是任意的正数。那么 $x = 0$ 是

Mittag-Leffler 稳定。如果假定在 $\mathbf{R}^n$ 内满足 Lipschitz 条件，那么 $x=0$ 是全局 Mittag-Leffler 稳定。

评论 6-1 如果 $a=1$，那么 $\|x(t)\| \leqslant k_1 E_\alpha\left(-\dfrac{\alpha_3}{\alpha_2}t^\alpha\right)$，对于 $t \geqslant 0$。其中 $k_1 = \dfrac{V(0, x(0))}{\alpha}$。

6.2.2 有限时间段的状态平均

设 $\mathbf{R}^n$ 是 n 维欧几里得空间。假设函数 $F: \mathbf{R}^n \times \mathbf{R} \to \mathbf{R}^n$ 总是连续的和有界的，$F(x,t)$ 是一个周期为 T 的函数，x 位于紧集 Ω，$\Omega \subset \mathbf{R}^n$，且对 x 满足 Lipschitz 条件。假定 $x(t,x_0)$ 和 $y(t,y_0)$ 分别为系统式（6-3）和状态平均系统式（6-4）的解，且 $x(t,x_0) \in \Omega$，$y(t,y_0) \in \Omega$。

引理 6-3 假定函数 $F: \mathbf{R}^n \times \mathbf{R} \to \mathbf{R}^n$ 是连续的和有界的，并且 $F(x,t)$ 是一个周期为 T 的函数，x 位于紧集 Ω，$\Omega \subset \mathbf{R}^n$，且对 x 满足 Lipschitz 条件。$F_0(x) = \lim\limits_{T \to \infty} \dfrac{1}{T} \int_0^T F(x,t)\mathrm{d}t$，$0 < \alpha < 1$。那么，对于任意的 $x \in \Omega$，$L > 0$ 和 $\gamma > 0$，这里存在一个数满足 $\varepsilon_0 = \varepsilon_0(\gamma, L) > 0$，因此，对于 $0 < \varepsilon \leqslant \varepsilon_0$，存在如下关系：

$$\left\| \dfrac{\varepsilon}{\Gamma(\alpha)} \int_{t_0}^t (t-\tau)^{\alpha-1}(F(x,\tau) - F_0(x))\mathrm{d}\tau \right\| \leqslant \gamma$$

对于所有的 $t \in \left[t_0, t_0 + \dfrac{L}{\varepsilon}\right]$ 成立，$t_0 \geqslant 0$。

证明：由于 $F(x,t)$ 是有界的，因此，对于任意的 $x \in \Omega$，$F_0(x) = \lim\limits_{T \to \infty} \dfrac{1}{T} \int_0^T F(x,t)\mathrm{d}t$ 是有界的。因此，差值 $\|F(x,\tau) - F_0(x)\|$ 是有界的。假定 $\|F(x,\tau) - F_0(x)\| \leqslant M (M > 0)$。那么，对于 $t \in \left[t_0, t_0 + \dfrac{L}{\varepsilon}\right]$，有

$$\left\| \dfrac{\varepsilon}{\Gamma(\alpha)} \int_{t_0}^t (t-\tau)^{\alpha-1}(F(x,\tau) - F_0(x))\mathrm{d}\tau \right\| \leqslant \dfrac{\varepsilon}{\Gamma(\alpha)} \int_{t_0}^t (t-\tau)^{\alpha-1} \|F(x,\tau) - F_0(x)\| \mathrm{d}\tau$$

$$\leqslant \dfrac{\varepsilon M}{\Gamma(\alpha)} \int_{t_0}^t (t-\tau)^{\alpha-1} \mathrm{d}\tau = \dfrac{\varepsilon M}{\Gamma(\alpha)} \dfrac{(t-t_0)^\alpha}{\alpha}$$

$$\leqslant \dfrac{\varepsilon M}{\Gamma(\alpha+1)} \dfrac{L^\alpha}{\varepsilon^\alpha} = \varepsilon^{1-\alpha} \dfrac{ML^\alpha}{\Gamma(\alpha+1)}$$

$\forall \gamma > 0$，$\exists \varepsilon_0 = \varepsilon_0(\gamma, L)$ 和常数 $\delta = \dfrac{ML^\alpha}{\Gamma(\alpha+1)} > 0$，满足 $\varepsilon_0^{1-\alpha} \delta = \gamma$（$0 < \alpha < 1$）。

因此，对于 $0 < \varepsilon \leqslant \varepsilon_0$，有

$$\left\| \frac{\varepsilon}{\Gamma(\alpha)} \int_{t_0}^{t} (t-\tau)^{\alpha-1} (F(x,\tau) - F_0(x)) \mathrm{d}\tau \right\| \leqslant \varepsilon^{1-\alpha} \delta \leqslant \gamma$$

对于所有的 $t \in \left[t_0, t_0 + \dfrac{L}{\varepsilon} \right]$ 成立。

证毕。

定理 6-2 假设函数 F 满足引理 6-3 条件。$x(t, x_0)$ 和 $y(t, y_0)$ 分别表示系统式（6-3）和系统式（6-4）的解，且 $x(t, x_0) \in \Omega$、$y(t, y_0) \in \Omega$。那么，对于任意的 $L > 0$、$\gamma > 0$ 和 $\rho > 0$，存在 ε^*，对于 $0 < \varepsilon \leqslant \varepsilon^*$，有

$$\| x(t, x_0) - y(t, y_0) \| \leqslant (\| x_0 - y_0 \| + \gamma) E_\alpha(\rho)$$

对于所有的 $t \in \left[0, \dfrac{L}{\varepsilon} \right]$ 成立。

证明：根据式（6-3）和式（6-4），对于 $t \in \left[0, \dfrac{L}{\varepsilon} \right]$，有

$$\begin{aligned} \| x(t) - y(t) \| &\leqslant \| x_0 - y_0 \| + \left\| \frac{\varepsilon}{\Gamma(\alpha)} \int_0^t (t-\tau)^{\alpha-1} (F(x,\tau) - F_0(y)) \mathrm{d}\tau \right\| \\ &\leqslant \| x_0 - y_0 \| + \left\| \frac{\varepsilon}{\Gamma(\alpha)} \int_0^t (t-\tau)^{\alpha-1} (F(x,\tau) - F(y,\tau)) \mathrm{d}\tau \right\| \\ &\quad + \left\| \frac{\varepsilon}{\Gamma(\alpha)} \int_0^t (t-\tau)^{\alpha-1} (F(y,\tau) - F_0(y)) \mathrm{d}\tau \right\| \end{aligned} \quad (6\text{-}6)$$

由于 $F(x, t)$ 对 x 满足 Lipschitz 条件，因此存在 Ω，$\Omega \subset \mathbf{R}^n$，对于任意 $x \in \Omega$、$y \in \Omega$ 和 $t \in \mathbf{R}$，存在一个常数 K，$K > 0$，满足 $\| F(x,t) - F(y,t) \| \leqslant K \| x - y \|$。因此，

$$\left\| \frac{\varepsilon}{\Gamma(\alpha)} \int_0^t (t-\tau)^{\alpha-1} (F(x,\tau) - F(y,\tau)) \mathrm{d}\tau \right\| \leqslant \frac{\varepsilon K}{\Gamma(\alpha)} \int_0^t (t-\tau)^{\alpha-1} \| x-y \| \mathrm{d}\tau \quad (6\text{-}7)$$

根据引理 6-3，对于任意的 $L > 0$、$\gamma > 0$，这里存在 $\varepsilon_0 = \varepsilon_0(\gamma, L) > 0$，因此，对于 $0 < \varepsilon \leqslant \varepsilon_0$，有

$$\left\| \frac{\varepsilon}{\Gamma(\alpha)} \int_0^t (t-\tau)^{\alpha-1} (F(y,\tau) - F_0(y)) \mathrm{d}\tau \right\| \leqslant \gamma \quad (6\text{-}8)$$

对于所有的 $t \in \left[0, \dfrac{L}{\varepsilon} \right]$ 成立。

根据式（6-6）、式（6-7）和式（6-8），对于 $0<\varepsilon\leqslant\varepsilon_0$，有

$$\|x(t)-y(t)\|\leqslant\|x_0-y_0\|+\gamma+\frac{\varepsilon K}{\Gamma(\alpha)}\int_0^t(t-\tau)^{\alpha-1}\|x(\tau)-y(\tau)\|\mathrm{d}\tau \quad (6\text{-}9)$$

对于所有的 $t\in\left[0,\dfrac{L}{\varepsilon}\right]$ 成立。

根据式（6-9）和引理 6-2，得

$$\|x(t)-y(t)\|\leqslant(\|x_0-y_0\|+\gamma)E_\alpha(\varepsilon^{1-\alpha}KL^\alpha) \quad (6\text{-}10)$$

$\forall\rho>0$，$\exists\varepsilon_1=\varepsilon_1(\rho,L)$ 和常数 $\delta=KL^\alpha>0$，满足 $\varepsilon_1^{1-\alpha}\delta=\rho$（$0<\alpha<1$），因此，对于 $0<\varepsilon\leqslant\varepsilon_1$，有

$$E_\alpha(\varepsilon^{1-\alpha}KL^\alpha)\leqslant E_\alpha(\rho) \quad (6\text{-}11)$$

令 $\varepsilon^*=\min\{\varepsilon_0,\varepsilon_1\}$。根据式（6-10）和式（6-11），对于 $0<\varepsilon\leqslant\varepsilon^*$，有

$$\|x(t)-y(t)\|\leqslant(\|x_0-y_0\|+\gamma)E_\alpha(\rho)$$

对于所有的 $t\in\left[0,\dfrac{L}{\varepsilon}\right]$ 成立。

证毕。

评论 6-2 上式中，$E_\alpha(\rho)$ 是阶数为 α（$\alpha>0$）的 Mittag-Leffler 函数。如前所述，当 $\alpha=1$ 时，$E_1(\rho)=\mathrm{e}^\rho$。但是，当 $0<\alpha<1$ 时，$E_\alpha(\rho)>E_1(\rho)$。因此这里存在常数 $M>1$，当 $\rho\to 0$ 时，$E_\alpha(\rho)\to M$。

评论 6-3 如果 $\|x_0-y_0\|=0$，那么当 $\varepsilon\to 0$ 时，$\gamma\to 0$，$\rho\to 0$，$\|x(t)-y(t)\|\leqslant\gamma E_\alpha(\rho)$。在 $t\in\left[0,\dfrac{L}{\varepsilon}\right]$ 内，$\|x(t)-y(t)\|=O(\varepsilon^{1-\alpha})$。

6.2.3　无限时间段的状态平均

当分数阶系统的解处于 Mittag-Leffler 平衡点的 Mittag-Leffler 稳定域内时，如何将有限时间段的状态平均结论推广到无限时间段是本节主要阐述的内容。

假设 $\tilde{y}(t,\tilde{y}_{t_1})$ 是式（6-12）分数阶系统的解，系统方程如下：

$$^C_{t_1}\mathrm{D}^\alpha_t\tilde{y}(t)=\varepsilon F_0(\tilde{y}),\quad \tilde{y}_{t_1}=x(t_1,x_0) \quad (6\text{-}12)$$

式（6-12）所示分数阶系统的初始时刻是 t_1（$t_1>0$），该系统的解为如下形式：

$$\tilde{y}(t,\tilde{y}_{t_1})=x(t_1,x_0)+\frac{\varepsilon}{\Gamma(\alpha)}\int_{t_1}^t(t-\tau)^{\alpha-1}F_0(\tilde{y})\mathrm{d}\tau \quad (6\text{-}13)$$

和式（6-4）的分数阶系统相比，式（6-12）的系统初始时刻为 t_1，不是 0，并且初始条件为 $\tilde{y}_{t_1}=x(t_1,x_0)$，不是 y_0。假定 $x_0=y_0$，那么式（6-3）、式（6-4）和式（6-12）的解如图 6-5 所示。

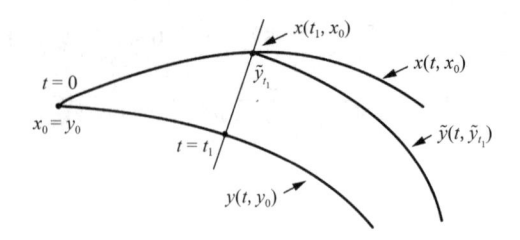

图 6-5 式（6-3）、式（6-4）和式（6-12）的解轨迹

引理 6-4 假设函数 $F(x,t)$ 满足引理 6-3 条件。$x(t_1,x_0)$ 表示式（6-3）在时刻 t_1 的解，$0 < t_1 \leqslant \dfrac{L}{\varepsilon}$，$x(t_1,x_0) \in \Omega$，$x_0$ 是式（6-3）的初始值，$0 < \alpha < 1$。那么，对于任意的 $L > 0$、$\gamma_0 > 0$，存在一个数 $\varepsilon_0 = \varepsilon_0(\gamma_0, L)$，对于 $0 < \varepsilon \leqslant \varepsilon_0$，有

$$\left\| x(t_1,x_0) - x_0 - \frac{\varepsilon}{\Gamma(\alpha)} \int_0^{t_1} (t-\tau)^{\alpha-1} F(x,\tau) \mathrm{d}\tau \right\| \leqslant \gamma_0$$

对于所有的 $t \in \left[t_1, t_1 + \dfrac{L}{\varepsilon} \right]$ 成立。

证明： 由于 $x(t_1,x_0)$ 是式（6-3）在时刻 t_1 的解，有

$$x(t_1,x_0) = x_0 + \frac{\varepsilon}{\Gamma(\alpha)} \int_0^{t_1} (t_1-\tau)^{\alpha-1} F(x,\tau)) \mathrm{d}\tau$$

因此，下式成立：

$$\left\| x(t_1,x_0) - x_0 - \frac{\varepsilon}{\Gamma(\alpha)} \int_0^{t_1} (t-\tau)^{\alpha-1} F(x,\tau) \mathrm{d}\tau \right\|$$

$$= \frac{\varepsilon}{\Gamma(\alpha)} \left\| \int_0^{t_1} (t_1-\tau)^{\alpha-1} F(x,\tau) \mathrm{d}\tau - \int_0^{t_1} (t-\tau)^{\alpha-1} F(x,\tau) \mathrm{d}\tau \right\| \quad (6\text{-}14)$$

$$\leqslant \frac{\varepsilon}{\Gamma(\alpha)} \left\| \int_0^{t_1} (t_1-\tau)^{\alpha-1} F(x,\tau) \mathrm{d}\tau \right\| + \frac{\varepsilon}{\Gamma(\alpha)} \left\| \int_0^{t_1} (t-\tau)^{\alpha-1} F(x,\tau) \mathrm{d}\tau \right\|$$

由于函数 F 是有界的，因此可以假设 $\|F(x,\tau)\| \leqslant M_0$，那么对于 $t \in \left[t_1, t_1 + \dfrac{L}{\varepsilon} \right]$ ($0 < t_1 \leqslant \dfrac{L}{\varepsilon}$)，有

$$\left\| \int_0^{t_1} (t_1-\tau)^{\alpha-1} F(x,\tau) \mathrm{d}\tau \right\| \leqslant \int_0^{t_1} (t_1-\tau)^{\alpha-1} \|F(x,\tau)\| \mathrm{d}\tau \leqslant \frac{M_0}{\alpha} t_1^{\alpha} \leqslant \frac{M_0}{\alpha} \frac{L^{\alpha}}{\varepsilon^{\alpha}} \quad (6\text{-}15)$$

并且有

$$\left\| \int_0^{t_1} (t-\tau)^{\alpha-1} F(x,\tau) \mathrm{d}\tau \right\| \leqslant \int_0^{t_1} (t-\tau)^{\alpha-1} \|F(x,\tau)\| \mathrm{d}\tau \leqslant M_0 \int_0^{t_1} (t-\tau)^{\alpha-1} \mathrm{d}\tau \quad (6\text{-}16)$$

对于 $t \in \left[t_1, t_1 + \dfrac{L}{\varepsilon}\right]$,且 $0 < \alpha < 1$,可以得到

$$\int_0^{t_1}(t-\tau)^{\alpha-1}\mathrm{d}\tau \leqslant \int_0^{t_1}(t_1-\tau)^{\alpha-1}\mathrm{d}\tau \leqslant \dfrac{t_1^\alpha}{\alpha} \leqslant \dfrac{L^\alpha}{\alpha\varepsilon^\alpha} \tag{6-17}$$

根据式(6-16)和式(6-17),有

$$\left\|\int_0^{t_1}(t-\tau)^{\alpha-1}F(x,\tau)\mathrm{d}\tau\right\| \leqslant \dfrac{M_0}{\alpha}\dfrac{L^\alpha}{\varepsilon^\alpha} \tag{6-18}$$

根据式(6-14)、式(6-15)和式(6-18),得到

$$\left\|x(t_1,x_0) - x_0 - \dfrac{\varepsilon}{\Gamma(\alpha)}\int_0^{t_1}(t-\tau)^{\alpha-1}F(x,\tau)\mathrm{d}\tau\right\| \leqslant \varepsilon^{1-\alpha}\dfrac{2M_0 L^\alpha}{\Gamma(\alpha+1)}$$

$\forall \gamma_0 > 0$,$\exists \varepsilon_0 = \varepsilon_0(\gamma, L)$,常数 $\delta = \dfrac{2M_0 L^\alpha}{\Gamma(\alpha+1)} > 0$,满足 $\varepsilon_0^{1-\alpha}\delta = \gamma_0 (0 < \alpha < 1)$,因此,对于 $0 < \varepsilon \leqslant \varepsilon_0$,有

$$\left\|x(t_1,x_0) - x_0 - \dfrac{\varepsilon}{\Gamma(\alpha)}\int_0^{t_1}(t-\tau)^{\alpha-1}F(x,\tau)\mathrm{d}\tau\right\| \leqslant \gamma_0$$

对于所有的 $t \in \left[t_1, t_1 + \dfrac{L}{\varepsilon}\right]$ 成立。

证毕。

引理 6-5 假设函数 $F(x,t)$ 满足引理 6-3 条件,且 $F_0(x) = \lim\limits_{T\to\infty}\dfrac{1}{T}\int_0^T F(x,t)\mathrm{d}t$,$0 < \alpha < 1$,$0 < t_1 \leqslant \dfrac{L}{\varepsilon}$。假定式(6-3)和式(6-12)的解分别满足 $x(t,x_0) \in \Omega$ 和 $\tilde{y}(t,\tilde{y}_{t_1}) \in \Omega$。那么对于任意的 $L > 0$、$\rho_0 > 0$ 和 $\gamma_0 > 0$,存在 ε^*,使得对于 $0 < \varepsilon \leqslant \varepsilon^*$,有

$$\left\|x(t,x_0) - \tilde{y}(t,\tilde{y}_{t_1})\right\| \leqslant \gamma E_\alpha(\rho_0)$$

对于所有的 $t \in \left[t_1, t_1 + \dfrac{L}{\varepsilon}\right]$ 成立。

证明: 对于 $t \geqslant t_1$,式(6-3)的解可以写为如下形式:

$$x(t,x_0) = x_0 + \dfrac{\varepsilon}{\Gamma(\alpha)}\int_0^{t_1}(t-\tau)^{\alpha-1}F(x,\tau)\mathrm{d}\tau + \dfrac{\varepsilon}{\Gamma(\alpha)}\int_{t_1}^{t}(t-\tau)^{\alpha-1}F(x,\tau)\mathrm{d}\tau \tag{6-19}$$

根据式（6-13）和式（6-19），可以得到

$$\left\|x(t,x_0)-\tilde{y}(t,\tilde{y}_{t_1})\right\|$$

$$=\left\|x(t_1,x_0)+\frac{\varepsilon}{\Gamma(\alpha)}\int_{t_1}^{t}(t-\tau)^{\alpha-1}F_0(\tilde{y})\mathrm{d}\tau-x_0\right.$$

$$\left.-\frac{\varepsilon}{\Gamma(\alpha)}\int_{0}^{t_1}(t-\tau)^{\alpha-1}F(x,\tau)\mathrm{d}\tau-\frac{\varepsilon}{\Gamma(\alpha)}\int_{t_1}^{t}(t-\tau)^{\alpha-1}F(x,\tau)\mathrm{d}\tau\right\|$$

$$\leq\left\|x(t_1,x_0)-x_0-\frac{\varepsilon}{\Gamma(\alpha)}\int_{0}^{t_1}(t-\tau)^{\alpha-1}F(x,\tau)\mathrm{d}\tau\right\|+\left\|\frac{\varepsilon}{\Gamma(\alpha)}\int_{t_1}^{t}(t-\tau)^{\alpha-1}\big(F(x,\tau)-F_0(\tilde{y})\big)\mathrm{d}\tau\right\|$$

$$\leq\left\|x(t_1,x_0)-x_0-\frac{\varepsilon}{\Gamma(\alpha)}\int_{0}^{t_1}(t-\tau)^{\alpha-1}F(x,\tau)\mathrm{d}\tau\right\|+\frac{\varepsilon}{\Gamma(\alpha)}\left\|\int_{t_1}^{t}(t-\tau)^{\alpha-1}\big(F(x,\tau)-F(\tilde{y},\tau)\big)\mathrm{d}\tau\right\|$$

$$+\frac{\varepsilon}{\Gamma(\alpha)}\left\|\int_{t_1}^{t}(t-\tau)^{\alpha-1}\big(F(\tilde{y},\tau)-F_0(\tilde{y})\big)\mathrm{d}\tau\right\|$$

（6-20）

根据引理6-4，对于任意的 $L>0$ 和 $\gamma_0>0$，存在 $\varepsilon_0=\varepsilon_0(\gamma_0,L)$，对于 $0<\varepsilon\leq\varepsilon_0$，有

$$\left\|x(t_1,x_0)-x_0-\frac{\varepsilon}{\Gamma(\alpha)}\int_{0}^{t_1}(t-\tau)^{\alpha-1}F(x,\tau)\mathrm{d}\tau\right\|\leq\gamma_0 \qquad (6\text{-}21)$$

对于所有的 $t\in\left[t_1,t_1+\dfrac{L}{\varepsilon}\right]$ 成立。

由于函数 $F(x,t)$ 对于 x 满足 Lipschitz 条件，因此存在紧集 $\Omega(\Omega\subset\mathbf{R}^n)$，对于任何的 $x\in\Omega$ 和 $\tilde{y}\in\Omega$，$t\in\mathbf{R}$，存在一个常数 $K(K>0)$，满足

$$\left\|F(x,t)-F(\tilde{y},t)\right\|\leq K\left\|x(t,x_0)-\tilde{y}(t,\tilde{y}_{t_1})\right\|$$

因此，有

$$\left\|\frac{\varepsilon}{\Gamma(\alpha)}\int_{t_1}^{t}(t-\tau)^{\alpha-1}(F(x,\tau)-F(\tilde{y},\tau))\mathrm{d}\tau\right\|\leq\frac{\varepsilon K}{\Gamma(\alpha)}\int_{t_1}^{t}(t-\tau)^{\alpha-1}\left\|(x(\tau,x_0)-\tilde{y}(\tau,\tilde{y}_{t_1}))\right\|\mathrm{d}\tau$$

（6-22）

根据引理 6-3，对于任意的 $L>0$、$\gamma_1>0$，存在 $\varepsilon_1=\varepsilon_1(\gamma_1,L)$，如果满足 $0<\varepsilon\leq\varepsilon_1$，且 $t\in\left[t_1,t_1+\dfrac{L}{\varepsilon}\right]$，那么

$$\left\|\frac{\varepsilon}{\Gamma(\alpha)}\int_{t_1}^{t}(t-\tau)^{\alpha-1}(F(\tilde{y},\tau)-F_0(\tilde{y}))\mathrm{d}\tau\right\|\leq\gamma_1 \qquad (6\text{-}23)$$

假设 $\varepsilon_2 = \min\{\varepsilon_0, \varepsilon_1\}$，根据式（6-20）～式（6-23），对于 $0 < \varepsilon \leq \varepsilon_2$，且 $t \in \left[t_1, t_1 + \dfrac{L}{\varepsilon}\right]$，有

$$\|x(t, x_0) - \tilde{y}(t, \tilde{y}_{t_1})\| \leq \gamma_0 + \gamma_1 + \frac{\varepsilon K}{\Gamma(\alpha)} \int_{t_1}^{t} (t - \tau)^{\alpha - 1} \|(x(\tau, x_0) - \tilde{y}(\tau, \tilde{y}_{t_1}))\| d\tau \quad (6\text{-}24)$$

根据引理 6-2 和式（6-24），对于 $0 < \varepsilon \leq \varepsilon_2$，且 $t \in \left[t_1, t_1 + \dfrac{L}{\varepsilon}\right]$，有

$$\|x(t, x_0) - \tilde{y}(t, \tilde{y}_{t_1})\| \leq (\gamma_0 + \gamma_1) E_\alpha(\varepsilon K(t - t_1)^\alpha) \leq (\gamma_0 + \gamma_1) E_\alpha(\varepsilon^{1-\alpha} K L^\alpha) \quad (6\text{-}25)$$

$\forall \rho_0 > 0$，$\exists \varepsilon_3 = \varepsilon_3(\rho_0, L)$ 和常数 $\delta = KL^\alpha > 0$，满足 $\varepsilon_3^{1-\alpha} \delta = \rho_0 (0 < \alpha < 1)$，因此，对于 $0 < \varepsilon \leq \varepsilon_3$，有

$$E_\alpha(\varepsilon K(t - t_1)^\alpha) \leq E_\alpha(\varepsilon^{1-\alpha} K L^\alpha) \leq E_\alpha(\rho_0) \quad (6\text{-}26)$$

对于所有的 $t \in \left[t_1, t_1 + \dfrac{L}{\varepsilon}\right]$ 成立。

对于任意 $\gamma > 0$，假设 ε_0 和 ε_1 足够小，那么 $\gamma_0 + \gamma_1 \leq \gamma$。根据式（6-25）和式（6-26），对于任意的 $L > 0$、$\rho_0 > 0$ 和 $\gamma > 0$，存在 $\varepsilon^* = \min\{\varepsilon_0, \varepsilon_1, \varepsilon_2, \varepsilon_3\}$，如果 $0 < \varepsilon \leq \varepsilon^*$，那么有

$$\|x(t, x_0) - \tilde{y}(t, \tilde{y}_{t_1})\| \leq \gamma E_\alpha(\rho_0)$$

对于所有的 $t \in \left[t_1, t_1 + \dfrac{L}{\varepsilon}\right]$ 成立。

证毕。

评论 6-4 引理 6-5 表明，$t > t_1$ 时，图 6-5 中的两个轨迹 $x(t, x_0)$ 和 $\tilde{y}(t, \tilde{y}_{t_1})$ 可以任意靠近。

假定 $y_s \in \Omega$ 是式（6-27）系统的一个平衡点，

$$^C_{t_0}D_t^\alpha y(t) = \varepsilon F_0(y), \quad y(t_0) = y_{t_0}, \quad t_0 \geq 0 \quad (6\text{-}27)$$

实际上，式（6-4）和式（6-12）的系统可以看作式（6-27）系统的特例，分别对应初始时刻为 0 和 t_1。

定理 6-3 假设定理 6-2 中的假设条件成立，且式（6-3）和式（6-12）的初始值相等，即 $x_0 = y_0$。若式（6-27）的解是 Mittag-Leffler 稳定的，那么，$\forall \eta > 0$，无论 η 多小，总存在 $\varepsilon^* = \varepsilon^*(\eta)$，使得对于 $0 < \varepsilon \leq \varepsilon^*$，有

$$\|x(t, x_0) - y(t, y_0)\| \leq \eta$$

对于所有的 $t \geq 0$ 成立。

证明：对于固定的值 $R > 0$，令 $B_R(y_s) = \{y : \|y - y_s\| < R\}$。不失一般性，可以令式（6-27）的平衡点为 $y_s = 0$。由于式（6-27）的解是 Mittag-Leffler 稳定的，因此有

$$\|y(t, y_{t_0})\| \leq m(y_{t_0}) E_\alpha(-\lambda(t-t_0)^\alpha)$$

其中，y_{t_0} 为初始条件，$\lambda > 0$，$0 < \alpha < 1$，$m(0) = 0$，$m(y) \geq 0$ 且 $m(y)$ 在 $y \in \Omega$ 上满足局部 Lipschitz 条件，Lipschitz 常数为 m_0。令 $\beta = m(y_{t_0}) E_\alpha(0)$，那么 $\|y(t, y_{t_0})\| \leq m(y_{t_0}) E_\alpha(0) = \beta$。$\lim_{t \to \infty} y(t, t_0) = y_s = 0$，$y_s = 0$ 是局部一致渐近稳定平衡点。

如果 $y_{t_0} \in B_{\eta_0}(y_s)$，$y_{t_1} \in B_{\eta_0}(y_s)$，$\eta_0 > 0$。那么对于任意 $0 < \eta \leq \eta_0 \leq \beta$，存在 δ，$0 < \delta < \eta$，$T_0 = T_0(\delta)$，$t_s > 0$，使得只要满足 $\|y_{t_1} - y_{t_0}\| < \delta$，则有

$$\|y(t, y_{t_0}) - y(t, y_{t_1})\| \leq \frac{\eta}{2}, \quad t \geq t_s \qquad (6\text{-}28)$$

进一步，有

$$\|y(t, y_{t_0}) - y(t, y_{t_1})\| \leq \frac{\delta}{2}, \quad t \geq t_s + T_0\left(\frac{\delta}{2}\right) \qquad (6\text{-}29)$$

选定时刻 $t = t_1$，t_1 足够大，使得 $y(t_1, y_0) \in B_{\frac{\delta}{2}}(y_s)$。那么当 $t \geq t_1$ 时，$y(t, y_0) \in B_{\frac{\eta}{2}}(y_s)$，如图 6-6 所示。

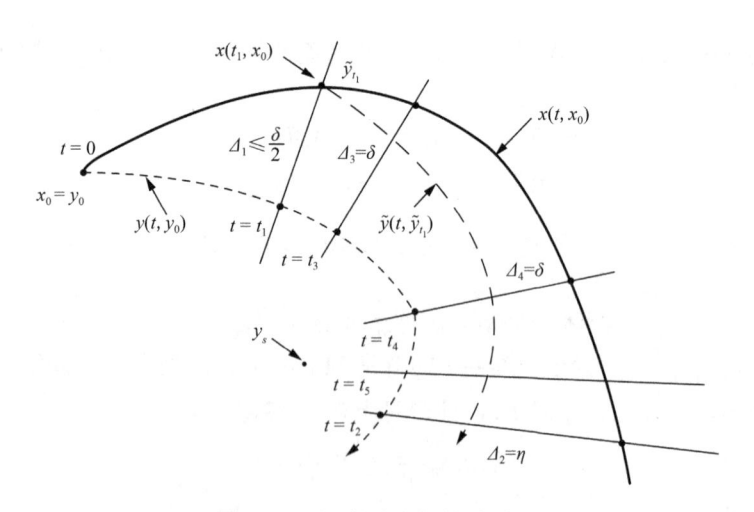

图 6-6 不同轨迹之间的关系图

第6章 DC-DC 变换器的分数阶建模

根据定理 6-2，存在 $\varepsilon_0 = \varepsilon_0\left(\dfrac{\delta}{2}, L\right)$，使得当 $0 < \varepsilon \leqslant \varepsilon_0$ 时，有

$$\|x(t, x_0) - y(t, y_0)\| \leqslant \dfrac{\delta}{2}, \quad 0 \leqslant t \leqslant \dfrac{L}{\varepsilon} \tag{6-30}$$

我们可以选择一个足够大的数 L，这样当 $t_1 < \dfrac{L}{\varepsilon_0} \leqslant \dfrac{L}{\varepsilon}$ 时，有 $\Delta_1 = \|x(t_1, x_0) - y(t_1, y_0)\| \leqslant \dfrac{\delta}{2}$。

这里做一个假设，假设不存在数 ε，$0 < \varepsilon \leqslant \varepsilon^*$，使得

$$\|x(t, x_0) - y(t, y_0)\| < \eta, \quad t > 0$$

那么，在此假设基础上，将会有一个非空的正数集合 $\{m_i\}$（$i = 1, 2, 3, \cdots, n$），$m_i > t_1$，满足下式：

$$\|x(m_i, x_0) - y(m_i, y_0)\| = \eta \tag{6-31}$$

设 $t_2 = \min\limits_i \{m_i\}$，$t_2 > t_1$。令 $\Delta_2 = \|x(t_2, x_0) - y(t_2, y_0)\| = \eta$，如图 6-6 所示。

根据式（6-30）和式（6-31），显然存在另外一个非空集合 $\{\beta_j\}$（$j = 1, 2, 3, \cdots, n$，$n < \infty$），满足 $t_1 < \beta_j < t_2$，并且有

$$\|x(\beta_j, x_0) - y(\beta_j, y_0)\| = \delta \tag{6-32}$$

设 $t_3 = \min\limits_j \{\beta_j\}$，$t_4 = \max\limits_j \{\beta_j\}$。令 $\Delta_3 = \|x(t_3, x_0) - y(t_3, y_0)\|$，$\Delta_4 = \|x(t_4, x_0) - y(t_4, y_0)\|$，如图 6-6 所示。根据式（6-30）和式（6-32），得到

$$\|x(t, x_0) - y(t, y_0)\| < \delta, \quad t_1 \leqslant t < t_3$$

根据式（6-31）和式（6-32），有

$$\delta \leqslant \|x(t, x_0) - y(t, y_0)\| \leqslant \eta, \quad t_4 \leqslant t \leqslant t_2 \tag{6-33}$$

令 $\tilde{y}(t, \tilde{y}_{t_1})$ 是分数阶系统式（6-12）的解，其初始条件为 $\tilde{y}_{t_1} = x(t_1, x_0)$。根据式（6-30），存在 ε_0，对于 $0 < \varepsilon \leqslant \varepsilon_0$，有

$$\|\tilde{y}_{t_1} - y(t_1, y_0)\| = \|x(t_1, x_0) - y(t_1, y_0)\| \leqslant \dfrac{\delta}{2} < \delta$$

由于 $y_s = 0$ 是一个局部一致渐近稳定平衡点，根据式（6-28）和式（6-29），得

$$\|\tilde{y}(t, \tilde{y}_{t_1}) - y(t, y_0)\| < \dfrac{\eta}{2}, \quad t \geqslant t_1 \tag{6-34}$$

进一步，有

$$\|\tilde{y}(t,\tilde{y}_{t_1}) - y(t,y_0)\| < \frac{\delta}{2}, \quad t \geq t_1 + T_0\left(\frac{\delta}{2}\right) \tag{6-35}$$

令 $t_5 = t_4 + T_0\left(\frac{\delta}{2}\right)$。根据引理 6-5，存在 $\varepsilon_1 = \varepsilon_1\left(\frac{\delta}{2}, t_5 - t_1\right)$，对于 $0 < \varepsilon \leq \varepsilon_1$，有

$$\|x(t,x_0) - \tilde{y}(t,\tilde{y}_{t_1})\| \leq \frac{\delta}{2}, \quad t \in [t_1, t_5] \tag{6-36}$$

令 $\varepsilon_2 = \min\{\varepsilon_0, \varepsilon_1\}$。根据式（6-34）和式（6-36），如果 $0 < \varepsilon \leq \varepsilon_2$，有

$$\|x(t,x_0) - y(t,y_0)\| \leq \|x(t,x_0) - \tilde{y}(t,\tilde{y}_{t_1})\| + \|\tilde{y}(t,\tilde{y}_{t_1}) - y(t,y_0)\| \leq \frac{\delta}{2} + \frac{\eta}{2} < \eta, \quad t \in [t_1, t_5]$$

由于 $\|x(t_2,x_0) - y(t_2,y_0)\| = \eta$，因此 $t_5 < t_2$。

根据式（6-35）和式（6-36），当 $t = t_5$ 时，有

$$\|x(t_5,x_0) - \tilde{y}(t_5,\tilde{y}_{t_1})\| \leq \frac{\delta}{2}, \quad \|\tilde{y}(t_5,\tilde{y}_{t_1}) - y(t_5,y_0)\| < \frac{\delta}{2}$$

因此，

$$\|x(t_5,x_0) - y(t_5,y_0)\| < \delta \tag{6-37}$$

由于 $t_4 < t_5 < t_2$，式（6-37）和式（6-33）是互相矛盾的，之前的假设是错误的。对于任意 $\eta > 0$，存在 ε^*，当 $0 < \varepsilon \leq \varepsilon^*$ 时，有

$$\|x(t,x_0) - y(t,y_0)\| < \eta$$

对所有的 $t > 0$ 成立。

证毕。

6.2.4 状态平均法应用示例

本节将给出状态平均法在含有分数阶电容的开关电容电压变换器中的应用。变换器结构如图 6-7 所示。在开始的半个开关周期内，电容 C_1 充电。接下来，在后半个周期内，电压反向加到电容 C_2 和负载上。输出电压是输入的反向值。占空比为 0.5，因为这时的转换效率比较高。

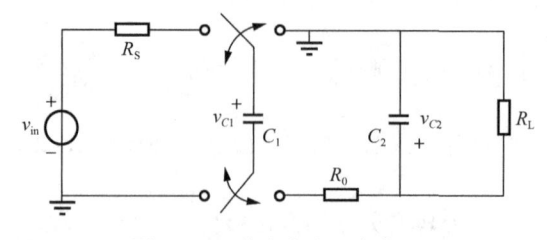

图 6-7 开关电容电压变换器

第6章 DC-DC 变换器的分数阶建模

假设电容 C_1 和 C_2 具有相同的阶数 α。图 6-7 中的电路可以利用如下非自治的分数阶微分方程描述：

$$\begin{cases} {}_0^C\mathrm{D}_t^\alpha v_{C1}(t) = -\dfrac{v_{C1}}{R_\mathrm{S} C_1} + \dfrac{v_\mathrm{in}}{R_\mathrm{S} C_1}, \\ {}_0^C\mathrm{D}_t^\alpha v_{C2}(t) = -\dfrac{v_{C2}}{R_\mathrm{L} C_2}, \end{cases} \quad t \in [nT, nT+dT) \tag{6-38}$$

$$\begin{cases} {}_0^C\mathrm{D}_t^\alpha v_{C1}(t) = -\dfrac{v_{C1}+v_{C2}}{R_0 C_1}, \\ {}_0^C\mathrm{D}_t^\alpha v_{C2}(t) = -\dfrac{v_{C1}}{R_0 C_2} - \left(\dfrac{1}{R_\mathrm{L} C_2} + \dfrac{1}{R_0 C_2}\right) v_{C2}, \end{cases} \quad t \in [nT+dT, (n+1)T)$$

其中，R_S 和 R_0 为电路中的等效电阻，R_L 为负载电阻，$n = 0,1,2,\cdots$。

根据上文的状态平均理论，平均化的分数阶微分方程如下：

$$\begin{cases} {}_0^C\mathrm{D}_t^\alpha v_{C1}(t) = -\left(\dfrac{d}{R_\mathrm{S} C_1} + \dfrac{1-d}{R_0 C_1}\right) v_{C1} - \dfrac{1-d}{R_0 C_1} v_{C2} + \dfrac{d}{R_\mathrm{S} C_1} v_\mathrm{in} \\ {}_0^C\mathrm{D}_t^\alpha v_{C2}(t) = -\dfrac{1-d}{R_0 C_2} v_{C1} - \left(\dfrac{1}{R_\mathrm{L} C_2} + \dfrac{1-d}{R_0 C_2}\right) v_{C2} \end{cases} \tag{6-39}$$

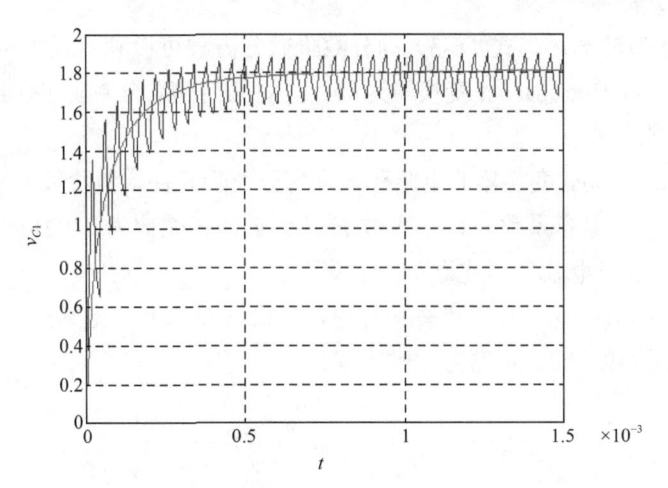

非自治的系统式（6-38）和状态平均系统式（6-39）的系统参数如下：$\alpha = 0.9$，$C_1 = 10\mu\mathrm{F}$，$C_2 = 10\mu\mathrm{F}$，$R_\mathrm{S} = 5\Omega$，$R_\mathrm{L} = 100\Omega$，$R_0 = 5\Omega$，$v_\mathrm{in} = 2\mathrm{V}$。开关频率为 $f_\mathrm{S} = 25\mathrm{kHz}$，$T = 4\times 10^{-5}\mathrm{s}$。占空比为 $d = 0.5$。仿真结果如图 6-8 所示，其中锯齿轨迹是系统式（6-38）的电压 v_{C1}，平滑轨迹是状态平均系统式（6-39）的 v_{C1}。由仿真结果可见，利用状态平均后的方程可以近似描述相应的分数阶系统。

图 6-8 式（6-38）和式（6-39）对应系统的 v_{C1} 轨迹

6.3　含分数阶元件 DC-DC 变换器的状态平均模型

和整数阶 DC-DC 变换器的建模方法类似,在对分数阶 DC-DC 变换器建模时,由于系统的开关频率通常较高,因此一般可以采用状态平均法对分数阶系统进行建模。6.2 节已经对应用于分数阶系统的状态平均法进行了严格的数学证明。通过状态平均法,描述系统的数学模型由非线性时变系统转变为线性时变系统,尽管存在一定误差,但是简化了分析。

文献[87]对分数阶状态平均法进行了数学证明,说明了在分数阶系统应用状态平均法的可行性。利用状态平均法可以对含分数阶电感/电容的分数阶 Boost 变换器[88-89]、Buck 变换器[90-92]、Buck-Boost 变换器[93-96]、SEPIC[97-98]、Cuk 变换器[99]和隔离型变换器[100-102]等进行建模和分析。除了上述基本变换器以外,状态平均法也被应用于复杂分数阶变换器中,如单电感双输出 Buck 变换器[103]、二次型变换器[104]等。

在利用状态平均法对含有分数阶元件的直流变换器进行建模时,通常要用到分数阶导数。根据 2.2 节的内容,常用的分数阶微积分的定义有三种。在建模时比较常用的是 Caputo 分数阶导数。Caputo 分数阶导数的定义中需要函数首先满足存在 n 阶导数,这与 R-L 定义和 G-L 定义不同。在某些条件下,这三个定义是等价的[4,9]。除了 Caputo 分数阶导数外,有文献研究了利用 R-L 定义分数阶导数来建立变换器模型[105-109]。采用 R-L 定义的模型,其直流稳态各状态变量均和系统的分数阶阶数相关[105]。

根据 6.2 节的阐述,式(6-3)的分数阶微分方程可以利用式(6-4)的状态平均系统近似。以 Buck-Boost 变换器为例,说明如何建立分数阶 DC-DC 变换器的状态平均模型。

假设 Buck-Boost 变换器的电感和电容为分数阶元件,其阶数分别为 α 和 β,电感系数为 L_α,电容系数为 C_β,开关周期为 T,占空比为 d。Buck-Boost 变换器电路原理图和各状态等效电路如图 6-9 所示。

当 $nT \leqslant t < dT + nT$ 时,开关 S_1 导通,二极管 D 断开,电感充电,电容放电,等效电路见图 6-9(b),电路方程如下式:

$$ {}_0^C D_t^\alpha i_L(t) = \frac{v_{in}}{L_\alpha}, \qquad {}_0^C D_t^\beta v_o(t) = -\frac{v_o}{C_\beta R_L} \tag{6-40}$$

(a) 原理图

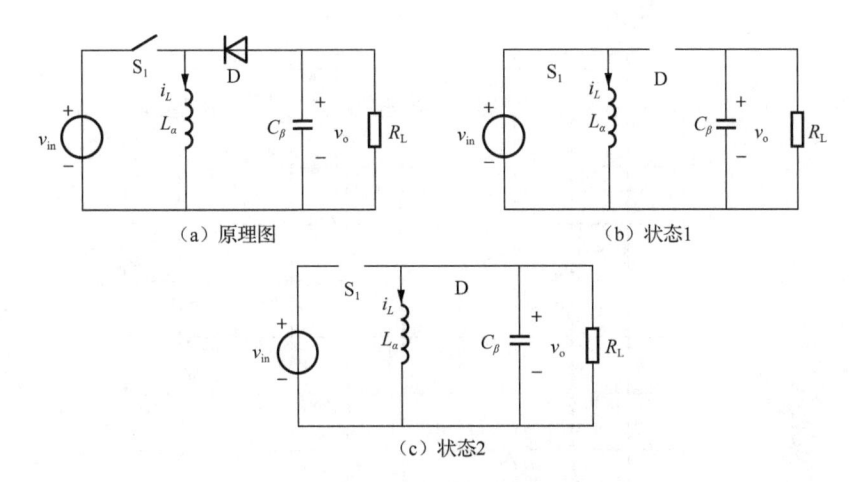

(b) 状态1

(c) 状态2

图 6-9 Buck-Boost 变换器及其等效电路图

当 $dT + nT \leqslant t < (n+1)T$ 时，开关 S_1 断开，二极管 D 导通，电感放电，电容充电，等效电路见图 6-9（c），电路方程如下式：

$$_0^C D_t^\alpha i_L(t) = \frac{v_o}{L_\alpha}, \quad _0^C D_t^\beta v_o(t) = -\frac{i_L}{C_\beta} - \frac{v_o}{C_\beta R_L} \tag{6-41}$$

根据式（6-4），可以得到与其对应的状态平均系统为

$$_0^C D_t^\alpha \tilde{i}_L(t) = \lim_{T \to \infty} \frac{1}{T} \left(\int_0^{dT} \frac{\tilde{v}_{in}}{L_\alpha} dt + \int_{dT}^T \frac{\tilde{v}_o}{L_\alpha} dt \right) \approx \frac{\tilde{v}_{in}}{L_\alpha} d + \frac{\tilde{v}_o}{L_\alpha}(1-d)$$

$$_0^C D_t^\beta \tilde{v}_o(t) = \lim_{T \to \infty} \frac{1}{T} \left(\int_0^{dT} -\frac{\tilde{v}_o}{C_\beta R_L} dt + \int_{dT}^T \left(-\frac{\tilde{i}_L}{C_\beta} - \frac{\tilde{v}_o}{C_\beta R_L} \right) dt \right) \approx -\frac{\tilde{i}_L}{C_\beta}(1-d) - \frac{\tilde{v}_o}{C_\beta R_L}$$

上述 Buck-Boost 变换器的状态平均模型可以写成如下的矩阵形式：

$$\begin{bmatrix} _0^C D_t^\alpha \tilde{i}_L(t) \\ _0^C D_t^\beta \tilde{v}_o(t) \end{bmatrix} \approx \begin{bmatrix} 0 & \dfrac{1-d}{L_\alpha} \\ -\dfrac{1-d}{C_\beta} & -\dfrac{1}{C_\beta R_L} \end{bmatrix} \begin{bmatrix} \tilde{i}_L \\ \tilde{v}_o \end{bmatrix} + \begin{bmatrix} \dfrac{d}{L_\alpha} \\ 0 \end{bmatrix} \tilde{v}_{in} \tag{6-42}$$

Buck-Boost 变换器分数阶模型为式（6-40）和式（6-41），与其对应的状态平均模型为式（6-42）。图 6-10 给出了 Buck-Boost 变换器分数阶模型和状态平均模型的解，其中，电感阶数 $\alpha = 0.9$，电容阶数 $\beta = 0.9$，$L_{0.9} = 0.02\text{V} \cdot \text{s}^{0.9}/\text{A}$，$C_{0.9} = 47\mu\text{F} \cdot \text{s}^{0.9-1}$，$R_L = 30\Omega$，$v_{in} = 20\text{V}$，开关周期为 0.4ms，占空比为 0.5。

(a) 状态变量 $i_L(t)$

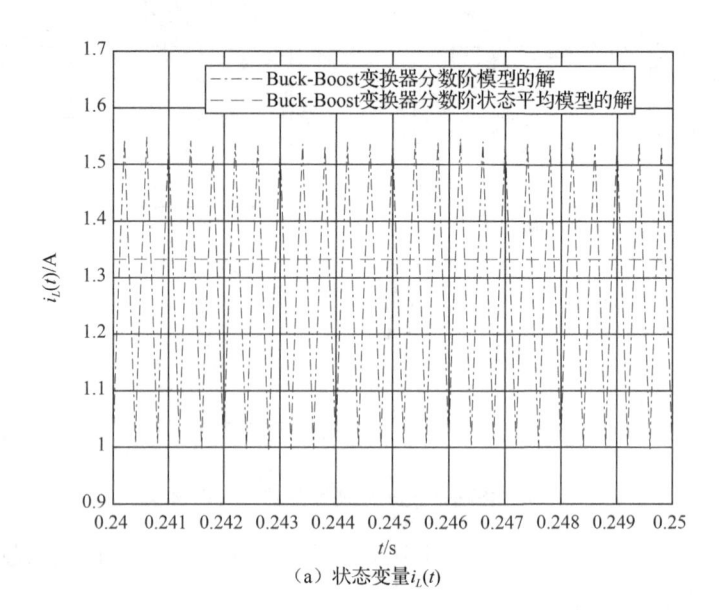

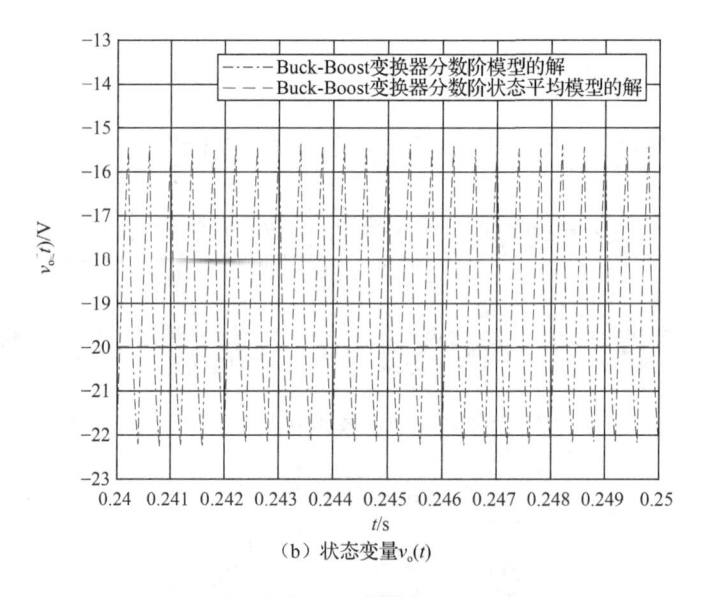

(b) 状态变量 $v_o(t)$

图 6-10　Buck-Boost 变换器的分数阶模型和状态平均模型解

根据分数阶状态平均模型，可以对原 Buck-Boost 变换器分数阶系统的稳态和动态传递函数等进行分析[92-93]。

第6章　DC-DC 变换器的分数阶建模

根据式（6-42）的状态平均模型，可以得到如下的稳态解：

$$\begin{bmatrix} \tilde{i}_L \\ \tilde{v}_o \end{bmatrix} = \begin{bmatrix} \dfrac{d}{(1-d)^2 R_L} \tilde{v}_{in} \\ -\dfrac{d}{1-d} \tilde{v}_{in} \end{bmatrix} \tag{6-43}$$

根据式（6-42）的状态平均模型，当存在交流小扰动时，

$$\begin{bmatrix} {}_0^C D_t^\alpha \Delta \tilde{i}_L(t) \\ {}_0^C D_t^\beta \Delta \tilde{v}_o(t) \end{bmatrix} \approx \begin{bmatrix} 0 & \dfrac{1-d-\Delta d}{L_\alpha} \\ -\dfrac{1-d-\Delta d}{C_\beta} & -\dfrac{1}{C_\beta R_L} \end{bmatrix} \begin{bmatrix} \tilde{i}_L + \Delta \tilde{i}_L(t) \\ \tilde{v}_o + \Delta \tilde{v}_o(t) \end{bmatrix} + \begin{bmatrix} \dfrac{d+\Delta d}{L_\alpha} \\ 0 \end{bmatrix} (\tilde{v}_{in} + \Delta \tilde{v}_{in})$$

将式（6-43）代入上式，消去二阶及以上扰动，得到交流小信号分数阶模型

$$\begin{bmatrix} {}_0^C D_t^\alpha \Delta \tilde{i}_L(t) \\ {}_0^C D_t^\beta \Delta \tilde{v}_o(t) \end{bmatrix} \approx \begin{bmatrix} 0 & \dfrac{1-d}{L_\alpha} \\ -\dfrac{1-d}{C_\beta} & -\dfrac{1}{C_\beta R_L} \end{bmatrix} \begin{bmatrix} \Delta \tilde{i}_L(t) \\ \Delta \tilde{v}_o(t) \end{bmatrix} + \begin{bmatrix} \dfrac{d}{L_\alpha} \\ 0 \end{bmatrix} \Delta \tilde{v}_{in} + \begin{bmatrix} \dfrac{\tilde{v}_{in} - \tilde{v}_o}{L_\alpha} \\ \dfrac{\tilde{i}_L}{C_\beta} \end{bmatrix} \Delta d \tag{6-44}$$

根据式（6-44），利用拉普拉斯变换，可以得到

$$\begin{aligned} s^\alpha \Delta \tilde{i}_L &= \dfrac{1-d}{L_\alpha} \Delta \tilde{v}_o + \dfrac{d}{L_\alpha} \Delta \tilde{v}_{in} + \dfrac{\tilde{v}_{in} - \tilde{v}_o}{L_\alpha} \Delta d \\ \left(s^\beta + \dfrac{1}{C_\beta R_L} \right) \Delta \tilde{v}_o &= -\dfrac{1-d}{C_\beta} \Delta \tilde{i}_L + \dfrac{\tilde{i}_L}{C_\beta} \Delta d \end{aligned} \tag{6-45}$$

根据式（6-43）～式（6-45），可以得到需要的动态传递函数，这个过程与整数阶模型类似。如输出电压对占空比动态传递函数，将 $\Delta \tilde{v}_{in} = 0$ 代入式（6-45），得到

$$\begin{aligned} \Delta \tilde{i}_L &= \dfrac{1}{s^\alpha} \left(\dfrac{1-d}{L_\alpha} \Delta \tilde{v}_o + \dfrac{\tilde{v}_{in} - \tilde{v}_o}{L_\alpha} \Delta d \right) \left(s^\beta + \dfrac{1}{C_\beta R_L} + \dfrac{(1-d)^2}{s^\alpha L_\alpha C_\beta} \right) \Delta \tilde{v}_o \\ &= \dfrac{(1-d)(\tilde{v}_o - \tilde{v}_{in}) + s^\alpha L_\alpha \tilde{i}_L}{s^\alpha L_\alpha C_\beta} \Delta d \end{aligned}$$

因此，输出电压对占空比传递函数为

$$G_1(s) = \left.\frac{\Delta \tilde{v}_o}{\Delta d}\right|_{\Delta \tilde{v}_{in}=0} = \frac{(1-d)(\tilde{v}_o - \tilde{v}_{in}) + s^\alpha L_\alpha \tilde{i}_L}{L_\alpha C_\beta s^{\alpha+\beta} + \dfrac{L_\alpha}{R_L} s^\alpha + (1-d)^2}$$

其中，$\tilde{v}_{in}$ 为输入电压平均值，$\tilde{v}_o$ 和 $\tilde{i}_L$ 可以由式（6-43）得到，d 为稳态时的占空比，$\Delta \tilde{v}_o$ 为输出电压的扰动量，Δd 为占空比的扰动量。同理，还可以得到其他变量扰动量之间的传递函数。

在含有分数阶元件的 DC-DC 变换器中，可以根据直流变换器的分数阶电路模型，得到电感电流纹波和电容电压纹波等与电路各参数之间的关系。

式（6-40）和式（6-41）分别描述了 Buck-Boost 变换器的两个开关状态。根据 2.2.3 节分数阶 Caputo 导数和 2.2.1 节分数阶 R-L 积分的定义，对式（6-40）两侧进行分数阶 R-L 积分，得

$$\mathrm{I}_{[0,t]}^{\alpha}\left({}_{0}^{C}\mathrm{D}_{t}^{\alpha} i_L(t)\right) = i_L(t) = \frac{1}{\Gamma(\alpha)} \int_0^t (t-\tau)^{\alpha-1} \frac{v_{in}}{L_\alpha} \mathrm{d}\tau \qquad (6\text{-}46)$$

$$\mathrm{I}_{[0,t]}^{\alpha}\left({}_{0}^{C}\mathrm{D}_{t}^{\beta} v_o(t)\right) = v_o(t) = \frac{1}{\Gamma(\alpha)} \int_0^t (t-\tau)^{\alpha-1} \frac{-v_o}{C_\beta R_L} \mathrm{d}\tau \qquad (6\text{-}47)$$

假定 v_{in} 和 v_o 是常数。根据式（6-46）和式（6-47），得电感电流纹波和电容电压纹波分别为

$$\begin{aligned}
\Delta i_L &= |i_L(dT) - i_L(0)| = \frac{1}{\Gamma(\alpha)} \frac{v_{in}}{L_\alpha} \int_0^{dT} (dT-\tau)^{\alpha-1} \mathrm{d}\tau \\
&= \frac{1}{\Gamma(\alpha)} \frac{v_{in}}{L_\alpha} \frac{-1}{\alpha} (dT-\tau)^\alpha \Big|_0^{dT} = \frac{(dT)^\alpha}{\alpha \Gamma(\alpha)} \frac{v_{in}}{L_\alpha}
\end{aligned} \qquad (6\text{-}48)$$

$$\begin{aligned}
\Delta v_o &= |v_o(dT) - v_o(0)| = \frac{1}{\Gamma(\alpha)} \frac{-v_o}{C_\beta R_L} \int_0^{dT} (dT-\tau)^{\alpha-1} \mathrm{d}\tau \\
&= \frac{1}{\Gamma(\alpha)} \frac{-v_o}{C_\beta R_L} \frac{-1}{\alpha} (dT-\tau)^\alpha \Big|_0^{dT} = \frac{(dT)^\alpha}{\alpha \Gamma(\alpha)} \frac{-v_o}{C_\beta R_L}
\end{aligned} \qquad (6\text{-}49)$$

由式（6-48）和式（6-49）可见，电感电流纹波和电容电压纹波不仅和电感系数、电容系数、输入电压、输出电压、占空比和开关频率有关，还和电感、电容元件的阶数有关，α 越小，纹波越大。

6.4 分数阶二次型 Boost 变换器的建模

太阳能和燃料电池等新能源的输出电压一般比较低且是变化的，因此需要高增益 DC-DC 变换器来提高输出电压[110]。如果采用传统的 Boost 变换器，那么占空比会比较高，这对于实际半导体器件的实现是不合适的，过短的关断时间会引起很高的开关电压应力，影响变换效率[111]。目前，已经有很多高增益升压直流变换器拓扑，如利用耦合电感获得高增益[112]，利用有源钳位电路来吸收漏能[113-114]，或者是利用开关电容结合充电泵电路（charge pump circuit）来提高增益[110, 115]。此外，还可以利用多级变换器，如二次型变换器来提高增益[116]。

目前有很多二次型变换器，本节将对文献[117]的二次型变换器的工作原理进行介绍，并建立其分数阶状态平均模型，最后对该二次型变换器进行电路仿真分析。

6.4.1 电路工作原理

二次型 Boost 变换器的电路拓扑如图 6-11 所示，包含两个开关（S_1、S_2）、两个二极管（D_1、D_2）、两个电感（L_1、L_2）和两个电容（C_1、C_2）。开关 S_1、S_2 同时导通或者同时关断，二极管和开关互补导通。

假设开关周期为 T，占空比为 d。当开关 S_1、S_2 导通时（$0 \leq t < dT$），二极管 D_1、D_2 断开，等效电路见图 6-12（a），称为模式 1；当开关 S_1、S_2 关断时（$dT \leq t < T$），二极管 D_1、D_2 导通，等效电路见图 6-12（b），称为模式 2。

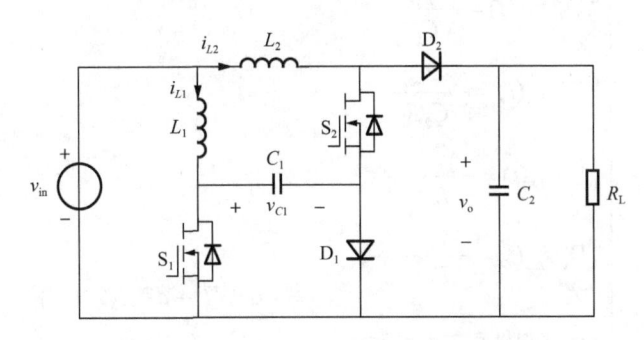

图 6-11 二次型 Boost 变换器的电路拓扑

（a）模式1

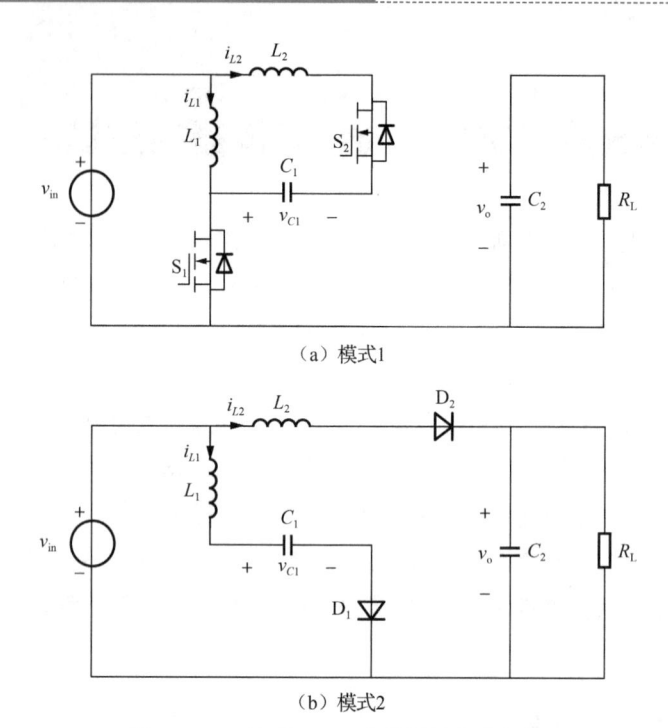

（b）模式2

图 6-12　二次型 Boost 变换器的电路拓扑

假定电路中 L_1、L_2、C_1 和 C_2 的阶数分别为 q_1、q_2、q_3 和 q_4（$0 < q_i < 1$，$i = 1, 2, 3, 4$），分别对模式 1 和模式 2 列写分数阶微分方程如下：

模式 1：
$$\begin{cases} {}_0^C\mathrm{D}_t^{q_1} i_{L1}(t) = \dfrac{v_{\mathrm{in}}}{L_1}, \\ {}_0^C\mathrm{D}_t^{q_2} i_{L2}(t) = \dfrac{v_{C1}}{L_2} + \dfrac{v_{\mathrm{in}}}{L_2}, \\ {}_0^C\mathrm{D}_t^{q_3} v_{C1}(t) = -\dfrac{i_{L2}}{C_1}, \\ {}_0^C\mathrm{D}_t^{q_4} v_o(t) = -\dfrac{v_o}{C_2 R_L}, \end{cases} \quad t \in [NT, NT + dT] \quad (6\text{-}50)$$

模式 2：
$$\begin{cases} {}_0^C\mathrm{D}_t^{q_1} i_{L1}(t) = -\dfrac{v_{C1}}{L_1} + \dfrac{v_{\mathrm{in}}}{L_1}, \\ {}_0^C\mathrm{D}_t^{q_2} i_{L2}(t) = -\dfrac{v_o}{L_2} + \dfrac{v_{\mathrm{in}}}{L_2}, \\ {}_0^C\mathrm{D}_t^{q_3} v_{C1}(t) = \dfrac{i_{L1}}{C_1}, \\ {}_0^C\mathrm{D}_t^{q_4} v_o(t) = \dfrac{i_{L2}}{C_2} - \dfrac{v_o}{C_2 R_L}, \end{cases} \quad t \in [NT + dT, NT + T] \quad (6\text{-}51)$$

二次型 Boost 变换器的典型波形如图 6-13 所示。在模式 1 时，开关 S_1 和 S_2 导通，二极管 D_1 和 D_2 关断，电感 L_1 和 L_2 的电流增加，电容 C_1 和 C_2 的电压降低；在模式 2 时，开关 S_1 和 S_2 关断，二极管 D_1 和 D_2 导通，电感 L_1 和 L_2 的电流减小，电容 C_1 和 C_2 的电压增加。

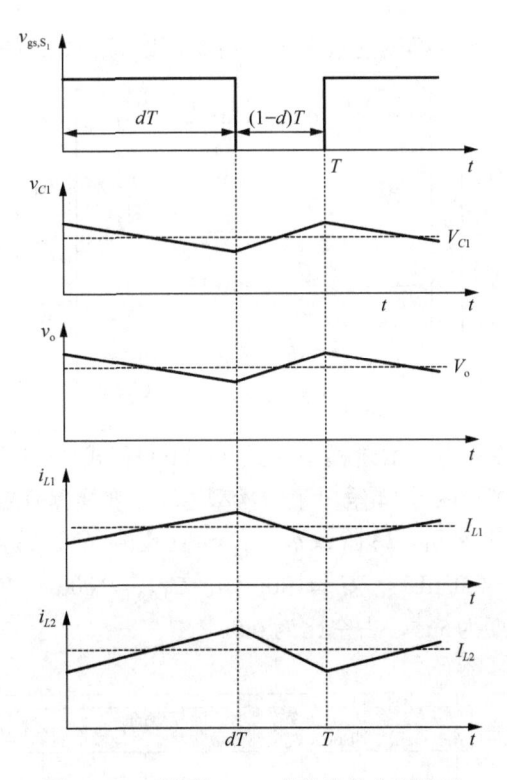

图 6-13 二次型 Boost 变换器的典型波形

6.4.2 分数阶状态平均模型

根据 6.2 节的分数阶系统的状态平均法，由式（6-50）和式（6-51），图 6-11 的二次型 Boost 变换器的状态平均模型为

$$ {}_0^C D_t^{q_1} \tilde{i}_{L1}(t) = \lim_{T \to \infty} \frac{1}{T} \left(\int_0^{dT} \frac{\tilde{v}_{\text{in}}}{L_1} dt + \int_{dT}^T \left(-\frac{\tilde{v}_{C1}}{L_1} + \frac{\tilde{v}_{\text{in}}}{L_1} \right) dt \right) \approx -\frac{\tilde{v}_{C1}}{L_1}(1-d) + \frac{\tilde{v}_{\text{in}}}{L_1} $$

$$ {}_0^C D_t^{q_2} \tilde{i}_{L2}(t) = \lim_{T \to \infty} \frac{1}{T} \left(\int_0^{dT} \left(\frac{\tilde{v}_{C1}}{L_2} + \frac{\tilde{v}_{\text{in}}}{L_2} \right) dt + \int_{dT}^T \left(-\frac{\tilde{v}_o}{L_2} + \frac{\tilde{v}_{\text{in}}}{L_2} \right) dt \right) \approx \frac{\tilde{v}_{C1}}{L_2} d - \frac{\tilde{v}_o}{L_2}(1-d) + \frac{\tilde{v}_{\text{in}}}{L_2} $$

$$_{0}^{C}\mathrm{D}_{t}^{q_{3}}\tilde{v}_{C1}(t) = \lim_{T \to \infty} \frac{1}{T}\left(\int_{0}^{dT}\left(-\frac{\tilde{i}_{L2}}{C_{1}}\right)dt + \int_{dT}^{T}\left(\frac{\tilde{i}_{L1}}{C_{1}}\right)dt\right) \approx -\frac{\tilde{i}_{L2}}{C_{1}}d + \frac{\tilde{i}_{L1}}{C_{1}}(1-d)$$

$$_{0}^{C}\mathrm{D}_{t}^{q_{4}}\tilde{v}_{o}(t) = \lim_{T \to \infty} \frac{1}{T}\left(\int_{0}^{dT}\left(-\frac{\tilde{v}_{o}}{C_{2}R_{L}}\right)dt + \int_{dT}^{T}\left(\frac{i_{L2}}{C_{2}} - \frac{\tilde{v}_{o}}{C_{2}R_{L}}\right)dt\right) \approx \frac{\tilde{i}_{L2}}{C_{1}}(1-d) - \frac{\tilde{v}_{o}}{C_{2}R_{L}}$$

上述二次型 Boost 变换器的状态平均模型可以写成如下的矩阵形式：

$$\begin{bmatrix} _{0}^{C}\mathrm{D}_{t}^{q_{1}}\tilde{i}_{L1}(t) \\ _{0}^{C}\mathrm{D}_{t}^{q_{2}}\tilde{i}_{L2}(t) \\ _{0}^{C}\mathrm{D}_{t}^{q_{3}}\tilde{v}_{C1}(t) \\ _{0}^{C}\mathrm{D}_{t}^{q_{4}}\tilde{v}_{o}(t) \end{bmatrix} \approx \begin{bmatrix} 0 & 0 & -\frac{1-d}{L_{1}} & 0 \\ 0 & 0 & \frac{d}{L_{2}} & -\frac{1-d}{L_{2}} \\ \frac{1-d}{C_{1}} & -\frac{d}{C_{1}} & 0 & 0 \\ 0 & \frac{1-d}{C_{2}} & 0 & \frac{-1}{C_{2}R_{L}} \end{bmatrix} \begin{bmatrix} \tilde{i}_{L1} \\ \tilde{i}_{L2} \\ \tilde{v}_{C1} \\ \tilde{v}_{o} \end{bmatrix} + \begin{bmatrix} \frac{1}{L_{1}} \\ \frac{1}{L_{2}} \\ 0 \\ 0 \end{bmatrix} \tilde{v}_{\mathrm{in}} \quad (6-52)$$

二次型 Boost 变换器分数阶模型为式（6-50）和式（6-51），与其对应的状态平均模型为式（6-52）。图 6-14 给出了二次型 Boost 变换器分数阶模型和状态平均模型的解，其中，电感 L_1、L_2 阶数 $q_1 = q_2 = 1$，电容 C_1、C_2 阶数分别为 $q_3 = 1$、$q_4 = 0.9$，$L_1 = L_2 = 0.03 \mathrm{\mu H}$，$C_1 = 100 \mathrm{\mu F}$，$C_{2,0.9} = 100 \mathrm{\mu F \cdot s^{0.9-1}}$，$R_L = 500 \Omega$，$v_{\mathrm{in}} = 20 \mathrm{V}$，开关周期为 $5 \mathrm{\mu s}$，占空比为 0.5。

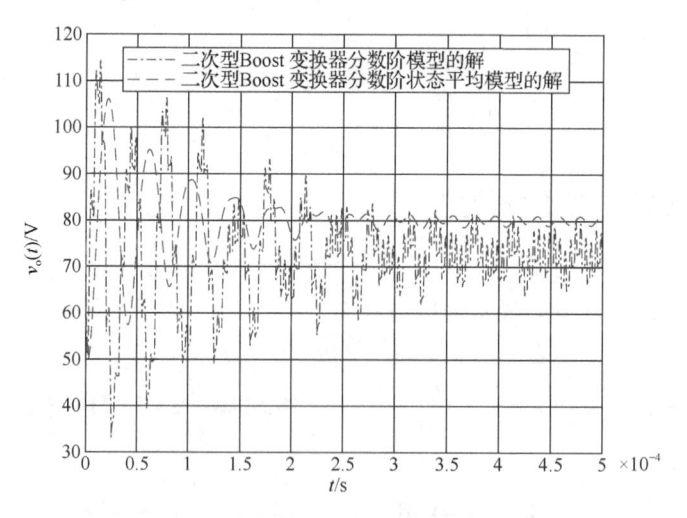

图 6-14 二次型 Boost 变换器的分数阶模型和状态平均模型的解

根据分数阶状态平均模型，可以对二次型 Boost 变换器分数阶系统的稳态和

第 6 章 DC-DC 变换器的分数阶建模

动态传递函数等进行分析。根据式（6-52）的状态平均模型，可以得到如下的稳态解：

$$\begin{bmatrix} \tilde{i}_{L1} \\ \tilde{i}_{L2} \\ \tilde{v}_{C1} \\ \tilde{v}_o \end{bmatrix} = \begin{bmatrix} \dfrac{d}{(1-d)^4 R_L} \tilde{v}_{in} \\ \dfrac{1}{(1-d)^3 R_L} \tilde{v}_{in} \\ \dfrac{1}{1-d} \tilde{v}_{in} \\ \dfrac{1}{(1-d)^2} \tilde{v}_{in} \end{bmatrix} \tag{6-53}$$

注意，这里的模型用的是 Caputo 分数阶导数定义，也可以基于 R-L 分数阶导数定义来计算稳态解，其结果将与元件的阶数有关。

根据式（6-52）的状态平均模型，当存在交流小扰动时，

$$\begin{bmatrix} {}^C_0 D^{q_1}_t \Delta \tilde{i}_{L1}(t) \\ {}^C_0 D^{q_2}_t \Delta \tilde{i}_{L2}(t) \\ {}^C_0 D^{q_3}_t \Delta \tilde{v}_{C1}(t) \\ {}^C_0 D^{q_4}_t \Delta \tilde{v}_o(t) \end{bmatrix} \approx \begin{bmatrix} 0 & 0 & -\dfrac{1-d-\Delta d}{L_1} & 0 \\ 0 & 0 & \dfrac{d+\Delta d}{L_2} & -\dfrac{1-d-\Delta d}{L_2} \\ \dfrac{1-d-\Delta d}{C_1} & -\dfrac{d+\Delta d}{C_1} & 0 & 0 \\ 0 & \dfrac{1-d-\Delta d}{C_2} & 0 & \dfrac{-1}{C_2 R_L} \end{bmatrix} \begin{bmatrix} \tilde{i}_{L1} + \Delta \tilde{i}_{L1} \\ \tilde{i}_{L2} + \Delta \tilde{i}_{L2} \\ \tilde{v}_{C1} + \Delta \tilde{v}_{C1} \\ \tilde{v}_o + \Delta \tilde{v}_o \end{bmatrix}$$

$$+ \begin{bmatrix} \dfrac{1}{L_1} & \dfrac{1}{L_2} & 0 & 0 \end{bmatrix}^T (\tilde{v}_{in} + \Delta \tilde{v}_{in})$$

将式（6-53）代入上式，消去二阶及以上扰动，得到交流小信号分数阶模型

$$\begin{bmatrix} {}^C_0 D^{q_1}_t \Delta \tilde{i}_{L1}(t) \\ {}^C_0 D^{q_2}_t \Delta \tilde{i}_{L2}(t) \\ {}^C_0 D^{q_3}_t \Delta \tilde{v}_{C1}(t) \\ {}^C_0 D^{q_4}_t \Delta \tilde{v}_o(t) \end{bmatrix} \approx \begin{bmatrix} 0 & 0 & -\dfrac{1-d}{L_1} & 0 \\ 0 & 0 & \dfrac{d}{L_2} & -\dfrac{1-d}{L_2} \\ \dfrac{1-d}{C_1} & -\dfrac{d}{C_1} & 0 & 0 \\ 0 & \dfrac{1-d}{C_2} & 0 & \dfrac{-1}{C_2 R_L} \end{bmatrix} \begin{bmatrix} \Delta \tilde{i}_{L1} \\ \Delta \tilde{i}_{L2} \\ \Delta \tilde{v}_{C1} \\ \Delta \tilde{v}_o \end{bmatrix}$$

$$+ \begin{bmatrix} \dfrac{\tilde{v}_{C1}}{L_1} & \dfrac{\tilde{v}_{C1} + \tilde{v}_o}{L_2} & \dfrac{-(\tilde{i}_{L1} + \tilde{i}_{L2})}{C_1} & \dfrac{-\tilde{i}_{L2}}{C_2} \end{bmatrix}^T \Delta d + \begin{bmatrix} \dfrac{1}{L_1} & \dfrac{1}{L_2} & 0 & 0 \end{bmatrix}^T \Delta \tilde{v}_{in}$$

$$\tag{6-54}$$

根据式（6-54），利用拉普拉斯变换，可以得到下式：

$$\begin{cases} s^{q_1}\Delta \tilde{i}_{L1} = \dfrac{-(1-d)}{L_1}\Delta \tilde{v}_{C1} + \dfrac{\tilde{v}_{C1}}{L_1}\Delta d + \dfrac{1}{L_1}\Delta \tilde{v}_{\text{in}} \\ s^{q_2}\Delta \tilde{i}_{L2} = \dfrac{d}{L_2}\Delta \tilde{v}_{C1} - \dfrac{1-d}{L_2}\Delta \tilde{v}_o + \dfrac{\tilde{v}_{C1}+\tilde{v}_o}{L_2}\Delta d + \dfrac{1}{L_2}\Delta \tilde{v}_{\text{in}} \\ s^{q_3}\Delta \tilde{v}_{C1} = \dfrac{1-d}{C_1}\Delta \tilde{i}_{L1} - \dfrac{d}{C_1}\Delta \tilde{i}_{L2} - \dfrac{\tilde{i}_{L1}+\tilde{i}_{L2}}{C_1}\Delta d \\ s^{q_4}\Delta \tilde{v}_o = \dfrac{1-d}{C_2}\Delta \tilde{i}_{L2} - \dfrac{1}{C_2 R_L}\Delta \tilde{v}_o - \dfrac{\tilde{i}_{L2}}{C_2}\Delta d \end{cases} \quad (6\text{-}55)$$

根据式（6-53）～式（6-55），可以得到需要的动态传递函数。如输出电压对占空比动态传递函数，将 $\Delta \tilde{v}_{\text{in}}=0$ 代入式（6-55），可以得到 $G_1(s)=\left.\dfrac{\Delta \tilde{v}_o}{\Delta d}\right|_{\Delta \tilde{v}_{\text{in}}=0}$。其中，$\Delta \tilde{v}_o$ 为输出电压的扰动量，Δd 为占空比的扰动量。

第7章

电力滤波器的分数阶建模

■ 7.1 电力滤波器概述

大量非线性负载和电力电子设备的应用，给电网带来了严重的谐波污染问题，如损坏用电设备、影响设备安全运行、影响电力系统安全运行等[118-119]。电力滤波器是解决电力系统谐波的重要手段之一。

电力滤波器主要分为两类。一类是无源电力滤波器（passive power filter，PPF），由电容器、电抗器和电阻器通过串并联组合而成，如图 7-1 所示，利用电路阻抗特性起到滤波效果，同时兼顾无功补偿的需要。另一类是有源电力滤波器（active power filter，APF），如图 7-1 所示，其基本原理是通过对被补偿对象的检测，计算出谐波电流，然后产生一个与该谐波电流相抵消的补偿电流，从而抵消电网中的谐波电流，使之只含有基波分量[120-122]。

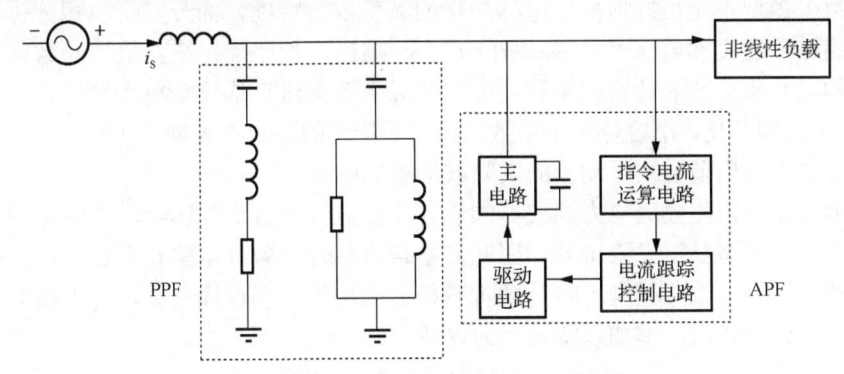

图 7-1 电力系统滤波装置

PPF 具有结构简单、成本低、功率大、技术成熟和易于实现等优势。其主要缺点是补偿特性受电网阻抗影响，可能会与电网间发生串联、并联谐振，不能对谐波和无功功率实现动态补偿，体积较大[122]。在能够检测出谐波次数的时候，PPF 有着不可替代的作用，例如钢厂、铁厂中所用的电磁炉，一般都可以测出谐波次数，使用 PPF 对于降低成本是非常有效的[121]。

PPF 分为单调谐滤波器、高通滤波器及双调谐滤波器等。在实际应用中通常由几组单调谐滤波器和一组高通滤波器组成滤波装置[122]。其中单调谐滤波器主要是滤除电网中特定次数的谐波，是 PPF 中最重要的组成部分，它的设计主要是优化电路中的电容值和电感值。

APF 模型于 1971 年首先被提出，1976 年美国学者提出了利用脉宽调制（pulse width modulation，PWM）逆变器结构组成 APF[121]。1983 年，日本学者提出瞬时无功功率理论，促进了 APF 的发展[121]。

APF 按作用原理和在电网中的连接情况，可分为并联、串联、混合等类型[123]。常见的形式有独立使用的并联型 APF、LC 并联谐振注入式 APF、LC 串联谐振注入式 APF、独立使用的串联型 APF、与 LC 滤波器混合使用的串联型 APF 等[123]。并联型 APF 是较为基本的形式。通过发现负载的谐波电流，利用电流跟踪控制策略对电流进行跟踪，根据不同情况对逆变器进行脉宽调节，产生补偿电流，进而实现谐波抑制或无功补偿。

APF 主要有以下好处：①容易控制，状态变化时也能很快应答；②特征和性质稳定，不受供电电网中各参数变动的波扰，可追踪和遏制多种频次的谐波，同时，按照系统无功功率的情况实时进行补偿；③体积重量相对较小[123]。APF 相比于 PPF 成本较高，并且容量较小。如何提高 APF 的性价比是一个重要的问题。

目前，电力滤波器已经得到广泛应用，但是已有的设计方法都是基于电容和电感的整数阶模型。实际电容和实际电感在本质上均是分数阶的，例如在频率比较高的情况下，电感线圈中的趋肤效应将越来越明显，电感线圈的涡流损耗、磁滞损耗等都将和频率相关，因此其等效的损耗电阻参数将随频率发生变化，原有的整数阶模型不能很好地描述电感损耗的频率依赖特性，而分数阶微积分可以更加准确地描述实际电感[13]。Westerlund 等[5]指出，相比于传统整数阶导数模型，普通的电介质电容的特性如果利用分数阶导数模型进行描述会更为精确，其阶数在 0~1 之间变化，电容值是个常数。相比于传统的整数阶模型，基于分数阶微积分建立的电路模型与实际测量的实验波形更加吻合[6]。

电力滤波器建模对电力滤波器的设计和滤波性能有重要影响，准确地对滤波器建立数学模型显得尤为重要，因此，本章将结合分数阶电感和电容元件，探讨电力滤波器的分数阶模型。将分数阶微积分应用于工程设计领域，可以拓展人们对系统设计的认识，增加系统设计的灵活性。

▍7.2 分数阶单调谐 LC 滤波器

单调谐 LC 滤波器作为 PPF 中的重要组成部分，在滤除电网特定谐波时起到重要的作用。根据分数阶电感、电容的不同阶数，对如下两种情况进行讨论：①电感阶数为 1，电容阶数为 α（$0<\alpha<1$）；②电感和电容阶数均为 α（$0<\alpha<1$）。

第 7 章　电力滤波器的分数阶建模

分别讨论上述两种情况下，分数阶单调谐 LC 滤波电路的阻抗频率特性、谐振角频率随阶数的变化以及阶数对电路滤波效果的影响等。

7.2.1　分数阶 LC_α 滤波器

分数阶 LC_α 滤波器中的电感元件为整数阶 1，电容元件阶数为 α（$0<\alpha<1$）。电路如图 7-2 所示，其中电阻参数为 R，电感系数为 L，阶数为 1，电容系数为 C_α，阶数为 α，且 $0<\alpha<1$。

图 7-2　单调谐 LC_α 滤波器原理图

根据式（3-25），n 次谐波下分数阶电容的阻抗为

$$Z_{C_\alpha,n} = \frac{1}{(j\omega_n)^\alpha C_\alpha} = \frac{1}{\omega_n^\alpha C_\alpha} e^{-j\frac{\pi}{2}\alpha} = \frac{1}{\omega_n^\alpha C_\alpha}\cos\left(\frac{\pi}{2}\alpha\right) - j\frac{1}{\omega_n^\alpha C_\alpha}\sin\left(\frac{\pi}{2}\alpha\right)$$

因此，图 7-2 中单调谐 LC_α 滤波器的阻抗形式为

$$Z(j\omega_n) = R + \frac{1}{\omega_n^\alpha C_\alpha}\cos\left(\frac{\alpha\pi}{2}\right) + j\left(\omega_n L - \frac{1}{\omega_n^\alpha C_\alpha}\sin\left(\frac{\alpha\pi}{2}\right)\right) \qquad (7\text{-}1)$$

其阻抗模为

$$|Z_n| = \sqrt{\left(R + \frac{1}{\omega_n^\alpha C_\alpha}\cos\left(\frac{\pi}{2}\alpha\right)\right)^2 + \left(\omega_n L - \frac{1}{\omega_n^\alpha C_\alpha}\sin\left(\frac{\pi}{2}\alpha\right)\right)^2}$$

其阻抗角为

$$\varphi = \arctan\frac{\omega_n L - \dfrac{1}{\omega_n^\alpha C_\alpha}\sin\left(\dfrac{\pi}{2}\alpha\right)}{R + \dfrac{1}{\omega_n^\alpha C_\alpha}\cos\left(\dfrac{\pi}{2}\alpha\right)}$$

根据单调谐 LC_α 滤波器的阻抗形式（7-1），一端口阻抗为频率的函数，同时也是阶数 α 的函数。分数阶单调谐 LC_α 滤波器等效阻抗的幅频特性和相频特性如

图 7-3 所示。由图 7-3 可见，当电容阶数由整数阶 1 逐渐减小到 $\alpha = 0.7$ 时，单调谐 LC_α 滤波器电路的谐振角频率逐渐增大，谐振时的阻抗模逐渐增大。

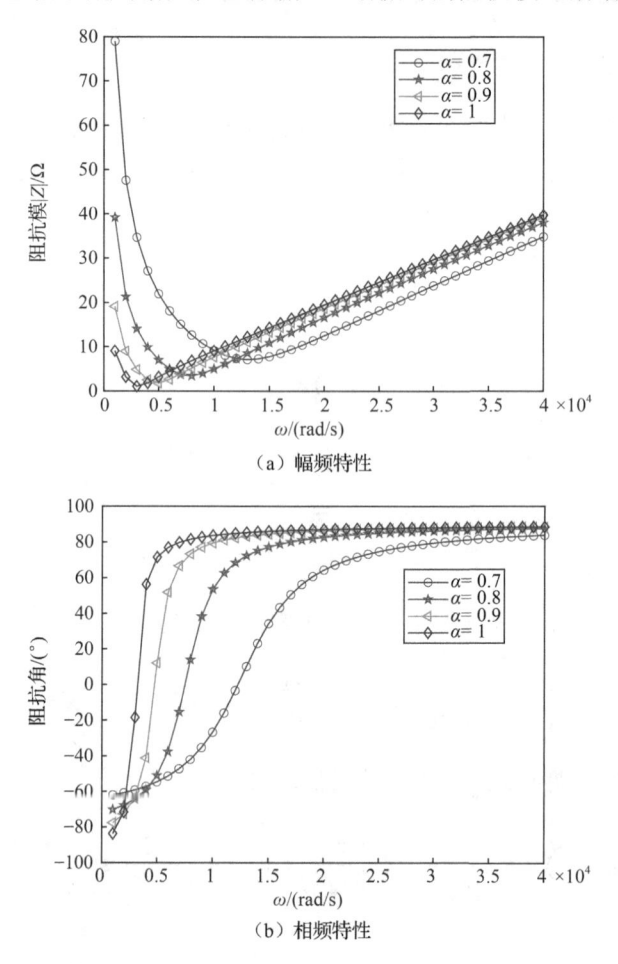

(a) 幅频特性

(b) 相频特性

图 7-3　单调谐 LC_α 滤波器阻抗频率特性

根据式 (7-1)，单调谐 LC_α 滤波器发生谐振时的谐振角频率为

$$\omega_0 = \left(\frac{\sin\left(\dfrac{\pi\alpha}{2}\right)}{LC_\alpha} \right)^{\frac{1}{\alpha+1}} \tag{7-2}$$

谐振时的阻抗模为

$$|Z_{\omega_0}| = R + \frac{1}{\omega_0^\alpha C_\alpha} \cos\left(\frac{\pi}{2}\alpha\right) \tag{7-3}$$

第 7 章　电力滤波器的分数阶建模

由式（7-2）和式（7-3）可见，谐振角频率随阶数 α 变化，谐振时的阻抗模不仅与电阻值有关，而且与电容元件阶数 α、电感值和电容值等都有关系。这与整数阶单调谐 LC 滤波器是不一样的。假设单调谐 LC_α 滤波器的参数为 $R=1\Omega$，电感阶数为 1，$L=1\text{mH}$，分数阶电容的电容系数 $C_\alpha = 100\mu\text{F}\cdot\text{s}^{\alpha-1}$。根据式（7-2）和式（7-3），谐振角频率及谐振时的阻抗模随电容元件阶数 α 的变换情况如图 7-4 所示。

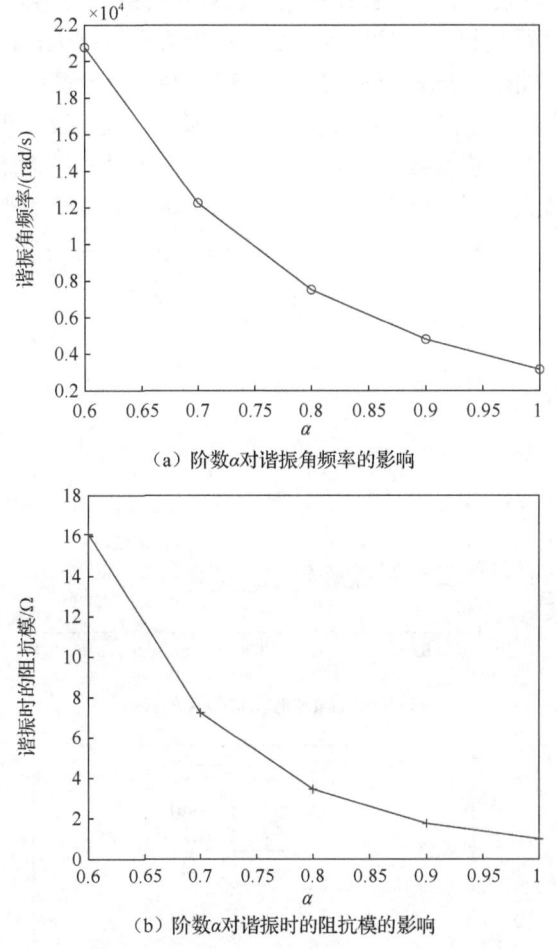

（a）阶数 α 对谐振角频率的影响

（b）阶数 α 对谐振时的阻抗模的影响

图 7-4　电容阶数 α 对单调谐 LC_α 滤波器的影响

假定基波频率为 ω_1，滤波器要滤除 n 次谐波，$\omega_n = n\omega_1 = \omega_0$，则谐振次数为

$$n = \frac{1}{\omega_1}\left(\frac{\sin\left(\dfrac{\pi\alpha}{2}\right)}{LC_\alpha}\right)^{\frac{1}{\alpha+1}}$$

根据式（7-1）的阻抗形式，设滤波器品质因数为

$$Q = \frac{\omega_0 L}{R + \dfrac{1}{\omega_0^\alpha C_\alpha}\cos\left(\dfrac{\alpha\pi}{2}\right)} \tag{7-4}$$

由式（7-4），滤波器的品质因数 Q 与分数阶阶数、电感系数、电容系数和电阻 R 均有关。Q 与阶数 α、电感系数和电容系数的关系如图 7-5 所示。在阶数 α 一定的情况下，电感系数越大，品质因数越大；电容系数越大，品质因数越小。这个结论和整数阶电路的情况是一致的。图 7-5（a）中，当电感系数为 1mH、1.5mH，电路阶数 $\alpha=1$，即整数阶时，相应的品质因数最大，随着 α 逐渐下降，电路的品质因数逐渐下降；当电感系数变为 0.5mH 时，随着 α 从 1 逐渐下降，品质因数略有增大，在达到最大值后，随着 α 继续减小，品质因数逐渐减小。

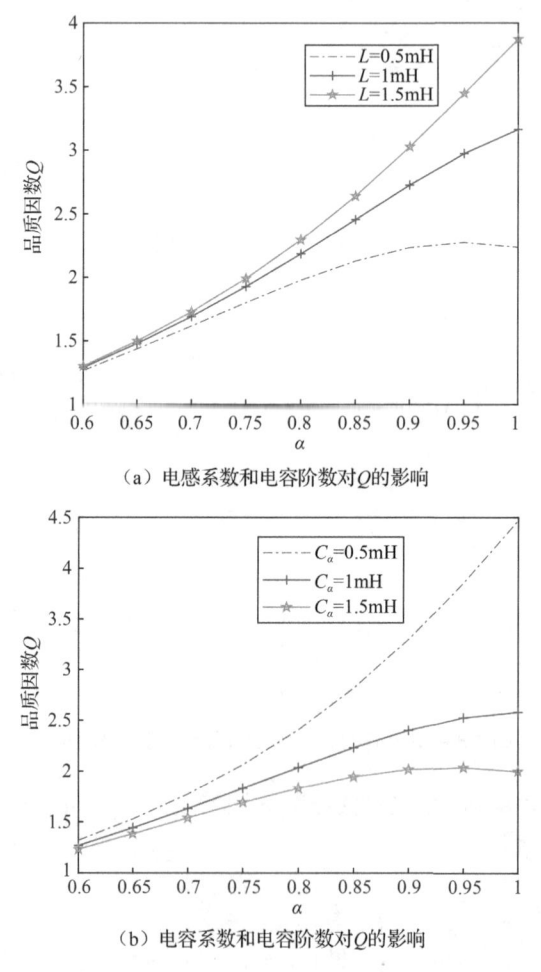

（a）电感系数和电容阶数对 Q 的影响

（b）电容系数和电容阶数对 Q 的影响

图 7-5　电路参数对单调谐 LC_α 滤波器品质因数 Q 的影响

第 7 章 电力滤波器的分数阶建模

由式（7-1）和式（7-4），单调谐 LC_α 滤波器 n 次谐波阻抗为

$$Z(jn\omega_1) = |Z_{\omega_0}| \left(\frac{R + \dfrac{1}{n^\alpha \omega_1^\alpha C_\alpha} \cos\left(\dfrac{\alpha\pi}{2}\right)}{|Z_{\omega_0}|} + jQ\left(\frac{n\omega_1}{\omega_0} - \frac{\omega_0^\alpha}{n^\alpha \omega_1^\alpha}\right) \right) \quad (7\text{-}5)$$

其中，$|Z_{\omega_0}|$ 为谐振时的阻抗模，$|Z_{\omega_0}| = R + \dfrac{1}{\omega_0^\alpha C_\alpha} \cos\left(\dfrac{\pi}{2}\alpha\right)$。单调谐 LC_α 滤波器的 ω_1 和 ω_0 是确定的，若电容的阶数 α 是确定的，由式（7-5）可知，滤波器 n 次谐波阻抗与品质因数 Q 成正比。

7.2.2 分数阶 $L_\alpha C_\alpha$ 滤波器

分数阶 $L_\alpha C_\alpha$ 滤波器中电感元件和电容元件的阶数均为 α（$0 < \alpha < 1$）。电路如图 7-6 所示，其中电阻参数为 R，电感系数为 L_α，阶数为 α，电容系数为 C_α，阶数为 α（$0 < \alpha < 1$）。

图 7-6 单调谐 $L_\alpha C_\alpha$ 滤波器原理图

根据式（3-25），图 7-6 中单调谐 $L_\alpha C_\alpha$ 滤波器的阻抗形式为

$$Z = R + \left(\omega^\alpha L_\alpha + \frac{1}{\omega^\alpha C_\alpha}\right)\cos\left(\frac{\pi}{2}\alpha\right) + j\left(\omega^\alpha L_\alpha - \frac{1}{\omega^\alpha C_\alpha}\right)\sin\left(\frac{\pi}{2}\alpha\right) \quad (7\text{-}6)$$

其阻抗模为

$$|Z| = \sqrt{\left(R + \left(\omega^\alpha L_\alpha + \frac{1}{\omega^\alpha C_\alpha}\right)\cos\left(\frac{\pi}{2}\alpha\right)\right)^2 + \left(\omega^\alpha L_\alpha - \frac{1}{\omega^\alpha C_\alpha}\right)^2 \left(\sin\left(\frac{\pi}{2}\alpha\right)\right)^2}$$

阻抗角为

$$\varphi = \arctan \frac{\left(\omega^\alpha L_\alpha - \dfrac{1}{\omega^\alpha C_\alpha}\right)\sin\left(\dfrac{\pi}{2}\alpha\right)}{R + \left(\omega^\alpha L_\alpha + \dfrac{1}{\omega^\alpha C_\alpha}\right)\cos\left(\dfrac{\pi}{2}\alpha\right)}$$

当 $R \to 0$，$\omega^\alpha L_\alpha \gg \dfrac{1}{\omega^\alpha C_\alpha}$ 时，$\varphi \approx \dfrac{\pi}{2}\alpha$；当 $R \to 0$，$\omega^\alpha L_\alpha \ll \dfrac{1}{\omega^\alpha C_\alpha}$ 时，$\varphi \approx -\dfrac{\pi}{2}\alpha$。

根据 $L_\alpha C_\alpha$ 滤波器的阻抗式（7-6），一端口阻抗为频率的函数，同时也是阶数 α 的函数。分数阶单调谐 $L_\alpha C_\alpha$ 滤波器等效阻抗的幅频特性和相频特性如图 7-7 所示。由图 7-7 可见，当电容阶数由整数阶 1 逐渐减小到 $\alpha = 0.7$ 时，单调谐 $L_\alpha C_\alpha$ 滤波器电路的谐振角频率逐渐增大。同时，阶数 α 的减小使得电路阻抗的变化更加平缓，也就是电路的调谐锐度在减小。

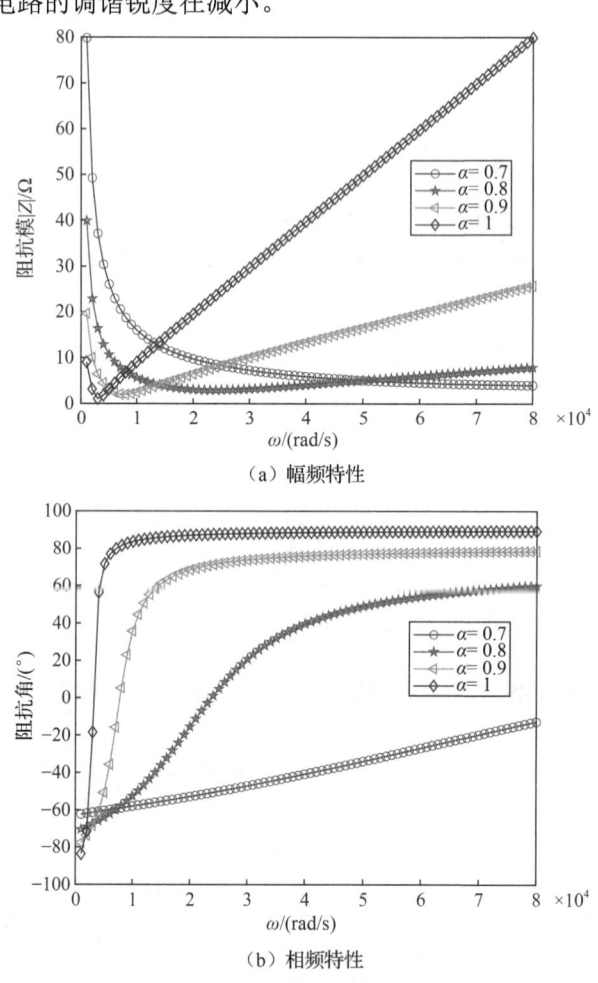

（a）幅频特性

（b）相频特性

图 7-7 单调谐 $L_\alpha C_\alpha$ 滤波器阻抗频率特性

根据式（7-6），单调谐 $L_\alpha C_\alpha$ 滤波器发生谐振时的谐振角频率为

$$\omega_0 = \left(\sqrt{\dfrac{1}{L_\alpha C_\alpha}}\right)^{\frac{1}{\alpha}} \tag{7-7}$$

谐振时的阻抗模为

$$\left|Z_{\omega_0}\right| = R + \left(\omega_0^\alpha L_\alpha + \frac{1}{\omega_0^\alpha C_\alpha}\right)\cos\left(\frac{\pi}{2}\alpha\right) \tag{7-8}$$

由式（7-7）和式（7-8），随着阶数 α 减小，谐振角频率增大，同时谐振时的阻抗模逐渐增大。

根据式（7-6）的阻抗形式，设滤波器品质因数为

$$Q = \frac{\omega_0^\alpha L_\alpha \sin\left(\frac{\pi}{2}\alpha\right)}{R + \left(\omega_0^\alpha L_\alpha + \frac{1}{\omega_0^\alpha C_\alpha}\right)\cos\left(\frac{\pi}{2}\alpha\right)} \tag{7-9}$$

与 7.2.1 节的单调谐 LC_α 滤波器类似，$L_\alpha C_\alpha$ 滤波器的品质因数 Q 与分数阶阶数、电感系数、电容系数和电阻 R 均有关。根据式（7-9），绘制 Q 与阶数 α、电感系数和电容系数的关系，如图 7-8 所示。在阶数 α 一定的情况下：电感系数越大，品质因数越大；电容系数越大，品质因数越小。电路的阶数 $\alpha=1$，即整数阶时，相应的品质因数最大；随着 α 逐渐减小，电路的品质因数逐渐减小。

由式（7-6）和式（7-9），单调谐 $L_\alpha C_\alpha$ 滤波器 n 次谐波阻抗为

$$Z(jn\omega_1) = \left|Z_{\omega_0}\right|\left(\frac{\text{Re}[Z(\omega_n)]}{\left|Z_{\omega_0}\right|} + jQ\left(\frac{n^\alpha \omega_1^\alpha}{\omega_0^\alpha} - \frac{\omega_0^\alpha}{n^\alpha \omega_1^\alpha}\right)\right) \tag{7-10}$$

其中，$\text{Re}[Z(\omega_n)] = R + \left(n^\alpha \omega_1^\alpha L_\alpha + \frac{1}{n^\alpha \omega_1^\alpha C_\alpha}\right)\cos\left(\frac{\pi}{2}\alpha\right)$，$\left|Z_{\omega_0}\right|$ 为谐振时的阻抗模。

单调谐 $L_\alpha C_\alpha$ 滤波器的 ω_1 和 ω_0 是确定的，若阶数 α 是确定的，由式（7-10）可知，滤波器 n 次谐波阻抗与品质因数 Q 成正比。

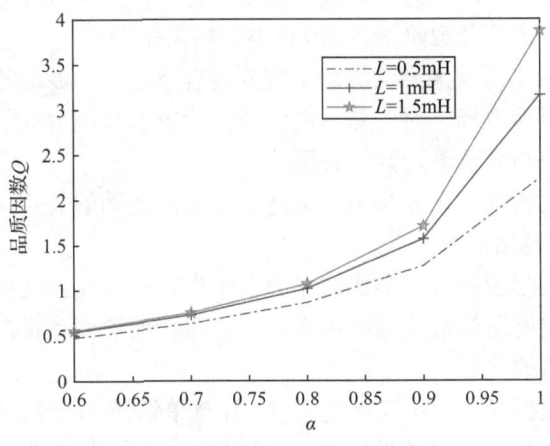

（a）电感系数和电容阶数 α 对 Q 的影响

(b) 电容系数和电容阶数α对Q的影响

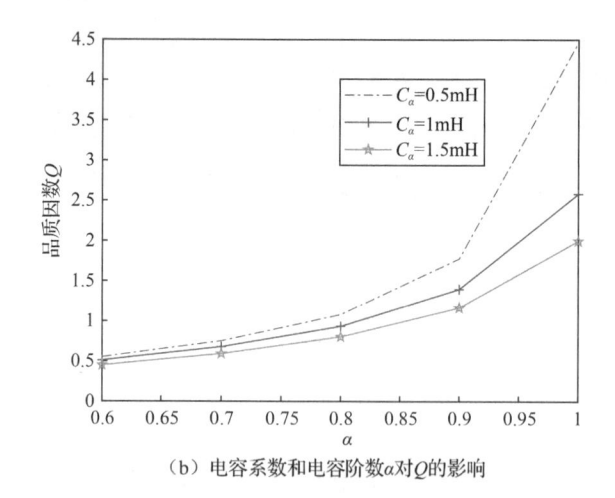

图 7-8 电路参数对单调谐 $L_\alpha C_\alpha$ 滤波器品质因数 Q 的影响

7.3 分数阶单调谐 LC 滤波器的设计

PPF 具有成本低、容量大、结构简单等优点，是处理电力谐波问题的主要手段之一。在无源单调谐 LC 滤波器设计中，对 LC 元件参数的确定和优化是关键。关于 PPF 中 LC 参数的设计方法已经有很多，但是这些设计方法都是基于电容和电感的整数阶模型提出的。如果考虑实际电路元件的阶数，那么相应的分数阶模型更能反映电路的真实工作情况，且增加了设计的自由度，使得设计更加灵活[124-127]。

分数阶单调谐 LC 滤波器的设计过程如下：

（1）首先，对电容和电感的分数阶模型进行分析，得到分数阶电容和电感的阻抗形式，进一步得到分数阶单调谐 LC 电路的阻抗形式。

（2）确定电容 C。考虑到滤波器电容安装容量越小，滤波器投资越小，以电容的最小安装容量为目标，对电路中电容分数阶阶数与电容安装容量的关系进行分析，得到电容值与分数阶阶数的关系。

（3）根据需要滤除的谐波频率和电路谐振频率之间的关系，确定分数阶单调谐 LC 滤波器中电感值的大小。

（4）考虑到实际应用过程中滤波器会发生失谐的情况，根据系统的总失谐度和最大阻抗角确定电路的最佳调谐锐度值 Q_{opt}。调谐锐度是指在谐振频率下电路的电抗值与电阻值的比值。

（5）最后，根据最佳调谐锐度值 Q_{opt}，计算单调谐 LC 滤波器中的电阻值。

下面，将从这几个方面说明分数阶单调谐 LC 滤波器的设计。

7.3.1　分数阶电容 C 和电感 L 的确定

滤波器电容安装容量最小，则滤波器投资最少。本节从最小滤波电容安装容量方面来设计滤波器的电容值 C。

假设电感和电容元件的阶数相同，均为 α（$0<\alpha<1$），流过滤波支路的电流包括 n 次谐波电流 $I_{f(n)}$ 和由基波电压 $U_{(1)}$ 引起的基波电流 $I_{f(1)}$，则基波电流为

$$I_{f(1)} = \frac{U_{(1)}}{\sqrt{\left(\omega_1^\alpha L + \frac{1}{\omega_1^\alpha C}\right)^2 \left(\cos\frac{\alpha\pi}{2}\right)^2 + \left(\omega_1^\alpha L - \frac{1}{\omega_1^\alpha C}\right)^2 \left(\sin\frac{\alpha\pi}{2}\right)^2}} \quad (7\text{-}11)$$

该滤波支路的谐振角频率为基波频率的 n 倍，根据式（7-7），基波频率为

$$\omega_1 = \frac{1}{n}\left(\sqrt{\frac{1}{LC}}\right)^{\frac{1}{\alpha}} \quad (7\text{-}12)$$

将式（7-12）代入式（7-11），得

$$I_{f(1)} = \omega_1^\alpha C \frac{n^{2\alpha}}{\sqrt{n^{4\alpha} + 2n^{2\alpha}\cos(\alpha\pi) + 1}} U_{(1)} \quad (7\text{-}13)$$

滤波器的安装容量为

$$S_{(n)} = \frac{\sin\left(\frac{\pi}{2}\alpha\right)}{\omega_1^\alpha C} I_{f(1)}^2 + \frac{\sin\left(\frac{\pi}{2}\alpha\right)}{(n\omega_1)^\alpha C} I_{f(n)}^2 \quad (7\text{-}14)$$

该滤波支路的基波容量为

$$S_{(1)} = U_{(1)} I_{f(1)} = \omega_1^\alpha C \frac{n^{2\alpha}}{\sqrt{n^{4\alpha} + 2n^{2\alpha}\cos(\alpha\pi) + 1}} U_{(1)}^2 \quad (7\text{-}15)$$

由式（7-13）～式（7-15），滤波器的安装容量为

$$S_{(n)} = \frac{n^{2\alpha}\sin\left(\frac{\pi}{2}\alpha\right)}{\sqrt{n^{4\alpha} + 2n^{2\alpha}\cos(\alpha\pi) + 1}} \left(S_{(1)} + \frac{U_{(1)}^2 I_{f(n)}^2}{n^\alpha S_{(1)}}\right) \quad (7\text{-}16)$$

由式（7-16），当 $S_{(1)} = n^{-\frac{\alpha}{2}} U_{(1)} I_{f(n)}$ 时，安装容量 $S_{(n)}$ 为最小值，即

$$S_{(n),\min} = \frac{2n^{-\frac{\alpha}{2}} U_{(1)} I_{f(n)} n^{2\alpha} \sin\left(\frac{\pi}{2}\alpha\right)}{\sqrt{n^{4\alpha} + 2n^{2\alpha}\cos(\alpha\pi) + 1}}$$

由式（7-15），此时的基波容量满足

$$S_{(1)} = n^{-\frac{\alpha}{2}} U_{(1)} I_{f(n)} = \omega_1^\alpha C \frac{n^{2\alpha}}{\sqrt{n^{4\alpha} + 2n^{2\alpha}\cos(\alpha\pi) + 1}} U_{(1)}^2 \qquad (7\text{-}17)$$

由式（7-17），可以得到对应最小电容器安装容量的电容值为

$$C = \frac{I_{f(n)}\sqrt{n^{4\alpha} + 2n^{2\alpha}\cos(\alpha\pi) + 1}}{U_{(1)} n^{2.5\alpha} \omega_1^\alpha} \qquad (7\text{-}18)$$

当 $\alpha = 1$ 时，对应最小电容器安装容量的电容值为

$$C = \frac{I_{f(n)}(n^2 - 1)}{U_{(1)} n^{2.5} \omega_1} \qquad (7\text{-}19)$$

根据式（7-18），可以确定所需的电容器的电容值。在确定电容器的电容值后，根据分数阶单调谐 $L_\alpha C_\alpha$ 滤波器的谐振角频率，即式（7-7），得到满足谐振的电感值为

$$L = \frac{1}{(n\omega_1)^{2\alpha} C} \qquad (7\text{-}20)$$

假定谐波电流为 10A，$n=3$，基波电压为 200V，基波频率为 50Hz。根据式（7-19）和式（7-20），在 $\alpha = 1$ 时，对应最小电容器安装容量的电容值 $C_0 \approx 87\mu F$，电感值 $L_0 \approx 13.8mH$。随着 α 逐渐变小，对应最小电容器安装容量的电容值逐渐增大，如图 7-9（a）所示。当 $\alpha = 0.6$ 时，电容值增大到整数阶时的 13 倍（$C/C_0 \approx 13$）。电路元件阶数越接近 1，电容值越小。类似地，随着 α 逐渐变小，电感值也逐渐增大。电路元件阶数越接近 1，电感值越小。

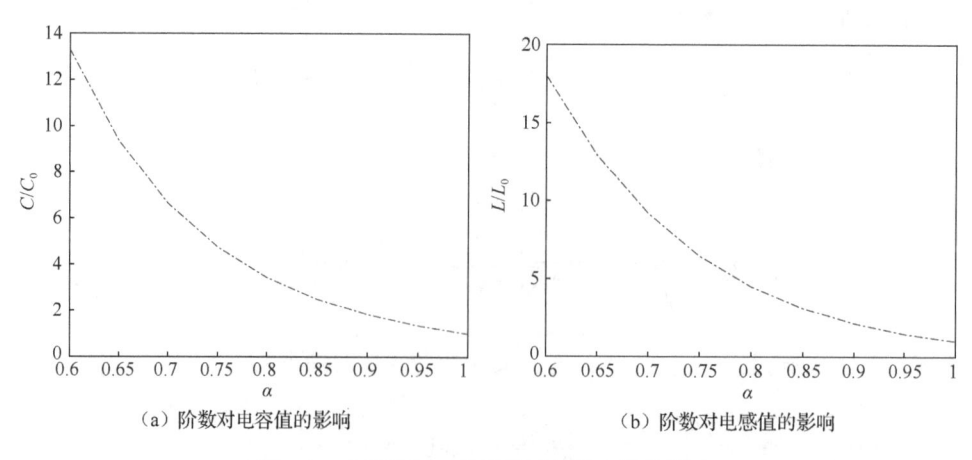

（a）阶数对电容值的影响

（b）阶数对电感值的影响

图 7-9　电路阶数对单调谐滤波器参数的影响

7.3.2 分数阶单调谐滤波器的电阻值的确定

在整数阶滤波器的设计方法中，电阻值的确定一般采用最佳 Q 值法，本节通过分析分数阶单调谐滤波器的最佳 Q 值的选择方法，进一步确定电阻 R 的值。

7.3.2.1 分数阶单调谐滤波器的失谐

理想情况下，电路的谐振频率为使得电路阻抗的虚部为 0 的值，如果电路在第 n 次谐波发生谐振，那么电路的谐振角频率为

$$\omega_{sN} = \frac{1}{n}\left(\frac{1}{LC}\right)^{\frac{1}{2\alpha}} \tag{7-21}$$

其中，ω_{sN} 为额定角频率。在实际运行中，电路中的工作频率与额定工作频率总会存在一定的偏差，从而导致各谐波频率发生相应的偏移。这种情况下，按照额定频率设计的滤波器的滤波效果会变差，称为滤波器失谐。除此以外，电容器和电感线圈的参数也会由于环境或自身原因存在一定误差，导致实际谐振频率偏离理论值，滤波器失谐。在设计时，常将电感和电容参数偏差引起的失谐和频率变化引起的失谐等效为总失谐度，即

$$\delta_{eq} = \frac{\Delta f}{f_N} + \frac{1}{2}\left(\frac{\Delta L}{L} + \frac{\Delta C}{C}\right) \tag{7-22}$$

其中，δ_{eq} 为总失谐度，Δf、ΔL 和 ΔC 分别为频率偏差、电感系数偏差和电容系数偏差，f_N 为额定系统频率。考虑滤波器失谐情况，滤波器的滤波性能不仅由谐振频率的阻抗决定，还和谐振频率附近的阻抗特性有关系[128]。

7.3.2.2 导纳轨迹分析

假定系统基波额定角频率为 ω_{sN}，实际系统基波角频率为 ω_s，那么相对偏差定义为如下形式：

$$\delta = \frac{\omega_s - \omega_{sN}}{\omega_{sN}} \tag{7-23}$$

根据式（7-6），系统的 n 次谐波阻抗可以表示为如下形式：

$$Z_n = R + \left(n^\alpha \omega_s^\alpha L + \frac{1}{n^\alpha \omega_s^\alpha C}\right)\cos\left(\frac{\pi}{2}\alpha\right) + j\left(n^\alpha \omega_s^\alpha L - \frac{1}{n^\alpha \omega_s^\alpha C}\right)\sin\left(\frac{\pi}{2}\alpha\right) \tag{7-24}$$

根据式（7-21）、式（7-23）和式（7-24），有

$$Z_n = R_n + jX_n \tag{7-25}$$

其中，$R_n = R + \dfrac{(1+\delta)^{2\alpha}+1}{(1+\delta)^{\alpha}}\sqrt{\dfrac{L}{C}}\cos\left(\dfrac{\pi}{2}\alpha\right)$，$X_n = \dfrac{(1+\delta)^{2\alpha}-1}{(1+\delta)^{\alpha}}\sqrt{\dfrac{L}{C}}\sin\left(\dfrac{\pi}{2}\alpha\right)$。

由式（7-25），系统的 n 次谐波导纳 Y_n 为

$$Y_n = \dfrac{1}{Z_n} = G + jB$$

其中，$G = \dfrac{R_n}{R_n^2 + X_n^2}$，$B = \dfrac{-X_n}{R_n^2 + X_n^2}$，$G$ 和 B 满足下式：

$$G^2 + \left(B + \dfrac{1}{2X_n}\right)^2 = \left(\dfrac{1}{2X_n}\right)^2$$

分数阶电路对应大导纳轨迹仍然符合圆的方程，其圆心在 $\left(0, -\dfrac{1}{2X_n}\right)$，半径为 $\dfrac{1}{2X_n}$。随着 α 从 1 逐渐减小，该圆的半径逐渐增大。

导纳 Y_n 与 G 轴的夹角 θ 满足

$$\tan\theta = \left|\dfrac{B}{G}\right| = \dfrac{\left((1+\delta)^{2\alpha}-1\right)\sqrt{\dfrac{L}{C}}\sin\left(\dfrac{\pi}{2}\alpha\right)}{(1+\delta)^{\alpha}R + \left((1+\delta)^{2\alpha}+1\right)\sqrt{\dfrac{L}{C}}\cos\left(\dfrac{\pi}{2}\alpha\right)} \tag{7-26}$$

当 $R = 0$ 时，夹角 θ 最大，$\theta_{\max}$ 满足下式：

$$\tan\theta_{\max} = \dfrac{(1+\delta)^{2\alpha}-1}{(1+\delta)^{2\alpha}+1}\tan\left(\dfrac{\pi}{2}\alpha\right) \tag{7-27}$$

根据式（7-27），夹角最大值 $\theta_{\max}$ 随阶数的变化情况如图 7-10 所示。随着 α 从 1 逐渐减小，夹角最大值 $\theta_{\max}$ 急剧减小。

假定相对偏差 $\delta = 0.01$，分数阶电感系数为 $L = 1\text{mV}\cdot\text{s}^{\alpha}/\text{A}$，$C = 1\mu\text{F}\cdot\text{s}^{\alpha-1}$，阶数 α 在 0.6 到 1 之间，R 在 0 到 100Ω 之间。图 7-11 给出了导纳轨迹随阶数 α 的变化情况。

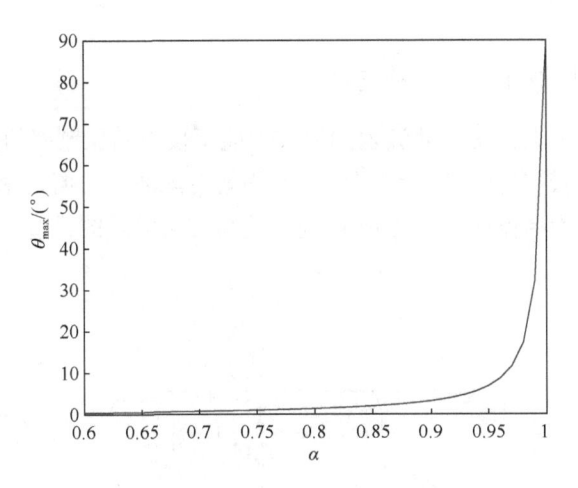

图 7-10　电路阶数对 $\theta_{\max}$ 的影响

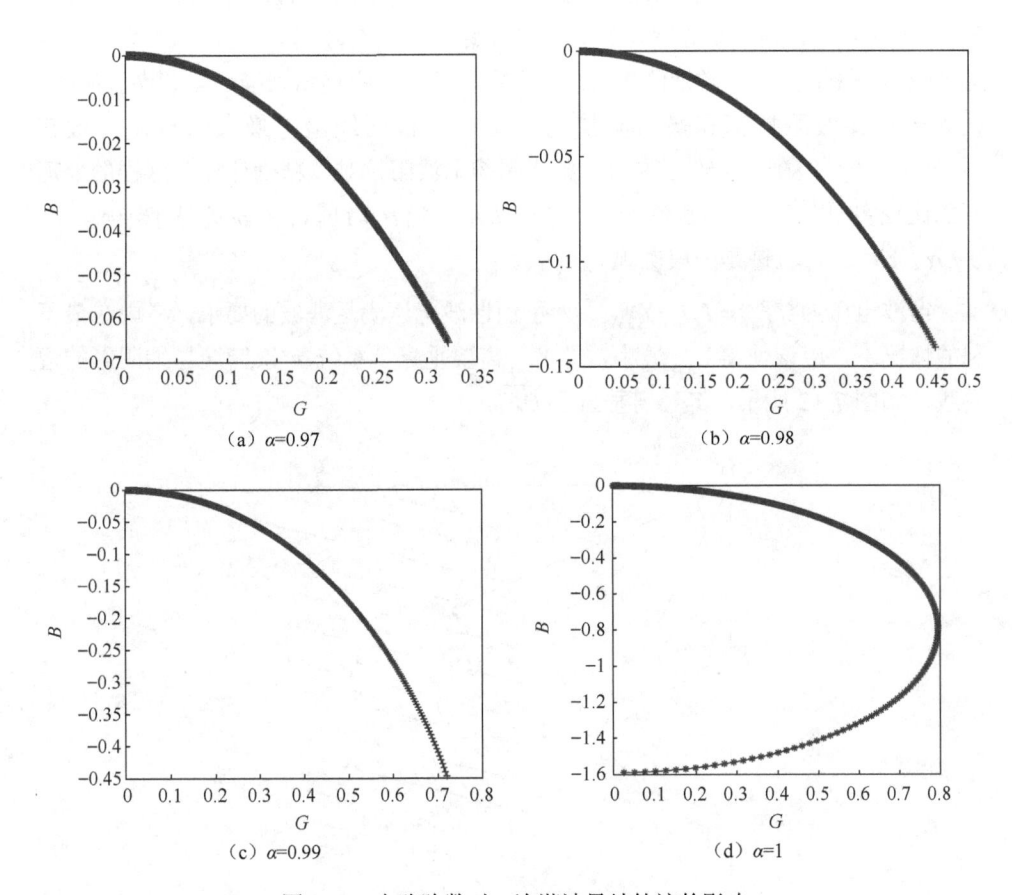

（a）$\alpha=0.97$

（b）$\alpha=0.98$

（c）$\alpha=0.99$

（d）$\alpha=1$

图 7-11　电路阶数对 n 次谐波导纳轨迹的影响

7.3.2.3 最佳 Q 值和 R 值的选取

考虑滤波器失谐情况，滤波器的滤波性能不仅由谐振频率的阻抗决定，还和谐振频率附近的阻抗特性有关系[128]。因此需要对滤波器的调谐锐度进行设计。滤波器的调谐锐度为谐振频率下 L 或 C 的电抗与支路电阻的比值，根据式（7-9），可得

$$Q = \frac{\omega_{sN}^{\alpha} L \sin\left(\frac{\pi}{2}\alpha\right)}{R + \left(\omega_{sN}^{\alpha} L + \dfrac{1}{\omega_{sN}^{\alpha} C}\right)\cos\left(\frac{\pi}{2}\alpha\right)} \tag{7-28}$$

由于单调谐滤波器与系统是并联的，因此综合谐波导纳 $Y_{sf(n)}$ 为二者之和，即 $Y_{sf(n)} = Y_n + Y_s$（Y_s 为系统导纳，Y_n 为滤波支路 n 次谐波导纳）。Y_s 可以由系统谐波阻抗映射得来，在缺乏详细的参数时，可用系统最大阻抗角来描述系统谐波阻抗，认为全部谐波阻抗都在最大阻抗角范围内。根据经验，最大阻抗角一般在 $-85° \sim -80°$ 和 $80° \sim 85°$ 范围内，鉴于系统谐波阻抗难以精确计算，这样的处理方式比较实用[124]。Y_n 的轨迹如图 7-11 所示，当 $\alpha = 1$ 时，Y_n 轨迹是个半圆，当 $0 < \alpha < 1$ 时，Y_n 轨迹是一段圆弧。

谐波电压为 $U_{f(n)} = I_{f(n)}/Y_{sf(n)}$。为了使谐波电压满足滤波的要求，考虑在最不利的情况下，应该使得 $Y_{sf(n)}$ 最小，即 $Y_{sf(n)}$ 需要垂直于系统 n 次谐波导纳阴影的边界线，如图 7-12 所示，$Y_{sf(n)}$ 需垂直于 $\overline{DF}$。

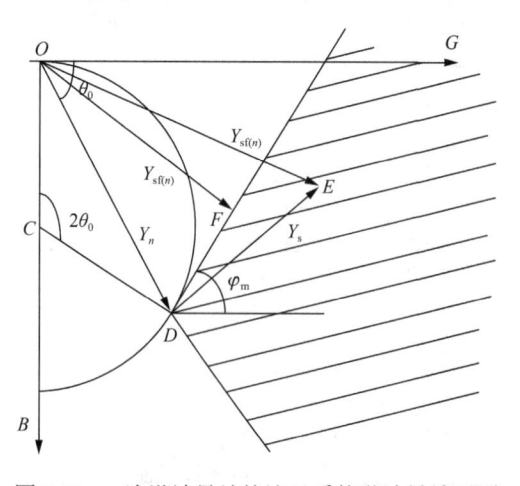

图 7-12 n 次谐波导纳轨迹及系统谐波导纳平面

第 7 章 电力滤波器的分数阶建模

在设计时，为了获得最佳滤波效果，使谐波电压达到最小值，选取的最佳 Q 值应该使 $Y_{sf(n)}$ 的极小值达到最大。也就是要求系统谐波导纳的阴影部分（图 7-12）在其顶点 D 处与滤波器导纳圆相切，这样得出的 Y_n 与 Q 值能使系统在最不利情况下获得最佳的滤波效果[124,128]。

下面将分两种情况进行讨论，分别是 $\theta_{max} \geqslant \theta_0$ 和 $\theta_{max} < \theta_0$ 两种情况，见图 7-13（a）和 7-13（b）。其中，φ_m 为系统阻抗的最大阻抗角。当系统阻抗的最大阻抗角与导纳圆相切时，有如下几何关系：

$$\theta_0 = \frac{\pi - \varphi_m}{2} \tag{7-29}$$

（1）当 $\theta_{max} \geqslant \theta_0$ 时。在设计时，为了使 $Y_{sf(n)}$ 的极小值为最大，应选择导纳角为 θ_0 的单调谐滤波器的支路。根据式（7-26）、式（7-28）和式（7-29），此时电路的最佳 Q 值为

$$Q_{opt} = \frac{(1+\delta)^\alpha \tan\frac{\alpha\pi}{2} \cot\frac{\alpha\pi}{2}}{\left((1+\delta)^{2\alpha} - 1\right)\left(\tan\frac{\alpha\pi}{2} - \cot\frac{\varphi_m}{2}\right)} \tag{7-30}$$

根据式（7-28）和式（7-30），计算此时的电阻值为

$$R = \frac{\omega_{sN}^\alpha L \sin\frac{\alpha\pi}{2}}{Q_{opt}} - 2\omega_{sN}^\alpha L \cos\frac{\alpha\pi}{2} \tag{7-31}$$

（2）当 $\theta_{max} < \theta_0$ 时。为了使 $Y_{sf(n)}$ 的极小值为最大，应选择导纳角为 θ_{max} 的单调谐滤波器的支路。此时的电阻 $R = 0$。根据式（7-28），此时的最佳 Q 值为

$$Q_{opt} = \frac{1}{2}\tan\frac{\alpha\pi}{2} \tag{7-32}$$

综上，分数阶单调谐滤波器的最佳 Q 值和 R 值确定方法如下：
（1）确定需要滤波的系统最大阻抗角 φ_m 和最大失谐度。
（2）确定电路元件参数，包括电感值、电容值及其阶数。
（3）依据式（7-27）和式（7-29），分别计算 θ_{max} 和 θ_0。
（4）依据式（7-30）～式（7-32），确定相应的最佳 Q 值和电阻值 R。

(a) $\theta_{max} \geq \theta_0$

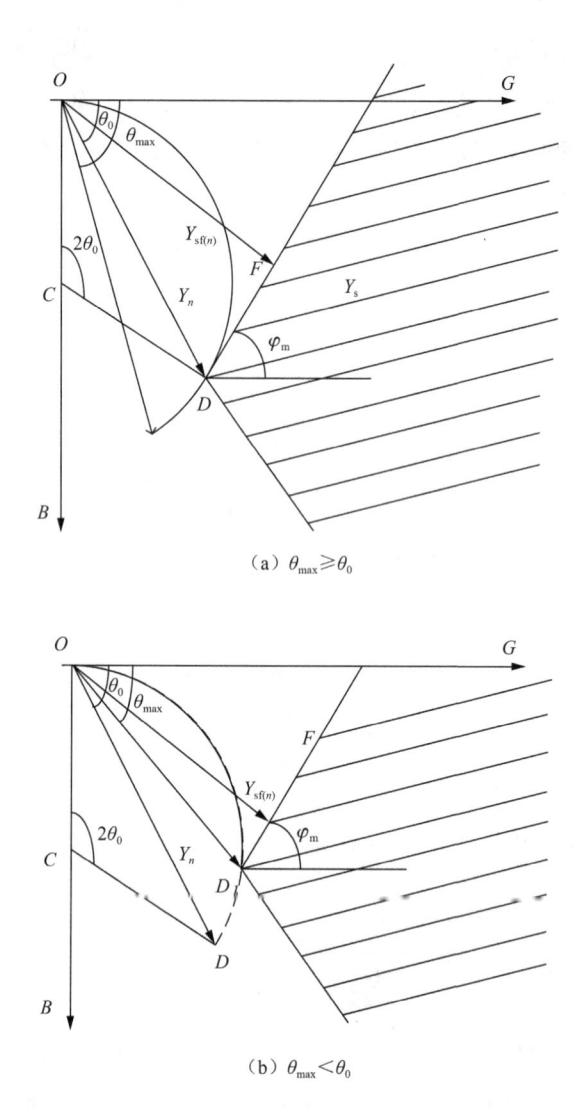

(b) $\theta_{max} < \theta_0$

图 7-13 n 次谐波导纳轨迹及系统谐波导纳平面的两种情况

7.4 分数阶 LCL 滤波器

    APF 采用 PWM 技术控制开关管的通断,在运行中会产生开关频率附近的谐波。一方面,APF 输出电流的变化率 di/dt 很高[129],为提高响应速度,APF 逆变侧电感不能过大;另一方面,为提高滤除开关频率附近高次谐波时的效率,电感必须足够大。因此,APF 输出端一般利用 LCL 滤波器进行滤波[130-131]。

    LCL 滤波器的低频段衰减速率都是-20dB/dec,而到了高频段 LCL 滤波器的衰减速率增加到了-60dB/dec[132-133]。显然，LCL 滤波器在高频段的滤波性能好，可以将其应用于有源滤波器，滤除开关频率处的谐波。但是，LCL 滤波器存在一个固有的谐振尖峰，会导致该频率处的谐波处于无阻尼状态，不能对该频率处的谐波进行有效抑制。

考虑到分数阶元件的特点，文献[126]将分数阶电感和电容元件引入 LCL 滤波器的分析和设计。本节将给出分数阶 LCL 滤波器的数学模型，建立分数阶 LCL 滤波器的输出电流传递函数，分析分数阶 LCL 滤波器的谐振频率特性等。

7.4.1 分数阶 LCL 滤波器的建模

分数阶 LCL 滤波器的并网电路如图 7-14 所示。图中，u_{dc} 为逆变侧输出电压，即滤波器输入端电压；u_C 为电容端电压；u_o 为滤波器输出电压；$L_{1,\alpha}$ 为输入侧分数阶电感（阶数为 α，$0<\alpha<1$），$L_{2,\alpha}$ 为输出侧分数阶电感（阶数为 α，$0<\alpha<1$）；$C_{1,\beta}$ 为高频滤波分数阶电容（阶数为 β，$0<\beta<1$）；i_1 为逆变侧电流，i_2 为网侧电流，i_C 为电容电流。LCL 滤波器相当于将单电感 L 滤波器中电感 L 分离为两个电感，并在两个电感中间增加了一个滤波电容，通过增加的电容对高频谐波进行滤除，从而提高逆变产生的跟随电流的质量。

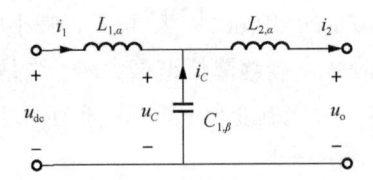

图 7-14 无阻尼分数阶 LCL 滤波器

根据图 7-14，列写电路状态方程如下：

$$\begin{cases} C_{1,\beta} \dfrac{\mathrm{d}^{\beta} u_C}{\mathrm{d}t^{\beta}} = -i_C = i_1 - i_2 \\ L_{1,\alpha} \dfrac{\mathrm{d}^{\alpha} i_1}{\mathrm{d}t^{\alpha}} = u_{dc} - u_C \\ L_{2,\alpha} \dfrac{\mathrm{d}^{\alpha} i_2}{\mathrm{d}t^{\alpha}} = u_C - u_o \end{cases} \tag{7-33}$$

对式（7-33）进行拉普拉斯变换，得到如下形式：

$$\begin{cases} s^\beta C_{1,\beta} U_C(s) = -I_C(s) = I_1(s) - I_2(s) \\ s^\alpha L_{1,\alpha} I_1(s) = U_{dc}(s) - U_C(s) \\ s^\alpha L_{2,\alpha} I_2(s) = U_C(s) - U_o(s) \end{cases} \quad (7\text{-}34)$$

根据式（7-34），分数阶电感 $L_{2,\alpha}$ 的电流为

$$I_2(s) = \frac{-\left(L_{1,\alpha} C_{1,\beta} s^{\alpha+\beta} + 1\right) U_o(s) + U_{dc}(s)}{\left(L_{1,\alpha} + L_{2,\alpha}\right) s^\alpha + L_{1,\alpha} L_{2,\alpha} C_{1,\beta} s^{2\alpha+\beta}}$$

此时，输出电流对输入电压的传递函数为

$$G_1(s) = \left.\frac{I_2(s)}{U_{dc}(s)}\right|_{U_o(s)=0} = \frac{1}{\left(L_{1,\alpha} + L_{2,\alpha}\right) s^\alpha + L_{1,\alpha} L_{2,\alpha} C_{1,\beta} s^{2\alpha+\beta}} \quad (7\text{-}35)$$

根据式（7-35），绘制传递函数对应的系统波特图，如图 7-15 所示。

图 7-15（a）中，电容阶数 $\beta=1$，电感阶数 α 在 0.65～1 之间变化。由图 7-15（a）可以看出，传递函数的幅值和相位随电感阶数 α 的变化而发生变化。当频率小于滤波器固有谐振频率时，衰减速率是 -20αdB/dec，当频率大于滤波器固有谐振频率时，衰减速率都为 $-(40\alpha+20)$dB/dec[126]。可见，减小电感阶数 α，导致滤波性能变差。但是，减小电感阶数 α 能够降低谐振尖峰。这是采用分数阶元件的优势。随着 α 变化，相位绝对值也成比例变化[126]。在低频阶段，相位为 $-\alpha \cdot 90°$；在高频阶段，相位为 $-(2\alpha+1)\cdot 90°$[126]。

图 7-15（b）中，电感阶数 $\alpha=1$，电容阶数 β 在 0.65～1 之间变化。由图 7-15（b）可以看出，谐振频率和谐振尖峰受电容阶数影响较大。随着电容 β 从 1 逐渐减小，谐振尖峰逐步降低，同时谐振频率逐渐提高。由图 7-15（b）可以看出，幅值在低频段基本不受 β 的影响，当频率小于滤波器固有谐振频率时，幅值衰减速率是 -20dB/dec，相位基本不变；当频率大于滤波器固有谐振频率时，幅值衰减速率约为 $-(40+20\beta)$dB/dec，相位约为 $-(\beta+2)\cdot 90°$[126]。

对比图 7-15（a）和图 7-15（b）可以看出，在频率低于固有谐振频率时，电感阶数对响应频率特性的影响要大于电容阶数的影响。但是在高频段，情况正好相反，电容阶数对响应频率特性的影响要大于电感阶数的影响。

如果在 LCL 滤波器的电容支路加入一个电阻元件，可以用来抑制谐振尖峰，其电路如图 7-16 所示。

第 7 章　电力滤波器的分数阶建模

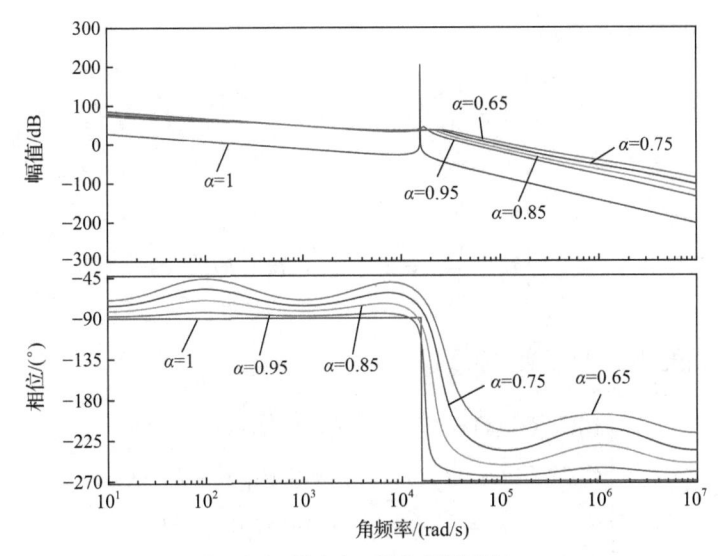

(a) 输出电流对输入电压传递函数波特图（$\beta=1$）

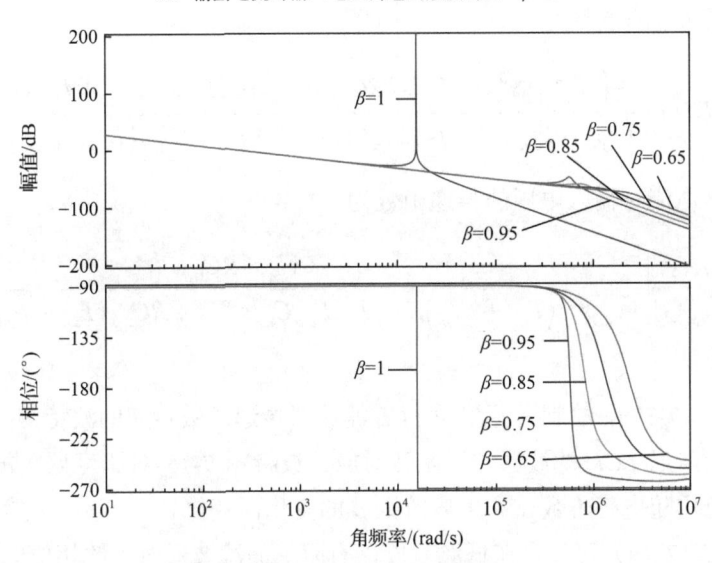

(b) 输出电流对输入电压传递函数波特图（$\alpha=1$）

图 7-15　无阻尼分数阶 LCL 滤波器输出电流对输入电压传递函数波特图

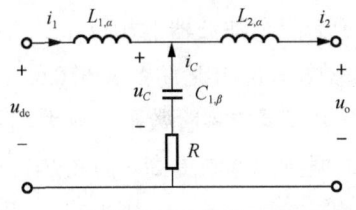

图 7-16　无源阻尼分数阶 LCL 滤波器

图 7-16 的状态方程为

$$\begin{cases} C_{1,\beta} \dfrac{\mathrm{d}^{\beta} u_C}{\mathrm{d}t^{\beta}} = -i_C = i_1 - i_2 \\ L_{1,\alpha} \dfrac{\mathrm{d}^{\alpha} i_1}{\mathrm{d}t^{\alpha}} = u_{\mathrm{dc}} - u_C + Ri_1 - Ri_2 \\ L_{2,\alpha} \dfrac{\mathrm{d}^{\alpha} i_2}{\mathrm{d}t^{\alpha}} = u_C - u_o + Ri_1 - Ri_2 \end{cases} \quad (7\text{-}36)$$

进一步,进行拉普拉斯变换,得到

$$\begin{cases} s^{\beta} C_{1,\beta} U_C(s) = -I_C(s) = I_1(s) - I_2(s) \\ s^{\alpha} L_{1,\alpha} I_1(s) = U_{\mathrm{dc}}(s) - U_C(s) + RI_1(s) - RI_2(s) \\ s^{\alpha} L_{2,\alpha} I_2(s) = U_C(s) - U_o(s) + RI_1(s) - RI_2(s) \end{cases} \quad (7\text{-}37)$$

分数阶电感 $L_{2,\alpha}$ 的电流为

$$I_2(s) = \frac{-\left(L_{1,\alpha} C_{1,\beta} s^{\alpha+\beta} + 1 - s^{\beta} RC_{1,\beta}\right) U_o(s) + \left(1 + s^{\beta} RC_{1,\beta}\right) U_{\mathrm{dc}}(s)}{\left(L_{1,\alpha} + L_{2,\alpha}\right) s^{\alpha} + L_{1,\alpha} L_{2,\alpha} C_{1,\beta} s^{2\alpha+\beta} + s^{\alpha+\beta} RC_{1,\beta} \left(L_{1,\alpha} - L_{2,\alpha}\right)} \quad (7\text{-}38)$$

此时,输出电流对输入电压的传递函数为

$$G_1(s) = \frac{I_2(s)}{U_{\mathrm{dc}}(s)} \bigg|_{U_o(s)=0} = \frac{1 + s^{\beta} RC_{1,\beta}}{\left(L_{1,\alpha} + L_{2,\alpha}\right) s^{\alpha} + L_{1,\alpha} L_{2,\alpha} C_{1,\beta} s^{2\alpha+\beta} + RC_{1,\beta} \left(L_{1,\alpha} - L_{2,\alpha}\right) s^{\alpha+\beta}}$$

$$(7\text{-}39)$$

根据式(7-39),绘制无源阻尼 LCL 滤波器传递函数对应的波特图,如图 7-17 所示。与无阻尼 LCL 滤波器传递函数对应的波特图 7-15 对比可见,传递函数的幅值和相位均随电感阶数 α 和电容阶数 β 的变化而变化。

由图 7-17(a)可见,在低频阶段,有阻尼的滤波器对应的相位约为 $-90°$;但是当频率逐步增大,并接近于滤波器固有谐振频率时,相位逐渐增大到 $-45°$ 附近,这和无阻尼滤波器的相位变化不同;当频率进一步增大超过谐振频率时,相位突然变小,但是相位高于无阻尼滤波器的相位。

图 7-17(b)中,电感阶数 $\alpha = 1$,电容阶数 β 在 0.65～1 之间变化。由图 7-17(b)可以看出,谐振频率和谐振尖峰受电容阶数影响较大。随着电容 β 从 1 逐渐减小,谐振尖峰逐步降低,同时谐振频率逐渐提高。由图 7-17(b)可以看出,幅值衰减在低频段基本不受 β 的影响。

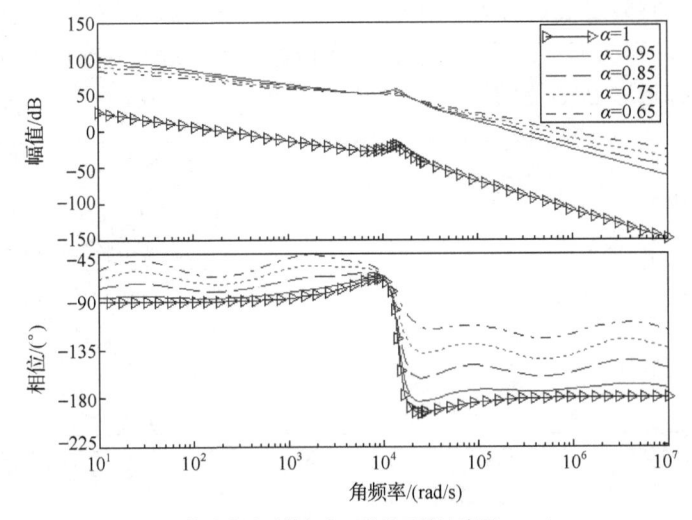

(a) 输出电流对输入电压传递函数波特图（$\beta=1$）

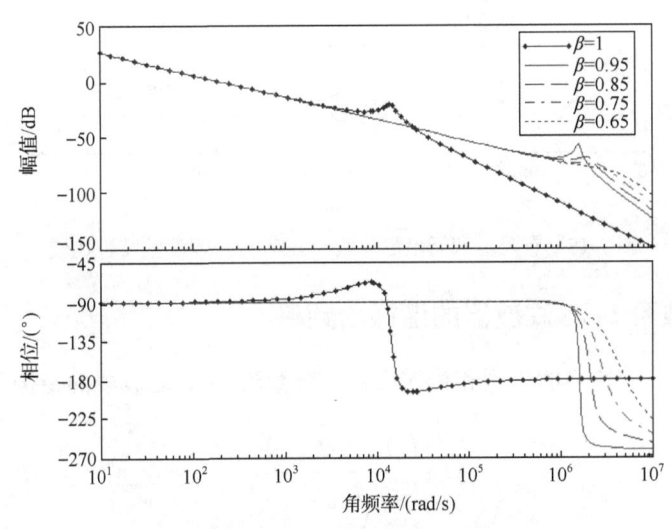

(b) 输出电流对输入电压传递函数波特图（$\alpha=1$）

图 7-17 无源阻尼分数阶 LCL 滤波器输出电流对输入电压传递函数波特图

由图 7-15 和图 7-17 可知，在频率低于固有谐振频率时，电感阶数对响应频率特性的影响要大于电容阶数的影响，因此选择电感的阶数 α 尽量接近于 1，可以在低频段获得较好的滤波效果。但是在高频段，情况正好相反，电容阶数对响应频率特性的影响要大于电感阶数的影响，减小电容 β 的阶数，将会提高谐振频率，同时降低谐振频率附近的尖峰[126]。

图 7-18 给出了整数阶和电容阶数为 0.95 时的无阻尼和有阻尼 LCL 滤波器的传递函数的波特图情况。由图 7-18 可以看出，对于整数阶 LCL 滤波器，有阻尼

的滤波器可以有效降低谐振频率附近的尖峰。如果电感采用整数阶元件，电容采用 0.95 阶元件，那么无阻尼的 LCL 滤波器在谐振频率附近的尖峰也可以得到抑制，而不必使用有阻尼 LCL 滤波器。

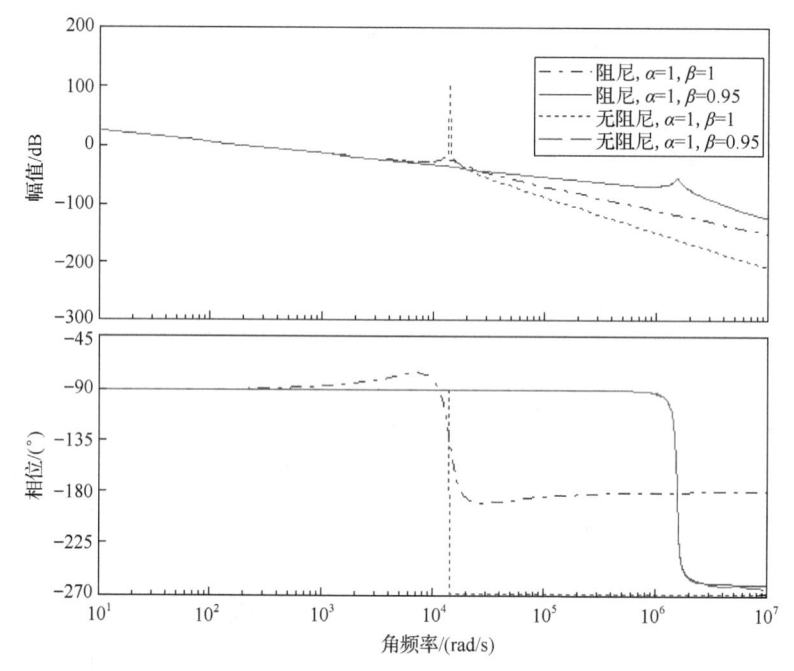

图 7-18 有阻尼和无阻尼分数阶 LCL 滤波器滤波特性比较

7.4.2 分数阶 LCL 滤波器的谐振角频率

根据 7.4.1 节建立的模型和传递函数，分数阶 LCL 滤波器的谐振角频率为

$$\omega = \left(\frac{L_{1,\alpha} + L_{2,\alpha}}{L_{1,\alpha} L_{2,\alpha} C_{1,\beta}} \right)^{\frac{1}{\alpha+\beta}} \tag{7-40}$$

不妨假设分数阶电感系数满足 $L_{2,\alpha} = kL_{1,\alpha}$ ($k > 0$)，那么式（7-40）可以写为如下形式：

$$\omega = \left(\frac{1 + \frac{1}{k}}{L_{1,\alpha} C_{1,\beta}} \right)^{\frac{1}{\alpha+\beta}} \tag{7-41}$$

由式（7-41）可以看出，在电感和电容的阶数一定的情况下，随着电感系数和电容系数的增大，谐振角频率将会降低；随着元件阶数从 1 逐渐减小，谐振角频率将会逐渐增大。

第 7 章 电力滤波器的分数阶建模

当 $\alpha = \beta = 0.95$、$L_2 = 2L_1$ 时，谐振角频率随电感和电容参数的变化情况如图 7-19（a）所示，随着电感和电容系数的增大，谐振角频率逐渐增大。当分数阶电感的电感系数为 $L_1 = 2\text{mH}^\alpha$、$L_2 = 2L_1$，分数阶电容的电容系数为 $C = 4\mu\text{F} \cdot \text{s}^{\beta-1}$ 时，谐振角频率随元件阶数的变化情况如图 7-19（b）所示，随着电感阶数和电容阶数从 1 逐渐减小，谐振角频率逐渐增大。

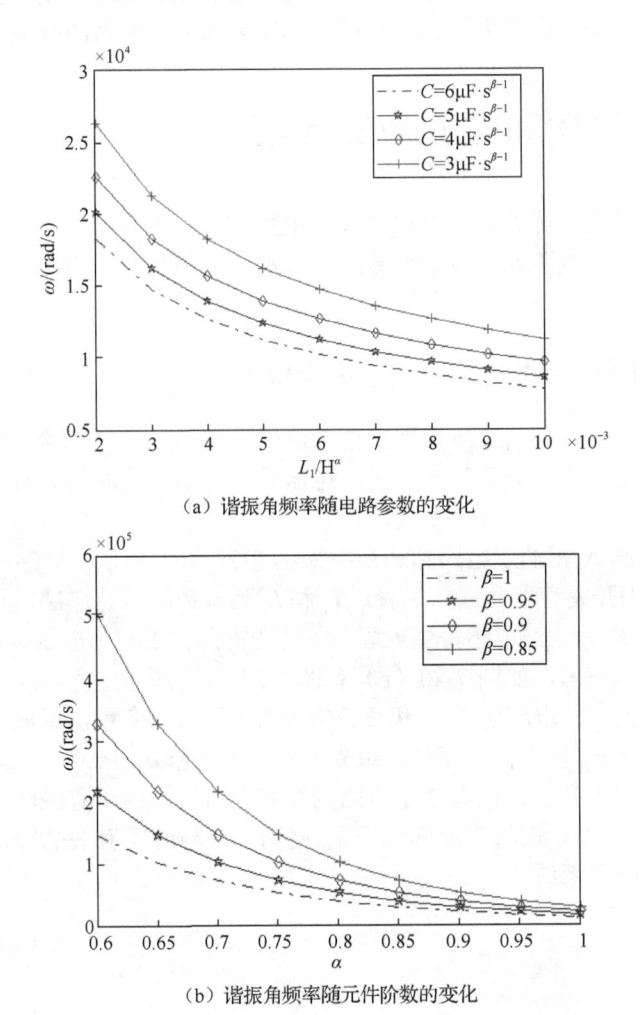

（a）谐振角频率随电路参数的变化

（b）谐振角频率随元件阶数的变化

图 7-19 无阻尼分数阶 LCL 滤波器谐振角频率随参数变化情况

当 LCL 滤波器的谐振角频率 ω 较低时，谐振尖峰会使中低频段的谐波电流幅值增大。为了达到相关入网谐波电流抑制的国际、国内标准，必然会提出更高的控制器设计要求。设计 LCL 滤波器的谐振角频率时，应该大于电网频率的 10 倍，小于开关频率的 1/2[134]。由图 7-19，随着电感和电容元件阶数的下降，谐振角频率逐渐增大，同时降低谐振尖峰幅值。考虑到开关频率和滤波器的谐振角频率的关系，元件阶数不能太低。

LCL 滤波器在频率高于谐振尖峰的频率时，衰减的速度是低频时的三倍，因此，设计时应尽量使谐振频率减小。但是，当谐振频率设计得过小时，又会引起该频率的倍数次谐波增多。因此，在进行 LCL 滤波器设计时，要综合考虑谐振频率。相比整数阶 LCL 滤波器，分数阶 LCL 滤波器的优势在于，电容支路无须串联一个阻尼电阻来抑制谐振尖峰，可根据实际需要选取滤波器的谐振频率。

■ 7.5　分数阶有源滤波器建模

并联型有源电力滤波器可以用来补偿电网谐波。本节考虑有源滤波器电路中的电感和电容为分数阶元件时，分数阶有源滤波器的状态平均模型、稳态解和小信号等效模型。

7.5.1　分数阶有源滤波器的状态平均模型

有源滤波器三相补偿电流分别受独立信号的控制，以有源滤波器中 A 相为例，取逆变器输出电压正半周期进行分析。电压处于负半周期时的分析方法相同，唯一区别在于输出电压波形极性相反。

有源滤波器 A 相的主电路拓扑结构如图 7-20（a）所示，VT_1 和 VT_4 为开关管，D_1 和 D_4 为开关管反并联二极管，L_1 和 L_2 为分数阶滤波电感，C 为分数阶滤波电容，R_L 和 R_o 为滤波电感寄生电阻。在逆变桥臂中点输出电压脉冲，一个周期内均有两种工作模态，如图 7-20（b）和图 7-20（c）所示。

取电感电流 i_L、电容电压 u_C 和负载电流 i_o 作为状态变量，组成三维状态矢量 $x = [i_L, u_C, i_o]^T$；u_{dc} 作为输入变量，组成一维输入矢量 $u = [u_{dc}]$。依据基尔霍夫定律，对工作模态 1 和工作模态 2 下电路列写状态方程。由于有源滤波器直流母线电压 u_{dc} 处于变化中，现将直流侧电压 u_{dc} 视为一个与时间有关的输入变量，将系统描述成一个时变系统。

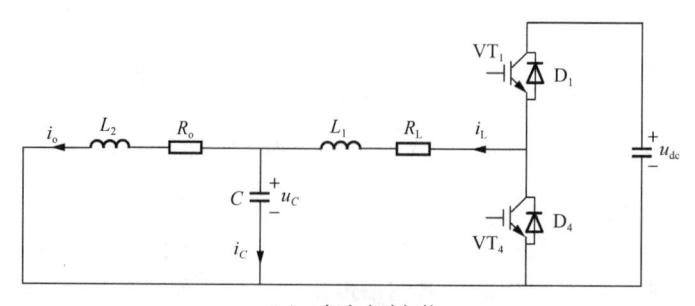

（a）A相主电路拓扑

第 7 章　电力滤波器的分数阶建模

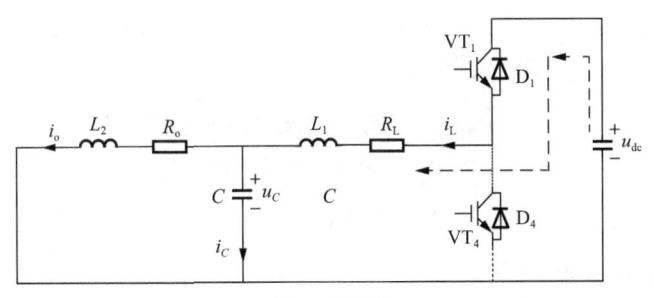

（b）工作模态1

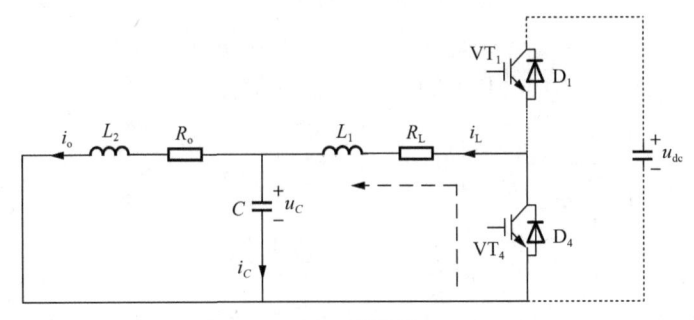

（c）工作模态2

图 7-20　有源滤波器 A 相电路拓扑及两种工作模态[126]

工作模态 1：在双极性正弦脉宽调制（sinusoidal pulse width modulation，SPWM）下的一个开关周期 T_s 的 $(0, dT_s)$ 时间段内（d 为占空比），VT_1 导通，状态方程如下：

$$\begin{cases} L_1 {}_0^C D_t^\alpha i_L(t) = -R_L i_L(t) - u_C(t) + u_{dc} \\ C {}_0^C D_t^\beta u_C(t) = i_L(t) - i_o(t) \\ L_2 {}_0^C D_t^\alpha i_o(t) = u_C(t) - R_o i_o(t) \end{cases}$$

将上式整理为矩阵形式，得

$$\begin{bmatrix} {}_0^C D_t^\alpha i_L(t) \\ {}_0^C D_t^\beta u_C(t) \\ {}_0^C D_t^\alpha i_o(t) \end{bmatrix} = \boldsymbol{A}_1 \begin{bmatrix} i_L(t) \\ u_C(t) \\ i_o(t) \end{bmatrix} + \boldsymbol{B}_1 u_{dc}$$

其中，$\boldsymbol{A}_1 = \begin{bmatrix} -\dfrac{R_L}{L_1} & -\dfrac{1}{L_1} & 0 \\ \dfrac{1}{C} & 0 & -\dfrac{1}{C} \\ 0 & -\dfrac{1}{L_2} & -\dfrac{R_o}{L_2} \end{bmatrix}$，$\boldsymbol{B}_1 = \begin{bmatrix} \dfrac{1}{L_1}, 0, 0 \end{bmatrix}^T$。

工作模态 2：在一个开关周期 T_s 的 (dT_s, T_s) 时间段内，电感电流 i_L 经过续流二极管 D_4 续流。状态方程如下：

$$\begin{cases} L_1 {}_0^C D_t^\alpha i_L(t) = -R_L i_L(t) - u_C(t) \\ C {}_0^C D_t^\beta u_C(t) = i_L(t) - i_o(t) \\ L_2 {}_0^C D_t^\alpha i_o(t) = u_C(t) - R_o i_o(t) \end{cases}$$

将上式整理为矩阵形式，得

$$\begin{bmatrix} {}_0^C D_t^\alpha i_L(t) \\ {}_0^C D_t^\beta u_C(t) \\ {}_0^C D_t^\alpha i_o(t) \end{bmatrix} = \boldsymbol{A}_2 \begin{bmatrix} i_L(t) \\ u_C(t) \\ i_o(t) \end{bmatrix} + \boldsymbol{B}_2 u_{dc}$$

其中，$\boldsymbol{A}_2 = \boldsymbol{A}_1 = \begin{bmatrix} -\dfrac{R_L}{L_1} & -\dfrac{1}{L_1} & 0 \\ \dfrac{1}{C} & 0 & -\dfrac{1}{C} \\ 0 & -\dfrac{1}{L_2} & -\dfrac{R_o}{L_2} \end{bmatrix}$，$\boldsymbol{B}_2 = [0, 0, 0]^T$。

根据 6.2 节的状态平均法，可以得到相应的状态平均方程为

$$\begin{bmatrix} {}_0^C D_t^\alpha \tilde{i}_L(t) \\ {}_0^C D_t^\beta \tilde{u}_C(t) \\ {}_0^C D_t^\alpha \tilde{i}_o(t) \end{bmatrix} = \begin{bmatrix} -\dfrac{R_L}{L_1} & -\dfrac{1}{L_1} & 0 \\ \dfrac{1}{C} & 0 & -\dfrac{1}{C} \\ 0 & -\dfrac{1}{L_2} & -\dfrac{R_o}{L_2} \end{bmatrix} \begin{bmatrix} \tilde{i}_L(t) \\ \tilde{u}_C(t) \\ \tilde{i}_o(t) \end{bmatrix} + \begin{bmatrix} \dfrac{d}{L_1} \\ 0 \\ 0 \end{bmatrix} \tilde{u}_{dc} \quad (7\text{-}42)$$

其中，$\tilde{i}_L(t)$、$\tilde{u}_C(t)$ 和 $\tilde{i}_o(t)$ 为状态平均变量。

7.5.2 稳态解和小信号等效模型

根据分数阶系统的状态平均模型，可以对分数阶有源滤波器的稳态和动态传递函数等进行分析。根据式（7-42）的状态平均模型，可以得到如下的稳态解：

$$\begin{bmatrix} \tilde{i}_L \\ \tilde{u}_C \\ \tilde{i}_o \end{bmatrix} = \begin{bmatrix} \dfrac{d}{R_1 + R_o} \tilde{u}_{dc} \\ \dfrac{R_o d}{R_1 + R_o} \tilde{u}_{dc} \\ \dfrac{d}{R_1 + R_o} \tilde{u}_{dc} \end{bmatrix} \quad (7\text{-}43)$$

第 7 章 电力滤波器的分数阶建模

注意,这里的模型用的是 Caputo 分数阶导数定义,如果基于 R-L 分数阶导数定义来计算稳态解,其结果将与元件的阶数有关。

根据式(7-42)的状态平均模型,当存在交流小扰动时,

$$\begin{bmatrix} {}_0^C D_t^\alpha \Delta \tilde{i}_L(t) \\ {}_0^C D_t^\beta \Delta \tilde{u}_C(t) \\ {}_0^C D_t^\alpha \Delta \tilde{i}_o(t) \end{bmatrix} = \begin{bmatrix} -\dfrac{R_L}{L_1} & -\dfrac{1}{L_1} & 0 \\ \dfrac{1}{C} & 0 & -\dfrac{1}{C} \\ 0 & -\dfrac{1}{L_2} & -\dfrac{R_o}{L_2} \end{bmatrix} \begin{bmatrix} \tilde{i}_L(t) + \Delta \tilde{i}_L(t) \\ \tilde{u}_C(t) + \Delta \tilde{u}_C(t) \\ \tilde{i}_o(t) + \Delta \tilde{i}_o(t) \end{bmatrix} + \begin{bmatrix} \dfrac{\tilde{d} + \Delta d}{L_1} \\ 0 \\ 0 \end{bmatrix} (\tilde{u}_{dc} + \Delta \tilde{u}_{dc})$$

将式(7-42)代入上式,消去二阶及以上扰动,得到交流小信号分数阶模型

$$\begin{bmatrix} {}_0^C D_t^\alpha \Delta \tilde{i}_L(t) \\ {}_0^C D_t^\beta \Delta \tilde{u}_C(t) \\ {}_0^C D_t^\alpha \Delta \tilde{i}_o(t) \end{bmatrix} = \begin{bmatrix} -\dfrac{R_L}{L_1} & -\dfrac{1}{L_1} & 0 \\ \dfrac{1}{C} & 0 & -\dfrac{1}{C} \\ 0 & -\dfrac{1}{L_2} & -\dfrac{R_o}{L_2} \end{bmatrix} \begin{bmatrix} \Delta \tilde{i}_L(t) \\ \Delta \tilde{u}_C(t) \\ \Delta \tilde{i}_o(t) \end{bmatrix} + \begin{bmatrix} \dfrac{\tilde{u}_{dc}}{L_1} \\ 0 \\ 0 \end{bmatrix} \Delta d + \begin{bmatrix} \dfrac{\tilde{d}}{L_1} \\ 0 \\ 0 \end{bmatrix} \Delta \tilde{u}_{dc} \quad (7\text{-}44)$$

根据式(7-44),利用拉普拉斯变换,可以得到下式:

$$\begin{aligned} s^\alpha \Delta \tilde{i}_L(s) &= -\dfrac{R_L}{L_1} \Delta \tilde{i}_L(s) - \dfrac{1}{L_1} \Delta \tilde{u}_C(s) + \dfrac{\tilde{u}_{dc}}{L_1} \Delta d(s) + \dfrac{\tilde{d}}{L_1} \Delta \tilde{u}_{dc}(s) \\ s^\beta \Delta \tilde{u}_C(s) &= \dfrac{1}{C} \Delta \tilde{i}_L(s) - \dfrac{1}{C} \Delta \tilde{i}_o(s) \\ s^\alpha \Delta \tilde{i}_o(s) &= -\dfrac{1}{L_2} \Delta \tilde{u}_C(s) - \dfrac{R_o}{L_2} \Delta \tilde{i}_o(s) \end{aligned} \quad (7\text{-}45)$$

根据式(7-43)~式(7-45),可以得到需要的动态传递函数。输出电流的表达式为

$$\Delta \tilde{i}_o(s) = \dfrac{d \cdot \Delta \tilde{u}_{dc}(s) + \tilde{u}_{dc} \cdot \Delta d(s)}{L_1 L_2 C s^{2\alpha+\beta} + (L_1 R_o C + L_2 R_L C) s^{\alpha+\beta} + (L_1 + L_2) s^\alpha + R_o R_L C s^\beta + R_L + R_o}$$

因此,输出电流对占空比的动态传递函数为

$$G_{id} = \left. \dfrac{\Delta \tilde{i}_o(s)}{\Delta d(s)} \right|_{\Delta \tilde{u}_{dc}=0} \\ = \dfrac{\tilde{u}_{dc}}{L_1 L_2 C s^{2\alpha+\beta} + (L_1 R_o C + L_2 R_L C) s^{\alpha+\beta} + (L_1 + L_2) s^\alpha + R_o R_L C s^\beta + R_L + R_o} \quad (7\text{-}46)$$

7.6 分数阶有源电力滤波器的控制

APF 结构框图如图 7-21 所示，该电路通过算法控制主电路产生需要补偿的跟随电流。APF 的补偿电流由控制信号控制开关管产生。一般由检测到的实时谐波电流与上一时刻产生的补偿电流作比较，经过控制器产生下一时刻补偿电流的控制信号。APF 的性能与采用的控制方法密切相关。本节将建立分数阶有源电力滤波器的电流闭环控制模型，并将分数阶 $PI^\lambda D^\mu$ 引入电流闭环控制。

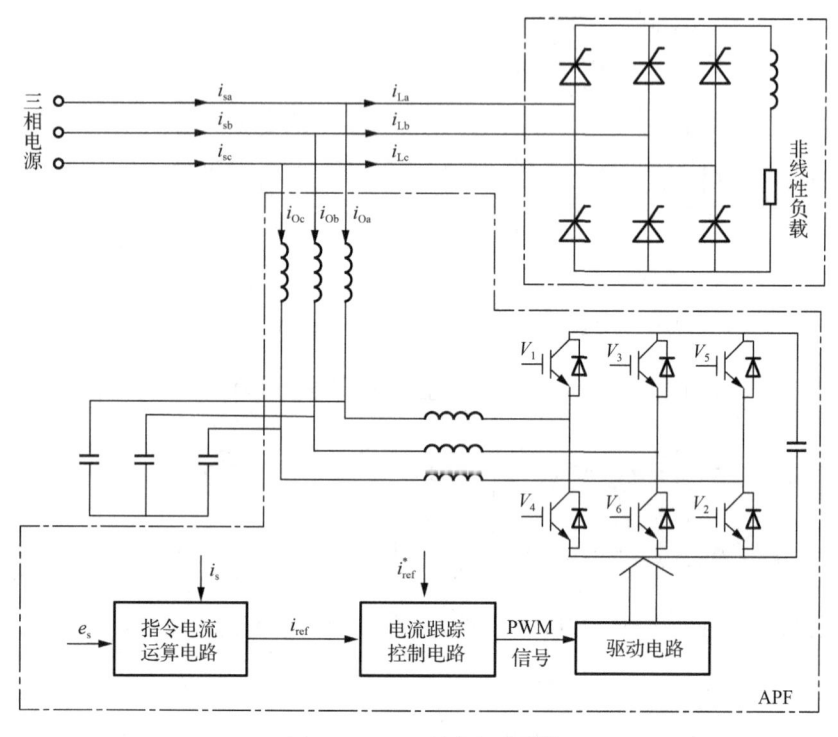

图 7-21 APF 结构框图[126]

7.6.1 SPWM

逆变器的调制有许多种方式，其中双极性 SPWM 应用较广，对输出波形谐波抑制能力较好。双极性 SPWM 如图 7-22 所示，$V_c(t)$ 为高频的三角波载波信号，峰值为 V_c，$V_r(t)$ 为低频的正弦波调制信号，峰值为 V_r，调制比 M 表示为

$$M = \frac{V_r}{V_c}$$

第 7 章 电力滤波器的分数阶建模

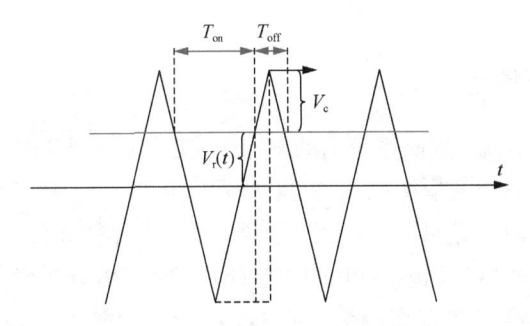

图 7-22 双极性 SPWM[126]

由于载波频率远远大于调制信号频率，在一个载波信号周期内调制信号可视为一段直线。因此，占空比为

$$d = \frac{T_{on}}{T} = \frac{V_r(t) + V_c}{2V_c} \quad (7\text{-}47)$$

考虑扰动的影响，则有

$$\begin{cases} V_r(t) = V_r + \Delta v_r \\ d = \tilde{d} + \Delta d \end{cases} \quad (7\text{-}48)$$

其中，V_r 为 $V_r(t)$ 在一个周期的峰值，$\tilde{d}$ 为 d 在一个周期的平均值，Δv_r 和 Δd 为相应的扰动量。将式（7-48）代入式（7-47），得

$$\tilde{d} + \Delta d = \frac{V_r + \Delta v_r + V_c}{2V_c} \quad (7\text{-}49)$$

根据式（7-49），有

$$\begin{cases} \tilde{d} = \frac{V_r}{2V_c} + \frac{1}{2} \\ \Delta d = \frac{\Delta v_r}{2V_c} \end{cases} \quad (7\text{-}50)$$

双极性 SPWM 小信号模型如图 7-23 所示，传递函数为

$$G_{d\_pwm}(s) = \frac{1}{2V_c} \quad (7\text{-}51)$$

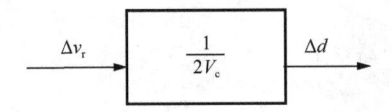

图 7-23 双极性 SPWM 小信号模型[126]

7.6.2 电流闭环传递函数

为了稳定输出电流，提高系统的动态响应速度，引入电流闭环控制。根据 APF 工作原理，电流闭环控制框图如图 7-24 所示。其中，i_{ref} 是指令运算电路检测的当前周期的谐波电流，i_{ref}^* 是 APF 上一周期产生的补偿电流，两者的差值经过控制器调节后作为控制信号送入 APF 的主电路，控制 APF 开关管的开通与关断[126]。$G_{\text{d\_pwm}}(s)$ 为 PWM 模块的传递函数，$G_{\text{c}}(s)$ 为 PID 控制器的传递函数，$G_{\text{l}}(s)$ 为 APF 主电路输出电流对占空比的传递函数。由图 7-24 可以得到电流开环传递函数 $G_{\text{i}}'(s)$ 为

$$G_{\text{i}}'(s) = G_{\text{c}}(s) \cdot G_{\text{d\_pwm}}(s) \cdot G_{\text{l}}(s) \tag{7-52}$$

电流闭环传递函数 $G_{\text{i}}(s)$ 为

$$G_{\text{i}}(s) = \frac{G_{\text{c}}(s) \cdot G_{\text{d\_pwm}}(s) \cdot G_{\text{l}}(s)}{G_{\text{c}}(s) \cdot G_{\text{d\_pwm}}(s) \cdot G_{\text{l}}(s) + 1} \tag{7-53}$$

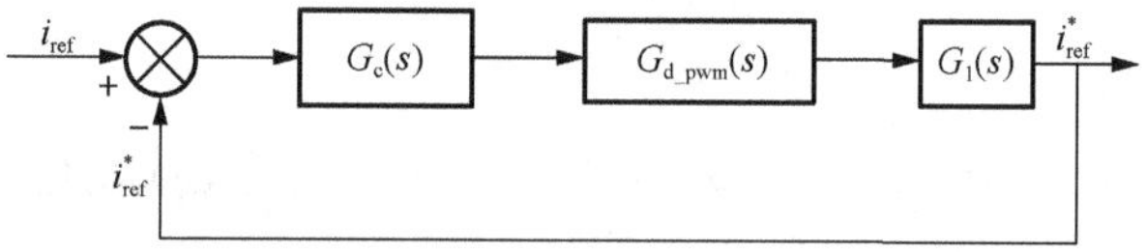

图 7-24 电流闭环控制[126]

根据式（7-46），APF 主电路输出电流对占空比的传递函数为

$$G_{\text{l}}(s) = \frac{\tilde{u}_{\text{dc}}}{L_1 L_2 C s^{2\alpha+\beta} + (L_1 R_{\text{o}} C + L_2 R_{\text{L}} C) s^{\alpha+\beta} + (L_1 + L_2) s^{\alpha} + R_{\text{o}} R_{\text{L}} C s^{\beta} + R_{\text{L}} + R_{\text{o}}} \tag{7-54}$$

根据式（7-51），双极性 SPWM 模块的传递函数为

$$G_{\text{d\_pwm}}(s) = \frac{1}{2V_{\text{c}}} \tag{7-55}$$

若采用整数阶 PID 控制器，有

$$G_{\text{c}}(s) = K_{\text{P}} + \frac{K_{\text{I}}}{s} + K_{\text{D}} \cdot s \tag{7-56}$$

若采用分数阶 PI$^\lambda$D$^\mu$ 控制器，有

$$G_{\text{c}}(s) = K_{\text{P}} + \frac{K_{\text{I}}}{s^\eta} + K_{\text{D}} \cdot s^\gamma \tag{7-57}$$

其中，η 和 γ 为分数阶次。

若采用整数阶 PID 控制，根据式（7-52）、式（7-54）、式（7-55）和式（7-56），电流开环传递函数为

$$G'_{ic}(s) = \frac{1}{2V_c} \cdot \frac{\left(K_P + \frac{K_I}{s} + K_D \cdot s\right)\tilde{u}_{dc}}{L_1 L_2 C s^{2\alpha+\beta} + (L_1 R_o C + L_2 R_L C) s^{\alpha+\beta} + (L_1 + L_2) s^\alpha + R_o R_L C s^\beta + R_L + R_o}$$

(7-58)

若采用分数阶 PI$^\lambda$D$^\mu$ 控制，根据式（7-52）、式（7-54）、式（7-55）和式（7-57），电流开环传递函数为

$$G'_{ic}(s) = \frac{1}{2V_c} \cdot \frac{\left(K_P + \frac{K_I}{s^\eta} + K_D \cdot s^\gamma\right)\tilde{u}_{dc}}{L_1 L_2 C s^{2\alpha+\beta} + (L_1 R_o C + L_2 R_L C) s^{\alpha+\beta} + (L_1 + L_2) s^\alpha + R_o R_L C s^\beta + R_L + R_o}$$

(7-59)

电流闭环传递函数为

$$G_{ic}(s) = \frac{G'_{ic}(s)}{G'_{ic}(s) + 1} \tag{7-60}$$

文献[135]针对分数阶系统提出的分数阶 PI$^\lambda$D$^\mu$ 控制器设计方法，根据幅值裕度 A_m 和相位裕度 φ_m 来设计控制器参数。根据文献[135]提出的方法，假定 $A_m = 1.2$，$\varphi_m = \frac{\pi}{4}$，$\eta = 0.5$，$\gamma = 0.5$，可以得到 $K_P = 100$，$K_I = 220$，$K_D = 0.6$[126]。在加入分数阶控制后，电流开环和闭环传递函数的相位裕度都大于零，系统稳定。分数阶控制系统相位裕度比整数阶控制系统相位裕度大，系统更稳定[126]。

参 考 文 献

[1] Miller K S, Ross B. An introduction to the fractional calculus and fractional differential equations[M]. New York: John Wiley & Sons, Inc., 1993.

[2] Shantanu D. Functional fractional calculus[M]. Berlin: Springer-Verlag, 2011.

[3] Westerlund S. Dead matter has memory[J]. Physica Scripta, 1991, 43(2): 174-179.

[4] Petras I. 分数维非线性系统：建模、分析与仿真[M]. 北京：高等教育出版社, 2011.

[5] Westerlund S, Ekstam L. Capacitor theory[J]. Dielectrics and Electrical Insulation, 1994, 1: 826-839.

[6] Schafer I, Kruger K. Modelling of lossy coils using fractional derivatives[J]. Journal of Physics D: Applied Physics, 2008, 41: 045001.

[7] 陈文, 孙洪广, 李西成, 等. 力学与工程问题的分数阶导数建模[M]. 北京：科学出版社, 2010.

[8] Uchaikin V V. 物理及工程中的分数维微积分：第 2 卷 应用[M]. 北京：高等教育出版社, 2013.

[9] Podlubny I. Fractional differential equations[M]. San Diego: Academic Press, 1999.

[10] 薛定宇. 分数阶微积分学与分数阶控制[M]. 北京：科学出版社, 2018.

[11] Chen Y Q, Moore K L. Discretization schemes for fractional-order differentiators and integrators[J]. IEEE Transactions on Circuits and Systems-I: Fundamental Theory and Applications, 2002, 49(3): 363-367.

[12] Diethelm K. The analysis of fractional differential equations[M]. New York: Springer, 2010.

[13] Schafer I, Kruger K. Modelling of coils using fractional derivatives[J]. Journal of Magnetism and Magnetic Materials, 2006, 307(1): 91-98.

[14] Elwaki A S. Fractional-order circuits and systems: An emerging interdisciplinary research area[J]. IEEE Circuit and System Magazine, 2010, 4: 40-50.

[15] Xie F, Yang Z Q, Yang C, et al. Construction and experimental realization of the fractional-order transformer by Oustaloup rational approximation method[J]. IEEE Transactions on Circuits and Systems II: Express Briefs, 2023, 70(4): 1550-1554.

[16] Steiglitz K. An RC impedance approximation to $s^{-1/2}$[J]. IEEE Transactions on Circuits and Systems, 1964, 11: 160-161.

[17] Roy S. On the realization of a constant-argument immittance or fractional operator[J]. IEEE Transactions on Circuits and Systems, 1967, 14: 264-274.

[18] Matignon D. Stability results for fractional differential equations with applications to control processing[C]. CESA'96 IMACS Multiconference on Computational Engineering in Systems Applications, Lille, 1996: 963-968.

[19] Deng W H, Li C P, Lü J H. Stability analysis of linear fractional differential system with multiple time delays[J]. Nonlinear Dynamics, 2007, 48: 409-416.

[20] 邱关源. 电网络理论[M]. 北京：科学出版社, 1988.

[21] 周庭阳, 张红岩. 电网络理论：图论方程综合[M]. 北京：机械工业出版社, 2008.

[22] Krishna B T. Recent developments on the realization of fractance device[J]. Fractional Calculus and Applied Analysis, 2021, 24: 1831-1852.

[23] Carlson G, Halijak C. Approximation of fractional capacitors $(1/s)^{1/n}$ by a regular newton process[J]. IEEE Transactions on Circuit Theory, 1964, 11(2): 210-213.

[24] Charef A, Sun H H, Tsao Y Y, et al. Fractal system as represented by singularity function[J]. IEEE Transactions on Automatic Control, 1992, 37(9): 1465-1470.

[25] Oustaloup A, Levron F, Mathiew B, et al. Frequency-band complex noninteger differentiator: Characterization and synthesis[J]. IEEE Transactions on Circuits and Systems I: Fundamental Theory and Application, 2000, 47(1): 25-39.

[26] El-Khazali R, Batiha I M, Momani S. Approximation of fractional order operators[C]. International Workshop on Advanced Theory and Application of Fractional Calculus, Jordan, 2018: 121-151.

[27] Bingi K, Ibrahim R, Karsiti M N, et al. Frequency response based curve fitting approximation of fractional order PID controllers[J]. International Journal of Applied Mathematics and Computer Science, 2019, 29(2): 311-326.

[28] Khovanskii A N. The application of continued fractions and their generalizations to problems in approximation theory[M]. Groningen: P. Noordhoff, Ltd., 1963.

[29] Ahmad W M, Sprott J C. Chaos in fractional-order autonomous nonlinear systems[J]. Chaos, Solitons and Fractals, 2003, 16(2): 339-351.

[30] 刘崇新. 分数阶混沌电路理论及应用[M]. 西安: 西安交通大学出版社, 2011.

[31] 孙克辉, 贺少波, 王会海. 分数阶混沌系统的求解与特性分析[M]. 北京: 科学出版社, 2021.

[32] 周激流, 蒲亦非, 廖科. 分数阶微积分及其在现代信号分析与处理中的应用[M]. 北京: 科学出版社, 2010.

[33] Krishna B T, Reddy K V V S. Active and passive realization of fractance device of order 1/2[J]. Active and Passive Electronic Components, 2008(1): 369421.

[34] Krishna B T. Studies on fractional order differentiators and integrators: A survey[J]. Signal Processing, 2011, 91(3): 386-426.

[35] Tarunkumar H, Ranjan A, Kumar R, et al. Operational amplifier-based fractional device of order $s^{\pm 0.5}$ [C]. Proceeding of International Conference on Intelligent Communication, Control and Devices (Advances in Intelligent Systems and Computing), Singapore, 2017: 151-159.

[36] Li T Y, York J A. Period three implies Chaos[J]. American Mathematical Monthly, 1975, 82(10): 985-992.

[37] May R M. Simple mathematical models with very complicated dynamics[J]. Nature, 1976, 261: 459-467.

[38] Henon M. A two-dimensional mapping with a strange attractor[J]. Communications in Mathematical Physics, 1976, 50(1): 69-77.

[39] Feigenbaum M J. Quantitative universality for a class of nonlinear transformations[J]. Journal of Statistical Physics, 1978, 19(1): 25-52.

[40] Chua L O, Komuro M. The double scroll family[J]. IEEE Transactions on Circuits and Systems, 1986, 33(11): 1073-1118.

[41] Chen G R, Dong X N. From chaos to order: Methodologies, perspectives and applications[M]. Singapore: World Scientific, 1998.

[42] Chua L O, Lin G N. Canonical realization of Chua's circuit family[J]. IEEE Transactions on Circuits and Systems, 1990, 37(7): 885-902.

[43] Chen G R, Ueta T. Yet another chaotic attractor[J]. International Journal of Bifurcation and Chaos, 1999, 9(7): 1465-1466.

[44] Suykens J A K, Vandewalle J. Generation of n-double scrolls (n = 1, 2, 3, 4, ⋯)[J]. IEEE Transactions on Circuits and Systems I, 1993, 40(11): 861-867.

[45] Wang L D, Yang X S. Generation of multi-scroll delayed chaotic oscillator[J]. Electronics Letters, 2006, 42(25): 1439-1441.

[46] Kennedy M P. Three steps to chaos. Part II: A Chua's circuit primer[J]. IEEE Transactions on Circuits and Systems I, 1993, 40(10): 657-674.

[47] 李冠林. 分段线性混沌系统及其电路综合的研究[D]. 哈尔滨: 哈尔滨工业大学, 2008.

[48] Petras I. A note on the fractional-order Chua's system[J]. Chaos, Solitons and Fractals, 2008, 38: 140-147.

[49] Gotz M, Feldmann U, Schwarz W. Synthesis of higher dimensional Chua circuits[J]. IEEE Transactions on Circuits and Systems I, 1993, 40(11): 854-860.

[50] Scanlan S O. Synthesis of piecewise-linear chaotic oscillators with prescribed eigenvalues[J]. IEEE Transactions on Circuits and Systems I: Fundamental Theory and Applications, 2001, 48(9): 1057-1064.

[51] Tamasevicius A, Namajunas A, Cenys A. Simple 4D chaotic oscillator[J]. Electronics Letters, 1996, 32(11): 957-958.

[52] Morgül Ö, Solak E. Observer based synchronization of chaotic systems[J]. Physical Review E, 1996, 54(5): 4803-4811.

[53] Lei H D, Hao R X, You X J, et al. Nonisolated high step-up soft-switching DC-DC converter with interleaving and dickson switched-capacitor techniques[J]. IEEE Journal of Emerging and Selected Topics in Power Electronics, 2020, 8(3): 2007-2021.

[54] Cui C F, Tang Y, Guo Y J, et al. High step-up switched-capacitor active switched-inductor converter with self-voltage balancing and low stress[J]. IEEE Transactions on Industrial Electronics, 2022, 69(10): 10112-10128.

[55] Gong M X, Chen H, Zhang X, et al. A 90.4% peak efficiency 48-to-1-V GaN/Si hybrid converter with three-level hybrid dickson topology and gradient descent run-time optimizer[J]. IEEE Journal of Solid-State Circuits, 2023, 58(4): 1002-1014.

[56] Chen M J, Jiang S, Cobos J A, et al. Design considerations for 48-V VRM: Architecture, magnetics, and performance tradeoffs[C]. 2023 Fourth International Symposium on 3D Power Electronics Integration and Manufacturing (3D-PEIM), Miami, FL, USA, 2023: 1-9.

[57] Li G L, Li H W, Chen X Y, et al. Quadratic step-up/down converters with wider conversion ratio[C]. 2022 IEEE Energy Conversion Congress and Exposition (ECCE), Detroit, MI, USA, 2022: 1-7.

[58] Li G L, Guo X Y, Mu X M, et al. High step-down series-capacitor quadratic Buck converter[C]. 2023 8th IEEE International Conference on Southern Power Electronics Conference, Florianó polis, Brazil, 2023: 1-6.

[59] Li G L, Amirabadi M, Chen X Y, et al. The methodology of constructing the quadratic converters[J]. IEEE Journal of Emerging and Selected Topics in Power Electronics, 2022, 10(6): 6586-6607.

[60] Tse C K. Complex behavior of switching power converters[M]. Boca Raton: CRC Press, 2004.

[61] Bogoliubov N N, Mitroposky Y A. Asymptotic methods in the theory of nonlinear oscillators[M]. New York: Gordon and Breach, 1961.

[62] Hale J K. Averaging methods for differential equations with retarded arguments and a small parameter[J]. Journal of Differential Equations, 1966, 2(1): 57-73.

[63] Hale J K. Ordinary differential equations[M]. New York: John Wiley & Sons, Inc., 1969.

[64] Meerkov S M. Averaging of trajectories of slow dynamic systems[J]. Differential Equations, 1973, 9(11): 1239-1245.

[65] Lehman B, Weibel S P. Fundamental theorems of averaging for functional differential equations[J]. Journal of Differential Equations, 1999, 152(1): 160-190.

[66] Lehman B. The influence of delays when averaging slow and fast oscillating systems: Overview[J]. IMA Journal of Mathematical Control and Information, 2002, 19(1-2): 201-215.

[67] Hilfer R. Applications of fractional calculus in physics[M]. Hackensack: World Scientific, 2000.

[68] Magin R L. Fractional calculus in bioengineering[J]. Critical Reviews in Biomedical Engineering, 2004, 32(1): 1-104.

[69] Krishna M S, Das S, Biswas K, et al. Fabrication of a fractional order capacitor with desired specifications: A study on process identification and characterization[J]. IEEE Transactions on Electron Devices, 2011, 58(11): 4067-4073.

[70] Freeborn T J, Maundy B, Elwakil A S. Measurement of supercapacitor fractional-order model parameters from voltage-excited step response[J]. IEEE Journal on Emerging and Selected Topics in Circuits and Systems, 2013, 3(3): 367-376.

[71] Magin R L. Fractional calculus models of complex dynamics in biological tissues[J]. Computers and Mathematics with Applications, 2010, 59(5): 1586-1593.

[72] Galvao R K H, Hadjiloucas S, Kienitz K H, et al. Fractional order modeling of large three-dimensional RC networks[J]. IEEE Transactions on Circuits and Systems I: Regular Papers, 2013, 60(3): 624-637.

[73] Jalloul A, Trigeassou J C, Jelassi K, et al. Fractional order modeling of rotor skin effect in induction machines[J]. Nonlinear Dynamics, 2013, 73(1-2): 801-813.

[74] Zhu J W, Chen D Y, Zhao H, et al. Nonlinear dynamic analysis and modeling of fractional permanent magnet synchronous motors[J]. Journal of Vibration and Control, 2016, 22(7): 1855-1875.

[75] Chen X, Chen Y F, Zhang B, et al. A modeling and analysis method for fractional-order DC-DC converters[J]. IEEE Transactions on Power Electronics, 2017, 32(9): 7034-7044.

[76] Li Z L, Dong Z F, Zhang Z, et al. Variable-order fractional dynamic behavior of viscoelastic damping material[J]. Journal of Mechanics, 2022, 38: 323-332.

[77] Wang F Q, Ma X K. Fractional order modeling and simulation analysis of Boost converter in continuous conduction mode operation[J]. Acta Physica Sinica, 2011, 60(7): 070506.

[78] Wu C J, Si G Q, Zhang Y B, et al. The fractional-order state-space averaging modeling of the Buck-Boost DC/DC converter in discontinuous conduction mode and the performance analysis[J]. Nonlinear Dynamics, 2015, 79(1): 689-703.

[79] Baleanu D, Diethelm K, Scalas E, et al. Fractional calculus: Models and numerical methods[M]. 2nd edition. Singapore: World Scientific, 2016.

[80] Li Y, Chen Y Q, Podlubny I. Mittag-Leffler stability of fractional order nonlinear dynamic systems[J]. Automatica, 2009, 45(8): 1965-1969.

[81] Li Y, Chen Y Q, Podlubny I. Stability of fractional-order nonlinear dynamic systems: Lyapunov direct method and generalized Mittag-Leffler stability[J]. Computers & Mathematics with Applications, 2010, 59(5): 1810-1821.

[82] Balachandran K, Govindaraj V, Rodriguez-Germa L, et al. Stabilizability of fractional dynamical systems[J]. Fractional Calculus and Applied Analysis, 2014, 17(2): 511-531.

[83] Choudhary S, Daftardar-Gejji V. Nonlinear multi-order fractional differential equations with periodic/anti-periodic boundary conditions[J]. Fractional Calculus and Applied Analysis, 2014, 17(2): 333-347.

[84] Stanek S. Periodic problem for two-term fractional differential equations[J]. Fractional Calculus and Applied Analysis, 2017, 20(3): 662-678.

[85] Liu Y J. A new method for converting boundary value problems for impulsive fractional differential equations to integral equations and its applications[J]. Advances in Nonlinear Analysis, 2019, 8(1): 386-454.

[86] Zhang S, Liu L, Xue D Y, et al. Stability and resonance analysis of a general non-commensurate elementary fractional-order system[J]. Fractional Calculus and Applied Analysis, 2020, 23(1): 183-210.

[87] Li G L, Lehman B. Averaging theory for fractional differential equations[J]. Fractional Calculus and Applied Analysis, 2021, 24(2): 621-640.

[88] 王发强, 马西奎. 电感电流连续模式下 Boost 变换器的分数阶建模与仿真分析[J]. 物理学报, 2011, 60(7): 070506.

[89] 谭程, 梁志珊. 电感电流伪连续模式下 Boost 变换器的分数阶建模与分析[J]. 物理学报, 2014, 63(7): 070502.

[90] Wang F Q, Ma X K. Transfer function modeling and analysis of the open-loop Buck converter using the fractional calculus[J]. Chinese Physics B, 2013, 22(3): 030506.

[91] 孙会明, 陈薇, 孙龙杰, 等. Buck 变换器的分数阶仿真模型与混沌分析[J]. 现代电子技术, 2014, 37(24): 154-159, 162.

[92] 李宗智. 分数阶 DC-DC 变换器的动力学分析与控制研究[D]. 合肥: 安徽大学, 2018.

[93] Yang N N, Liu C X, Wu C J. Modeling and dynamics analysis of the fractional order Buck-Boost converter in continuous conduction mode[J]. Chinese Physics B, 2012, 21: 080503.

[94] 胡旭旭, 范秋华. Buck-Boost 变换器断续模式下的分数阶建模与分析[J]. 现代电子技术, 2020, 43(24): 126-130, 134.

[95] 谢玲玲, 覃锐, 刘斌, 等. 分数阶 Buck-Boost 变换器的建模与分析[J]. 广西大学学报(自然科学版), 2021, 46(2): 422-433.

[96] 胡旭旭. 分数阶 Buck-Boost 变换器的建模与混沌分析[D]. 青岛: 青岛大学, 2022.

[97] 蒙远杰. 分数阶 SEPIC 变换器的建模分析与优化控制研究[D]. 南宁: 广西大学, 2022.

[98] 谢玲玲, 蒙远杰. 单端初级电感变换器的分数阶建模与仿真分析[J]. 南京理工大学学报, 2023, 47(5): 587-595.

[99] 谢玲玲, 宁康智, 秦龙. Cuk 变换器分数阶建模与仿真分析[J]. 计算机仿真, 2022, 39(10): 313-320.

[100] Yang C, Xie F, Chen Y F, et al. Modeling and analysis of the fractional-order flyback converter in continuous conduction mode by Caputo fractional calculus[J]. Electronics, 2020, 9(9): 1544.

[101] 杨晨. 分数阶变压器构造及分数阶反激变换器建模分析[D]. 广州: 华南理工大学, 2021.

[102] 张明晓. 分数阶双有源桥变换器的建模分析与优化控制研究[D]. 石家庄: 石家庄铁道大学, 2023.

[103] 王晨光. 分数阶单电感双输出 Buck 变换器的建模与控制研究[D]. 汉中: 陕西理工大学, 2024.

[104] 谭程, 丁祝顺, 滑艺, 等. DCM-PCCM 二次型 Boost 变换器的分数阶建模与分析[J]. 物联网技术, 2018, 8(7): 50-53.

[105] Xie L L, Liu Z P, Zhang B. A modeling and analysis method for CCM fractional order Buck-Boost converter by using R-L fractional definition[J]. Journal of Electrical Engineering & Technology, 2020, 15: 1651-1661.

[106] Wei Z H, Zhang B, Jiang Y W. Analysis and modeling of fractional-order Buck converter based on Riemann-Liouville derivative[J]. IEEE Access, 2019, 7: 162768-162777.

[107] 谢玲玲, 李嘉晨. 基于分数阶 R-L 定义的分数阶 CCM Boost 变换器建模及仿真分析[J]. 南京理工大学学报, 2020, 44(5): 560-566.

[108] 王仁明, 李啸, 张赟宁. 基于 R-L 分数阶定义的 PCCM Boost 变换器建模与分析[J]. 电源学报, 2024, 22(2): 19-26.

[109] 王晨光, 皇金锋. R-L 分数阶 CISM SIDO Buck 变换器的建模与交叉影响分析[J]. 电网与清洁能源, 2023, 39(5): 30-37.

[110] Fardoum A A, Ismail E H. Ultra step-up DC-DC converter with reduced switch stress[J]. IEEE Transactions on Industry Applications, 2010, 46(5): 2025-2034.

[111] Ben-Yaakov S, Zeltser I. The dynamics of a PWM Boost converter with resistive input[J]. IEEE Transactions on Industry Applications, 1996, 46(3): 613-619.

[112] Zhao Q, Tao F F, Lee F C. A front-end DC/DC converter for network server applications[C]. 2001 IEEE 32nd Annual Power Electronics Specialists Conference, Vancouver, Canada, 2001, 3: 1535-1539.

[113] Liu X, Zhang X, Hu X F, et al. Interleaved high step-up converter with coupled inductor and voltage multiplier for renewable energy system[J]. CPSS Transactions on Power Electronics and Applications, 2019, 4(4): 299-309.

[114] Freitas A A A, Tofoli F L, Júnior E M S, et al. High-voltage gain DC-DC Boost converter with coupled inductors for photovoltaic systems[J]. IET Power Electronics, 2015, 8(10): 1885-1892.

[115] Sivaraj D, Arounassalame M. High gain quadratic Boost switched capacitor converter for photovoltaic applications[C]. 2017 IEEE International Conference on Power, Control, Signals and Instrumentation Engineering (ICPCSI), Chennai, India, 2017: 1234-1239.

[116] Forouzesh M, Siwakoti Y P, Gorji S A, et al. Step-up DC-DC converters: A comprehensive review of voltage-boosting techniques topologies and applications[J]. IEEE Transactions on Power Electronics, 2017, 32(12): 9143-9178.

[117] Li G L, Jin X, Chen X Y, et al. A novel quadratic Boost converter with low inductor currents[J]. CPSS Transactions on Power Electronics and Applications, 2020, 5(1): 1-10.

[118] 肖湘宁. 电能质量分析与控制[M]. 北京: 中国电力出版社, 2010.

[119] 吴竞昌, 孙树勤, 宋文南, 等. 电力系统谐波[M]. 北京: 水利水电出版社, 1988.

[120] 罗安. 电网谐波治理和无功补偿技术及装备[M]. 北京: 中国电力出版社, 2006.

[121] 郭玲, 程汶罡. 电力滤波器的研究现状概述[J]. 河北工业科技, 2008(5): 321-325.

[122] 陆秀令, 周腊吾, 张松华, 等. 无源滤波器多目标优化设计[J]. 高电压技术, 2007, 33(12): 177-179.

[123] 邓佳, 李泽文. 有源电力滤波器研究现状综述[J]. 电工材料, 2023(5): 35-39.

[124] 王喆. 基于分数阶微积分理论的单调谐 LC 滤波器设计[D]. 大连: 大连理工大学, 2016.

[125] 王喆, 李冠林, 陈希有, 等. 一种对分数阶单调谐 LC 滤波器进行设计的方法: ZL201610127808.5[P]. 2016-6-1.

[126] 孙恩泽. 分数阶有源滤波器的建模与仿真[D]. 大连: 大连理工大学, 2017.

[127] 李冠林, 孙恩泽. 一种新型 LCL 滤波器及其设计方法: ZL201710324745.7[P]. 2017-9-8.

[128] 王兆安. 谐波抑制和无功功率补偿[M]. 北京: 机械工业出版社, 1998.

[129] Singh B, Al-Haddad K, Chandra A. Review of active filters for power quality improvement[J]. IEEE Transactions on Industrial Electronics, 1999, 46(5): 960-971.

[130] Serpa L A, Ponnaluri S, Barbosa P M, et al. A modified direct power control strategy allowing the connection of three-phase inverters to the grid through LCL Filters[J]. IEEE Transactions on Industry Applications, 2007, 43(5): 1388-1400.

[131] Lindgren M, Svensson J. Control of a voltage-source converter connected to the grid through an LCL-filter-application to active filtering[C]. PESC 98 Record. 29th Annual IEEE Power Electronics Specialists Conference, Fukuoka, Japan, 1998: 229-235.

[132] Magueed F A, Svensson J. Control of VSC connected to the grid through LCL-filter to achieve balanced currents[C]. Fortieth IAS Annual Meeting. Conference Record of the 2005 Industry Applications Conference, Hong Kong, China, 2005: 572-578.

[133] 许德志, 汪飞, 阮毅. LCL、LLCL 和 LLCCL 滤波器无源阻尼分析[J]. 中国电机工程学报, 2015, 35(18): 4725-4735.

[134] 刘飞, 查晓明, 段善旭. 三相并网逆变器 LCL 滤波器的参数设计与研究[J]. 电工技术学报, 2010, 25(3): 110-116.

[135] 薛定宇, 赵春娜. 分数阶系统的分数阶 PID 控制器设计[J]. 控制理论与应用, 2007, 24(5): 771-776.

附录

相关计算程序

1. Mittag-Leffler 函数值计算

根据式（2-3）和式（2-4），利用 MATLAB 中的函数（gamma 和 sum），可以计算出相应的 Mittag-Leffler 函数值，其 MATLAB 程序如下：

```
clear all;close all; m=0;
for(alfa=0.5:0.5:1.5)
    n=0; m=m+1;
    for(z=0.2:0.1:1.6)
      n=n+1; k=0:1:1000; A=z.^k./gamma(alfa.*k+1); E(m,n)=sum(A);
    end
end
 figure(1)
z=0.2:0.1:1.6; plot(z,E(1,:),'o',z,E(2,:),'>',z,E(3,:),'+',z,exp(z),'-.')
    xlabel('z'),ylabel('E_{\alpha}(z)'),legend('\alpha=0.5','\alpha=1','\alpha=1.5','e^z')
```

2. 分数阶微分方程解析解计算

利用 MATLAB 绘制分数阶微分方程式（2-27）的解的程序如下：

```
clear all;close all;
m=0;
for(alfa=0.4:0.4:0.8)
    n=0;
    m=m+1;
    for(t=0:0.05:2.5)
      z=-1*t^0.8;
      n=n+1;
```

```
        k=0:1:1000;
        A=z.^k./gamma(alfa.*k+1);
        E(m,n)=10*sum(A);
    end
end

figure(1)
t=0:0.05:2.5;
plot(t,E(1,:),'->',t,E(2,:),'+',t,10*exp(-t),'-.')
xlabel('t/s'),ylabel('u_C(t)/ V')
legend('\alpha=0.4','\alpha=0.8','\alpha=1')
```

3. RC 电路零状态响应的数值计算

根据式（2-30），参考 Ivo Petras（伊沃·彼得拉斯）在图书《分数维非线性系统：建模、分析与仿真》中求解分数阶混沌系统数值解的方法，编写求解 RC 电路零状态响应式（2-29）的数值计算程序如下：

```
function [T,Y]=FOZSR(parameters,order,Tsim,Y0)
h=0.05; n=round(Tsim/h); q1=order(1);
R=parameters(1);C=parameters(2);Us=parameters(3);
cp1=1;
for j=1:n
    c1(j)=(1-(1+q1)/j)*cp1;
    cp1=c1(j);
end
x(1)=Y0(1);
for i=2:n
    x(i)=h^q1*(Us-x(i-1))/(R*C)-memo(x,c1,i);
end
for j=1:n
    Y(j,1)=x(j);
end
T=h:h:Tsim;
```

其中，memo 函数实现了短时记忆，《分数维非线性系统：建模、分析与仿真》给出了 memo 函数程序：

```
function [yo]=memo(x,w,k)
temp=0;
for j=1:k-1
```

```
        temp=temp+w(j)*x(k-j);
    end
    yo=temp;
```

4. 分数阶 RLC 串联电路的零状态响应

根据式（2-32）和式（2-33）计算式（2-31）所描述的分数阶 RLC 串联电路的零状态响应的程序和调用程序如下：

```
function [T,Y]=FOZIR(parameters,order,Tsim,Y0)
h=0.001;
n=round(Tsim/h);
q1=order(1);q2=order(2);
R=parameters(1);C=parameters(2);L=parameters(3);Us=parameters(4);
cp1=1;cp2=1;
for j=1:n
    c1(j)=(1-(1+q1)/j)*cp1;
    c2(j)=(1-(1+q2)/j)*cp2;
    cp1=c1(j); cp2=c2(j);
end
uc(1)=Y0(1);iL(1)=Y0(2);
for i=2:n
    uc(i)=h^q1*(iL(i-1)/C)-memo(uc,c1,i);
    iL(i)=h^q2*(Us-iL(i-1)*R-uc(i))/L-memo(iL,c2,i);
end
for j=1:n
    Y(j,1)=uc(j);
    Y(j,2)=iL(j);
end
T=h:h:Tsim;
```

其中的 memo 函数见第 3 小节。

调用函数和绘图程序如下：

```
clear all;clc;close all
[t,y]=FOZIR([10 100e-6 1 5],[1 1],1,[0 0]);
[t,y1]=FOZIR([10,100e-6,1 5],[0.8,0.9],1,[0,0]);
figure(1)
plot(t,y(:,1),'-.',t,y1(:,1),'-o')
xlabel('t/s')
```

```
ylabel('u_c(t)/ V')
legend('\alpha=1,\beta=1','\alpha=0.8,\beta=0.9')
figure(2)
plot(t,y(:,2),'+',t,y1(:,2),'p')
xlabel('t/s')
ylabel('i_L(t)/ A')
legend('\alpha=1,\beta=1','\alpha=0.8,\beta=0.9')
```

5. 基于奇异函数近似法近似计算分数阶算子

x 为最大误差（单位为 dB），m 为分数阶阶数，$0<m<1$，pT 为步长，$N+1$ 为所需极点数。奇异函数近似法的 MATLAB 程序如下：

```
function [P,Z,coefficient]=qiyihanshu(x,m,pT,N)
a=10^(x/10/(1-m));
b=10^(2/10/m);
K=a*b;
p0=pT*10^(x/20/m);
z0=a*p0;
g=1;
for(i=0:1:(N-1))
    Z(i+1)=K^i*z0;
    P(i+1)=K^i*p0;
    g=g*P(i+1)/Z(i+1);
end
P(N+1)=K*P(N);
coefficient=g*P(N+1);
```